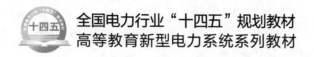 全国电力行业"十四五"规划教材

高等教育新型电力系统系列教材

Basic Principle and
Application of
Power Grid Planning

电网规划
基本原理与应用

主　编　王承民

副主编　王秀丽　范明天　顾　洁

编　写　刘　健　谢　宁　李宏仲　孙伟卿

主　审　王锡凡

中国电力出版社

CHINA ELECTRIC POWER PRESS

内 容 提 要

本书详细介绍了输配电网规划的基本原理，包括相关数学模型和计算方法、规划的基本流程、步骤和方案评估等内容。基于所给出的规划理论和方法，可以制定出科学合理的电网规划方案。

全书共分为 10 章。第 1、2 章分别介绍了电网规划的基础知识和经济分析基础的概念与经济评价方法；第 3 章分析了电网规划需要解决的问题并提出了相应模型与方法；第 4 章介绍了电力负荷预测的基本含义、分类标准及常见预测方法；第 5 章介绍了电网规划中电压等级选择的基本原则与选择方法；第 6、7 章分别详细讲解了输、配电网的规划方法；第 8 章介绍了无功规划的相关理论，包括无功规划的数学模型及计算方法、无功补偿容量计算方法和电压调整措施等；第 9 章从配电自动化技术的基本概念和主要分类讲起，引出了配电自动化差异化规划的原则与方法；第 10 章介绍了如何对编制的规划方案开展量化评估以检验能否有效解决现状电网存在的各类问题，满足未来负荷变化和用户用电的实际需求。

本书反映了国内外电网规划理论和实践的最新成果，可以作为电力系统相关专业教材，也可供从事电网规划、设计、施工等相关工作的技术人员和管理人员参考。

图书在版编目（CIP）数据

电网规划基本原理与应用/王承民主编 .—北京：中国电力出版社，2023.2（2024.6 重印）
ISBN 978－7－5198－6240－4

Ⅰ.①电… Ⅱ.①王… Ⅲ.①电网—电力系统规划—研究 Ⅳ.①TM727②TM715

中国版本图书馆 CIP 数据核字（2021）第 240573 号

出版发行：中国电力出版社
地　　址：北京市东城区北京站西街 19 号（邮政编码 100005）
网　　址：http://www.cepp.sgcc.com.cn
责任编辑：乔　莉（010－63412535）
责任校对：王小鹏
装帧设计：赵姗杉
责任印制：吴　迪

印　　刷：三河市百盛印装有限公司
版　　次：2023 年 2 月第一版
印　　次：2024 年 6 月北京第二次印刷
开　　本：787 毫米×1092 毫米　16 开本
印　　张：15
字　　数：335 千字
定　　价：49.00 元

前言

电网是国民经济的命脉，是实现电力从发电、变电到输电、配电、用电各个环节的核心载体。电网规划要充分发挥市场在资源配置中的基础性作用，充分体现行业规划的宏观性和指导性，坚持电力行业的可持续发展战略，提高能源利用率，加快电网的技术创新，以确保电网的安全经济运行

本书从电网规划的基础理论和基本方法的角度出发，系统介绍了科学、合理、全面的规划理论。全书涵盖了电网规划的基础知识、经济分析基础、电网规划的模型与方法、负荷预测、电压等级选择、输电网络规划、配电网络规划、无功规划、配电自动化规划以及规划方案评估方法，构建了完整的电网规划理论体系，可使读者对电网规划问题有全面深入的了解，也可作为实际电网规划工作的理论参考。

本书编者在电网规划方面有着相当丰富的研究基础和实践经验，曾承担了国家自然科学基金和国家"863"项目等多项省部级、市级纵向项目和横向项目的研究，获得多个奖项和发明专利，并有多部相关的著作出版。本书部分内容源自这些项目的成果，因此更加贴近工程实际。

本书第1、7、8章由上海交通大学的王承民教授和中国电力科学研究院的范明天教授共同编写；第2、3、5章由上海交通大学的谢宁副教授和王承民教授共同编写；第4章由上海交通大学顾洁副教授编写；第6章由西安交通大学王秀丽教授编写；第9章由国网陕西省电力公司电力科学研究院刘健教授编写；第10章由上海理工大学孙伟卿教授和上海电力大学李宏仲副教授共同编写；上海交通大学的博士研究生张庚午全面协助了资料和数据的整理工作，并制作了其中的典型案例分析。

本书由西安交通大学王锡凡院士主审，提出了宝贵的修改意见。另外，本书在编写过程中参阅了不少前辈的工作成果，同时得到了中国电力科学研究张祖平教授等的帮助与支持，在此一并致以衷心的感谢。

谨将本书奉献给广大读者，希望能成为各位读者了解、学习和研究电网规划思想和方法的良师益友。限于编者水平，书中不妥之处恳请指正。

编　者

2022 年 10 月

目 录

第 1 章

基 础 知 识

电网规划工作是电力系统规划的重要组成部分，目的是制订新增和改造项目计划，进一步完善电网结构。本章是关于电网规划的基础知识介绍，从输配电系统、电网规划的内涵、规划准则和导则等方面进行阐述。

1.1 输 配 电 系 统

1.1.1 概述

电力系统是由发、输、配、用四个主要环节构成的，如图 1-1 所示。其中 G 表示发电机，即发电环节；变压器 T1 为升压变压器，与输电线路 I 一起组成输电环节；变压器 T2 为降压变压器，与配电线路 II 一起组成配电环节；L 表示负荷，即用电环节。电力由发电环节到用电环节都需要经过由输电环节和配电环节组成的输配电系统。

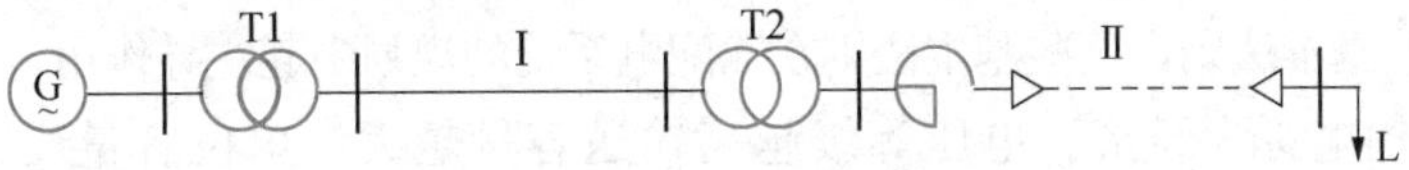

图 1-1 简单电力系统示意图

电力系统中的电源与负荷通常是分布于不同的地理位置。电源相对集中（特别是针对传统的电力系统而言），一些大型的火电和水电机组，一般都位于较偏远的能源基地；而负荷是非常分散的，在地理上分布非常广泛；配电系统（也称配电网、配电网络）也需要分布非常广泛，以满足用户用电的需求；输电系统（也称输电网、输电网络）主要负责将电力由电源输送到负荷中心。因此，电源的集中与负荷的分布特性决定了输、配电系统具有不同的特点。相对而言，输电系统及线路的电压等级较高，输电距离较远，输电线路较长，数量较少；配电系统的电压等级较低，电力传输的距离较近，线路较短，但是数量巨大。

需要强调和注意，电力系统与电网的概念是有所区别的。电力系统不仅包括电网，也包括各种类型的发电机组和用户。输配电系统就是通常所说的电网，包括输配电线路、变电站、变压器以及其他辅助设备，这些设备地理上分布广泛，并且相互连接，以相互协调的方式为用户供电。

输配电系统的主要任务是将电力由电源输送到用户。为此，首先要求输配电系统必须覆盖整个供电区域；其次，输配电系统必须具备足够的容量，此容量要大于所输送的电力。

此外，输配电系统必须保证向用户可靠供电。DL/T 836—2016《供电系统用户供电可靠性评价规程》规定，可靠供电是指向用户提供所需的全部（而不是部分）电力。任何低于100％可靠性的供电都会造成一定的停电时间。例如，99.9％的供电可靠性将造成每年将近9h的停电时间，该停电时间不满足任何一个现代化城市所要求的供电可靠性水平。在输配电系统向用户输送电力时，不仅需要保证电力的即时可用，还必须保证一定的用电设备所需的电能质量，即没有大的电压波动、超标的谐波和暂态畸变等。在我国，低压电器设备运行在50Hz、380/220V额定电压上，上下波动不超过5％；在美国，大部分低压电器设备的额定运行电压为114～126V、60Hz的交流电，其电压范围是以120V（交流电压的均方根值）额定电压为中心的，上下波动不超过5％。在其他很多国家，所采用的低压电一般是230～250V、频率50Hz或者60Hz的交流电，都要求对电力用户所提供电压的波动范围很小（在电器设备设计允许的范围内）。

对于整个供电区域，供电电压偏差10％是允许的，但对于用户却是不允许的。因为即使是3％的电压闪变也会造成明显的电灯闪烁，并会引起人们的不安，更为重要的是电压波动会导致某些用电设备不能稳定工作，甚至是误动。因此，在允许的电压偏差范围内，对用户的供电电压必须维持在一定的偏差水平下（通常是额定值的3％～6％的范围内），且电压的波动必须平缓。但维持这种稳定的电压水平是困难的，因为输配电系统的末端电压与用户负荷的大小紧密相关，如果用户负荷波动幅度较大或者过于频繁，势必造成电能质量较差。

1.1.2 基本法则

无论是理论计算的结果，还是输配电系统的实际运行经验都表明，输配电系统复杂的相互作用遵循一些基本法则，这些基本法则在输配电系统的规划中起主导作用，总结如下：

（1）高压输电更为经济。电压等级越高输送容量越大，单位容量设备的成本也越高。因此，虽然高压线路比低压线路的成本高很多，但是输送容量也要高很多，具有潜在的经济性。在实际应用中，高压输电只有在输送大功率电力时才具有较好的经济性。也就是说，只有需要大规模输电时，采用高压输电才是经济的。电压等级越高，单位距离输送每千瓦电力的成本就越低。低压供电的功率相对较小，一般客户的负荷容量只是大型发电机组的万分之一甚至十万分之一。无论是美国采用的120/240V单相电压、欧洲的230/400V以及中国采用的220/380V单/三相电压，经济的电力输送距离都不超过几百米。低电压等级只能用于近距离送电，否则将造成较高的网络损耗和电压降落，并且设备的投资成本也很大。

（2）电压变换的成本很高。电压变换是通过变压器实现的，在整个电力系统的电力输送过程中都需要进行电压变换，对电力的输送不起直接作用，但却占输配电系统总投资的主要部分。尽管电压变换的成本很高，但是为了远距离输电还是必须要采用。

（3）大规模集中发电更为经济。发电规模对经济性的影响是非常显著的，与小型发电机组相比，大型发电机组的发电成本要低得多。

总而言之，电力来源于集中的大型发电厂，经过输配电系统送到分散的用户。输电系统只有采用高电压等级才是经济的，但是其前提是在同一通道上输送大量电力；另外，电力用户很多是以家庭为单位的，电力要经过低压的配电系统送到每家每户，这意味着低压供电部分效率是较低的。

1.1.3 电压等级与层级

如图 1-2 所示，在电力从发电机到用户的输送过程中，采取了不同电压等级的分层结构，因此输配电系统可以看作是一系列不同层级设备所构成的整体。首先，电力通过输电层到高压配电层，然后到达变电站，并通过中压馈线到达低压配电层，最终到达电力用户。而系统中的每一电压层级都是从较高的电压层获取电力，然后再将电力传输给下一较低的电压层。几乎在所有的层级中，潮流都是分成几路流向下一层，如图 1-3 所示。

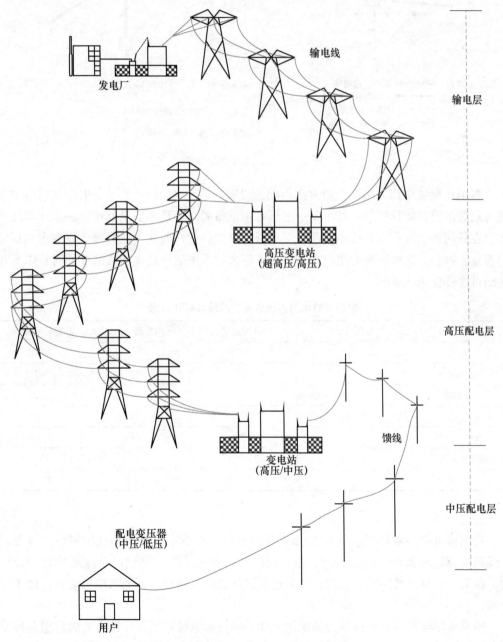

图 1-2 电力系统电压等级的层级结构图

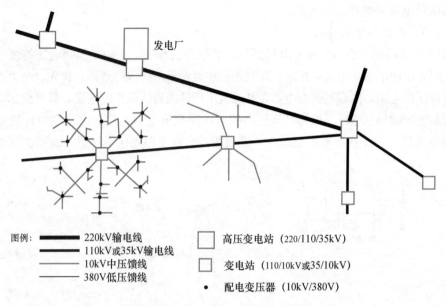

图例：　━━━━　220kV输电线　　　□　高压变电站（220/110/35kV）
　　　　━━━━　110kV或35kV输电线
　　　　────　10kV中压馈线　　　□　变电站（110/10kV或35/10kV）
　　　　────　380V低压馈线
　　　　　　　　　　　　　　　　　　•　配电变压器（10kV/380V）

图 1-3　输配电系统层级图

各电压层级中都采用了功能大致相同的设备。表 1-1 给出了一个中等规模电力系统各层级的设备统计数据，其中每一电压等级设备的总容量和数量都比上一电压等级的多。在任何一个输配电系统中，配电变压器层级的容量都要比馈线层级或者变电站层级的容量大得多。这种越靠近用户端设备容量越大的系统架构是由峰荷的非同时性以及相应的可靠性要求造成的。

表 1-1　　　　　　　　　　中等规模电力系统各层级的设备统计数据

系统层级	电压（kV）	设备数量	平均容量（MVA）	总容量（MVA）
输电	220	65	163	10640
高压配电	110	221	45	9877
变电站	110	45	44	1980
馈线	10	227	11	2497
配电变压器	10	64375	0.18	11330
低压配电网络	0.38	250000	0.014	3500
用户	0.22	2500000	0.005	12500

1. 输电层

我国输电层一般是由电压为 220kV 及以上的三相输电线路所构成的网络，每条输电线路的容量为 250～1000MVA。该"网络"是根据系统可靠性以及潮流控制而设计的，在某一元件（线路）失效时，如果还有其他的供电路径，则电力输送就有可能不被中断。

输电线路除了具有输送电力的功能之外，部分输电线路的设计是为了满足稳定性要求。通过输电层的连接，电力系统能够在发生负荷波动、故障以及任一台发电机停运时仍能够保持稳定运行。

2. 高压配电层

高压配电层常指高压配电线路。高压配电线路从高压变电站或者发电厂获得电力，然后送到变电站。一条典型的高压配电线路会为三座或者三座以上的变电站供电。输电层也会起到这个作用，因此输电线路和高压配电线路之间的界限会比较模糊。

一般情况下，高压配电线路的容量范围为 20～100MW，电压范围为 35～110kV。高压配电层属于网状网络的一部分，即其中任意两点之间的通道不止一条。并且，每座变电站至少有两条高压配电线路进行供电，当一条线路发生故障后，其他线路仍可以保障电力供应。

3. 变电站层

这里所指的变电站层是高压/中压变电站，与超高压/高压变电站不同。变电站层是输电系统和配电系统之间的连接点。变电站层之上的输电层和高压配电层会形成一个网络，任意两点之间都有一条以上的电力通道，但从变电站到用户的网络投资成本不能太高。因此，大部分的配电系统都呈辐射状，用户只有一条通道与变电站层相连。

一般情况下，变电站包括变压器母线、断路器、隔离开关以及量测保护、控制设备等。变压器常常配有分接头开关调节装置，这样即使输电侧有较大的电压波动，变压器仍能维持配电侧的电压在很窄的范围内变化。例如，变压器输电侧的电压波动范围可高达 5%，而配电侧的电压变化范围则可以只有 0.5%。

4. 馈线层

中压馈线将电力由变电站输送到整个供电区域，可采用架空线和地下电缆两种形式。在北美地区，广泛使用的中压电压等级为 4.2～34.5kV，其中最常用的是 12.47kV。在全世界范围内，中压电压等级为 1.1～66kV，有的配电系统会同时使用几种中压电压等级，如 23.9、13.8、4.16kV 等。我国常用的中压电压等级为 20、10kV 和 6kV，其中 10kV 最为常见，6kV 仅在东北和西北以及厂矿的部分电网中较为常见，而 20kV 仅存在于部分负荷密度较高的局域电网中。

因为地下电缆的投资成本一般是架空线路的 3～10 倍，包括美国在内全世界范围内的大部分中压馈线都采用架空线的形式，只有在人口稠密的城市中心区域才使用电缆。然而即使采用架空线，在很多情况下架空线的起始几百米也是采用敷设于地下的电缆，作为这些馈线的引出线。特别是对于大型变电站而言，采用地下引出线也是为了美观和提高供电可靠性。例如，一座引出 10～12 条架空馈线的大型变电站，意味着将有 40～48 条导线要悬挂在变电站周围的半空中，每条馈线都需要一定的空间来满足电气绝缘、安全运行及设备检修的需要，这对于用地紧张的城市供电区域来说是不现实的。因此，可以通过地下引出线来解决此类问题，即通过电缆将馈线引出到外围的杆塔上，然后再与架空线连接起来。

5. 配电变压器层

配电变压器将中压降到低压来向用户供电，北美的大部分电力系统采取 120/240V 的双电压供电，而我国采用 220/380V 的双电压供电。配电变压器的分布非常广泛，一条馈线上可能有几百个配电变压器。

除了上述的电压层级之外，还有低压配电网络层。低压配电网络层由配电变压器引出，为邻近的用户供电。一个配电变压器通常为一个小的低压辐射型电网供电。

6. 输电和配电的划分

不同的国家和地区、企业或者电力系统，对输电和配电的划分原则是不同的，甚至是差异很大。传统上有三种划分输电和配电的方法：

（1）按电压等级划分：在我国，电压等级高于 220kV（包括 220kV）的系统称为输电系统，低于 220kV 的系统则是配电系统；而配电系统又分为高压配电系统（35～110kV）、中压配电系统（10、20kV）和低压配电系统（220/380V）。

（2）按作用划分：输电系统包括将电力由发电厂输送到高压变电站的所有线路、变压器等设备；配电系统包括所有为配电变压器供电的线路及所有的低压设备。

（3）按结构划分：输电系统一般为一个大型互联的电网，而配电系统大部分为辐射型电网。

一般来说，这三种划分方式在一个电力系统当中可能同时适用。因为在大多数电力系统中，电压等级高于 34.5kV（美国）或者 220kV（我国）的输电系统都被设计成一个互联的电网而不直接对配电变压器供电；配电系统电压等级低于 34.5kV（美国）或 220kV（我国），甚至更低，且直接向配电变压器供电。变电站作为输电系统和配电系统的连接点，既可以归属于输电系统，也可以归属于配电系统。

1.1.4　输配电设备

1. 主要类型

输配电系统是一个非常复杂的整体，包含成千上万个电气设备。每个电气设备在整个系统中所起的作用都很小，在整个系统成本构成中所占的比重也很小，但是每个设备都对相关用户的供电满意度起着至关重要的作用。

输配电系统的规划是很复杂的，因为每个设备都会对相邻设备产生影响。每个设备都必须能在各种情况下满足设计要求，以便在正常负荷状态下或者相邻设备发生故障时，能与系统的其他部分协调运行。虽然对整个输配电系统进行模拟和分析是非常复杂的，但对系统的各个组成部分却是简单的。实际上，输配电系统中执行输配电功能的主要有两类设备：输配电线路和变压器。除了这两类基本设备之外，还要考虑保护、电压调节、监控等装置，系统才能稳定运行。

（1）输配电线路。输配电线路最基本的功能就是把电力从一端输送到另一端，其主要由导线构成，采用适当的绝缘方式支撑完成了电能的空间转移。

导线有各种容量范围，其容量一般与导线的金属截面积有关（在其他参数都一样的情况下，导线的截面积越大输电容量越大）。线路的输送容量往往取决于导线或电缆的载流量、电压、相数以及长度等约束条件。

最经济的导线布置是架空方式，线路架设在木杆或金属塔上，由绝缘子支撑，设置适当的间距以避免导线受到人和外来物体的干扰或接触。导线在地下的布置方式尽管成本较高，但能避免线路对景观的破坏，且能保证线路不受天气的影响（由于地下电缆和架空导线散热方面的区别，地下电缆的传输容量会略微降低）。

任何类型和容量的带电导体都存在阻抗（阻碍电流通过的属性），导线在电力传输时都会引起电压降和电能损耗。电压降是线路送端和受端之间的电压差，而电能损耗是电流通过线路时电能的减少量。

（2）变压器。变压器是交流电力系统的核心设备。变压器能够改变电压和电流大小，同时保持总功率不变（此为理想情况，不考虑电能损耗）。例如，如果电压降低到原来的 1/10，那么电流也将升高为原来的 10 倍。因此，理想情况下流入与流出变压器的总功率保持不变（功率＝电压×电流）。

变压器有各种不同的型号、尺寸和容量，容量较大的变压器一般为三相的，且三相同时变压。

变压器有两种损耗，即空载损耗（一般称为铁损）和负载损耗（一般称为铜损）。空载损耗是变压器的固有电能损耗，由变压器内部铁芯产生的磁场所引起，变压器只要与电源连接就会产生空载损耗。无论流经变压器的功率有多大，空载损耗一般都是固定不变的，并且不超过变压器额定容量的 1/100，只有在变压器严重过负荷时，空载损耗的大小才会发生变化（由铁芯的磁饱和效应所引起）。负载损耗是电流流经变压器线圈的阻抗所引起，其大小主要取决于电流。

（3）保护装置。电气设备有时会失效。例如，一场暴风雨可能会使线路跌落，使其正常的输电功能中断。保护装置就是用来检测诸如此类情况并隔离受损设备装置，如断路器、分段开关、熔断器、具有控制功能的继电器和传感器，均能被用于检测异常情况，并能在设备出现失效、故障或其他非正常状况时切除设备。

（4）电压调节装置。电压调节装置包括电压调节器和电压降补偿器等。这些设备随电压降的变化而做出反应，如果电压下降就会提升电压，如果电压过高又可以相应地降低电压。虽然适当地使用电压调节装置能够帮助电力系统保持电压在可接受的范围内，但只能缩小电压的波动范围，却不能完全消除电压波动。

（5）监测和控制装置。用于测量设备和系统的性能，并将这些信息反馈到控制系统，进行控制，从而使系统能够安全高效运行。

2. 设备的额定容量与失效

（1）额定容量。额定容量为设备可持续安全运行的负荷限值。对于设计人员来说，额定容量是设备的可承载容量。在实际应用中，变压器、电压调节器等设备的可承载容量以视在功率（MVA）来表示，而导线和电缆则通常以最大额定电流（A）来表示，这是因为变压器一般要求在某一特定电压等级下运行，而导线和电缆则可用于任一电压等级的线路，所以其承载的功率大小取决于电压的大小。

额定容量通常是基于某一个标准来定义的，不同的标准可能会定义不同的额定容量，其中使用最广泛的两个标准是 IEEE（美国电气与电子工程师协会）标准和 IEC（国际电工技术委员会）标准，我国使用的 GB 标准是基于 IEC 标准制定的。

设置额定值的主要目的是为设备评估和对比提供有效的依据。例如，一台 50MVA 的变压器和一台 40MVA 的相比，不管是基于哪个标准制定的额定值，前者能够承担的负荷水平都是后者的 1.25 倍左右。

(2) 负载水平。在正常运行时电气设备会自然老化，即各方面的性能持续下降，最终会导致设备失效。如果设备负载水平过高则会加快其劣化过程，负载水平过低则不满足其投资回报率的要求。

负载水平也是实际运行设备的利用率。需要注意的是，虽然额定容量在一定程度上也表征了设备的实际运行能力，但并不等同于设备运行时的负载水平。例如，在实际运行中一台 50MVA 的变压器可以承载小于 50MVA 的容量，也可以承载大于 50MVA（但在规定范围内）的容量。

(3) 寿命与失效。电气设备的寿命有两种定义，一种是与设备某项可测量参数（如材料强度）衰退或劣化相关的时间范围，可通过特定试验或负载水平予以确定；另一种是设备发生损耗或失效，无法继续工作直至完全报废之前的时间范围，可根据负载水平和运行环境等条件进行估算。

所谓劣化是指保证设备正常运行所需要的物理和电气性能（如绝缘强度、机械强度、负载能力等）逐渐下降。所谓失效是指设备终止执行其功能。导致设备失效的原因通常有材料的长期劣化、表面机械磨损、击穿故障以及外力破坏等。当设备失效至无法修复或不值得修复的程度时就意味着寿命终结。

(4) 额定容量与负载水平及寿命的关系。设备的额定容量与其使用寿命之间有一定的关联。例如，如果导线流过的电流大大超过其额定热极限电流，即使只有短短几小时也可能造成导线失效。对于变压器、电动机、电压调节器等绕组类设备来说，如果负载水平超过其额定容量，绕组损耗产生的热量会引起这些设备的绝缘强度下降（状态劣化），并最终导致失效。

设备的负载水平与其使用寿命直接相关。负载水平越高，设备的劣化速度越快、寿命越短。例如，一台运行在其最高允许温度下的变压器，如果其负载水平再增加 4%，就会导致其预期寿命减少一半。大多数标准都是根据劣化程度来评估设备的额定容量和寿命。

综上所述，在规划过程中要求对电气设备的负载水平变化、预期寿命、故障概率及成本进行综合考虑。如果采取保守的负载水平，虽然能够减缓设备的劣化速度，延长其使用寿命，但同时也降低了设备利用率（经济性较差）。

1.1.5 成本

输配电系统的成本一般包括两类：

(1) 投资成本，包括设备费和土地费、基建的人工费、建设费、安装费用，以及与建筑和设备投运有关的其他费用；

(2) 运行成本，包括运行、维护、服务的人工费和设备费，各种税费以及电能损耗的成本。

一般来说，投资成本是一次性的，但是运行成本是长期的。电能损耗虽然只占所输送电能的很小部分（不超过 8%），但却占总成本很高的比重。像导线和变压器这样的主要设备，在其寿命周期内电能损耗所产生的成本往往比投资成本还要高。因此，在某些特定的场合，往往采用初期投资成本较高但损耗较低的变压器，从而降低总成本；或者选择导线截面积较大的线路，从而降低运行成本。

1. 输电线路成本

输电线路成本主要是基于单位长度成本和终端设备的投资成本进行计算的，一般是以"万元/km"作为单位的。随着输电工程的多样化，输电工程成本的影响因素也越来越复杂，其中主要包括自然环境因素、技术因素等。

2. 变电站成本

变电站成本包括所有的设备费，变电站建设所需的人工费、土地费及附属建筑物费用。从规划的角度来看，可以认为变电站成本包括以下四部分：

（1）场地费用。用于变电站建设的场地费和前期费用。站址及其附属建筑物的占地费用与当地的土地价格密切相关；而前期费用包含了变电站建设之前的各种费用，如土地平整、敷设接地网和管道系统、打地基，控制室建设、照明设备安装、围墙建设、景观美化以及修建进站道路等。

（2）输电成本。将高压配电线路终端引入变电站的费用。

（3）变压器成本。变压器本体和所有计量设备、控制设备、排油储油设备、防火设施、冷却设备、噪声隔离设备、以及其他与变压器相关的设备费用，还包括与该容量变压器相匹配的母线、开关、计量装置、保护、断路器等设备及其安装费用。

（4）馈线、母线和引出线成本。即变电站内为实现电力分配而产生的成本。在简便计算中，也可以将馈线、母线和引出线成本计入变压器成本中。

由于变电站类型、容量、当地土地价格及其他条件的不同，变电站的成本差别很大。

3. 馈线及以下设备成本

馈线是指所有的中压配电线路，既包括主干线，也包括各分支线。典型馈线设备包括断路器、分段开关、隔离开关、跌落式熔断器、电容器、联络变压器（安装在馈线上，以便将不同电压等级的馈线及其所有设备连接起来）等。

根据经验，我国新建 10kV 线路每千米造价一般为 5 万～10 万元。不同地区的造价都有一定的差别，与线路所在的土壤类型、导线型号、杆型、基础、档距、地区（气候）都有关系。此外，由于劳动力成本、审批费用、设计标准及地理位置的不同，馈线的成本也可能有很大的差异。

此外，馈线以下的设备都是由馈线进行供电的，包括配电变压器、低压线路和把电力送到用户的接户线。低压配电系统的成本除了变压器的成本之外，还包括架设变压器的杆塔和金具成本、线路成本、安装费用等。

4. 运维及改造费用

为了保障输配电系统和设备的正常运行，就必须对其进行运维和检修。检修一般包括定期检修和事故检修两种，需要支出相应的运维费用。

对于输配电系统的改造来说，增容设备的单位容量成本比新建设备的单位容量成本要高很多，有时候可能达到 3 倍。这主要是因为设备改造时所面临的环境更加复杂，有时候甚至需要带电作业。

因此，在电网规划阶段要充分考虑电力需求的发展，适当进行超前建设。一般来说，输配电工程的建设一般为现有负荷预留 50％的裕度，以满足负荷增长的需要。

虽然输配电设备的改造成本很高，需要改造的设备一般都是载流量较大的设备，相对来说损耗也较大。如果通过设备改造降低载流量进一步降低损耗，将降低损耗的成本与设备的改造成本相比较，如果设备改造的成本更低，则可以做出对设备进行改造的决策。

此外，当输配电设备的容量不足时，也可以考虑采用 DSM（需求侧管理）或者 DG（分布式电源）来缓解供电紧张局面。在有些情况下，采用分布式电源可以在很大程度上降低或者推迟输配电设备扩容需求。

5. 电能损耗成本

由于阻抗的存在，当电流流过任何输配电设备时都会产生损耗，电能损耗是无法消除的。因为电能损耗是在输配电设备运行过程中产生的，因此由电能损耗所带来的成本应该属于运行成本。

降低输配电设备的电能损耗无疑能节约运行成本，但也不是降得越低越好，电能损耗实际上是一种不可避免的运行成本，应与其他成本相平衡。例如，输配电设备的投资成本就应该与电能损耗成本相平衡。一般来说，投资成本高的设备可能电能损耗低，这本身就是相互矛盾的，需要进行综合经济分析。

1.2　电力规划的内涵

电力建设投资大、周期长、技术复杂，既要协调国民经济的长期发展，又要协调从发电、输电到配电的复杂系统均衡发展，因此长期战略规划在电力工业中具有极重要的地位，与国民经济相协调，并适度超前发展的电力工业长期发展战略能促进国民经济迅速健康发展。

电力规划是电力工业计划的一种，是 5 年、10 年、15 年或更长时期内的长远计划，是国民经济发展计划的重要组成部分。电力规划的目的是作出长远的、科学的安排，指导电力工业的具体实施计划，保证电力工业高速和高效的发展，以满足国民经济各部门及人民生活对电力的需要。

电力规划包括电网规划和电源规划。

1.2.1　电力规划原则

电力规划应该遵循以下基本原则：

（1）正确认识电力生产的基本规律。电力生产的基本特点是产、供、销同时完成，即电能是不能储存的，整个电力工业都受这一特点的制约和支配。虽然近年来储能技术发展很快，但到目前还没有对电力生产的这一主要特点产生很大影响。另外，电网是一个统一的、不可分割的整体，对其运行有安全稳定性要求。

（2）建设一个安全、稳定、经济、高效的电网。电力工业是服务性行业，是以满足国民经济各部门和人民物质文化生活对电力需求为宗旨的。因此，建设一个安全、稳定、经济、高效的现代化电网是电力规划的基本目标。

（3）努力寻找经济效果好的规划方案。合理的电力规划方案是节约电力投资和降低电力生产成本的关键。因此，寻求经济性较好的规划方案应该作为电力规划的一个基本指导思想。

（4）合理利用各种能源发电和地方电力资源。我国的能源储备比较丰富，但是分布很不均匀，而且能源分布与经济发展是不均衡的，应该合理安排电源项目，使整个能源的输送既经济又合理。在能源资源匮乏的地区，应该注重地方电力资源的开发和利用，以及可再生能源的利用和开发。

（5）调整好电力工业内部的各种比例关系。电力规划是一个复杂的系统性工程，在进行各部分规划的同时应该相互协调。

（6）注意电力工业发展的外部条件。电力工业发展的主要外部条件包括能源资源条件、外部运输条件以及环境条件等，特别是在节能减排的要求下，这些外部条件也是电力规划的制约性条件。

（7）积极引进先进技术。在电力规划中适时地、正确地提出和采用先进理论、技术和方法，以提高规划的合理性和可行性。

1.2.2　电力规划分类

电力规划是整个国民经济的一部分，必须与整个国民经济计划相适应。为了正确处理电力规划中不同时期、不同阶段以及不同组成部分的特点和任务，有必要将电力规划进行分类。电力规划有不同的分类标准。

1. 按时间分类

按照时间进行划分，电力规划可以分为长期规划、中期规划、近期规划以及滚动规划等几种类型。

（1）长期规划：长期规划也叫远景规划，规划周期一般为 15～30 年，是战略性规划，主要解决电力工业发展过程中的重大问题。制定包括电力工业发展的战略目标、战略重点，调整电力产业结构，合理开发和利用动力资源，确定相关技术的发展方向，采取重大的技术经济措施等。电力的长期规划为中期规划提供依据，与国民经济的长期规划相协调。

（2）中期规划：电力的中期规划周期一般为 10～15 年，与长期规划有相同之处，也属于战略性规划，但比长期规划要细致，规划目标也更加明确。中期规划是近期规划的依据，确定诸如电源布点、电压等级选择等比较重大的问题。

（3）近期规划：电力的近期规划一般是指 5 年规划，属于执行计划，是电力工业发展计划的主要形式。电力的近期规划是对中期规划的继续深入和细化，所面临的不确定性因素相对较少。

（4）滚动规划：滚动规划 1 年进行一次，是对近期规划的修改和补充，是更加细致的规划。

在规划过程中经常会用到水平年的概念，水平年分为现状水平年和规划水平年。现状水平年也称为基准年，一般是指开始规划项目时能够收集到最完整资料的年份，习惯上一般选报告编写时的前一年或前两年作为现状水平年。例如，2009 年开始的项目，现状水平年一般选择 2007 年或 2008 年，这是因为如果选择 2009 年作为现状水平年，很多社会经济数据往往无法收集到。规划水平年一般是指工程完工后的 10～20 年，最好和国民经济 5 年计划一致。

2. 按照分级管理体系和模式分类

电力规划按照分级管理体系和模式进行划分，可以分为中央电力规划、大区电力规划、地方电力规划和电力企业规划等几种类型。

（1）中央电力规划：由国务院电力主管部门进行制定，根据国民经济发展计划和科学技术发展计划，提出全国的电力发展规划和电力科学技术发展计划，是全国经济发展和科学技术发展的重要组成部分。我国的中央电力规划分为国网规划和南网规划。

（2）区域电力规划：是指跨省区的电力发展规划，诸如我国的东北、西北、西南以及华北、华中和华东区域电力规划。区域电力规划是由电力系统工业管理部门制定，根据本区域电力系统的具体情况，因地制宜地对本区域电力系统范围内的电力发展作出具体安排，对电力系统内的人力、物力和财力进行全面的综合平衡。

（3）地方电力规划：包括省、地、县等几级规划，与地方的经济发展计划相互协调。

（4）电力企业规划：电力企业的发展规划一般不作单独的安排，而是分别纳入所属的上述几个等级的规划序列中。

3. 按照电力生产环节分类

按照电力生产的环节进行划分，电力规划可以分为电源规划和电网规划两种类型。

（1）电源规划：是电力系统内电源布局的战略决策，主要包括确定合理的电源结构，确定各种形式发电厂的建设规模、建设地点、建设时间等内容。电力市场及电力体制改革对电源规划提出了新的挑战。

（2）电网规划：是输配电系统的规划，按照区域进行划分，又可以包括输电网规划、配电网规划、园区电网规划等。

上述按照不同类型对电力规划进行的划分，是对整个电力规划问题进行了不同形式的分解，但是不同类型规划之间必须进行相互结合，如长期中央电源规划、短期地方电网规划等，如图 1-4 所示。

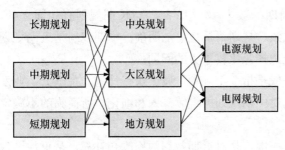

图 1-4　电力规划分类与组合

1.2.3　电力规划主要内容

（1）现状电网分析。对电力工业的现状以及电网的现状进行分析是电力规划的基本内容，即分析现状电网所存在的问题，以便对未来的发展规划提供依据，并在规划中解决现状电网所存在的问题。

（2）需求与负荷预测。国民经济及人民生活对电力需求的不断增长是电力工业发展的基本推动力，电力规划与国民经济计划相互协调也主要体现在负荷需求上。因此，需求与负荷预测是非常关键的，但是由于各种不确定因素的影响，也很难达到十分准确的程度。

（3）分析能源条件、运输条件以及场地条件。电力是二次能源，是由煤、水和石油等一次能源转换而来的。因此，能源条件决定了电力工业的结构和布局；此外，能源工业的发展受运输条件的影响也很大。在进行具体的电力规划，特别是城市电网和小区配电网等的规划时，场地条件也是限制规划的一个重要因素。

（4）确立电力规划的目标和基本任务。

1）确定建设规模；

2）制定电力建设方针；

3）规划电力主网架；

4）大中型电厂发电机组的选择；

5）制定节能计划；

6）提出应用新技术和新设备的要求；

7）部署电力系统的设计任务；

8）制定前期工作计划；

9）编制专业规划书；

10）投资预测和资金筹措。

1.2.4 电力规划方法

电力规划是一个非常复杂的过程，需要考虑的因素很多，通常采用调查研究、数理统计分析、定性分析与定量计算相结合、局部寻优和整体优化相结合以及综合平衡等方法和手段。

1. 调查研究

掌握电力工业发展所必需的基本数据和资料，是电力规划的基础工作。

（1）对于长期规划，需要搜集的数据主要有规划期末国民经济的发展目标（如国民生产总值、工农业生产总值、国民收入等数据）、规划期内国民经济构成及其变化、能源利用效率及用电比重变化、人口预测资料、人均收入水平、国家规划对能源基地与重工业基地及其战略项目的发展意图和布局、国家有关经济及能源政策、能源资源条件等。

（2）对于中期规划，除了上述资料之外，还需要的数据有各类工业的布局、产品种类、生产规模和生产量，能源基地的建设规模、生产规模和生产量，交通运输能力，国家在电力部门的投资规模，各电力用户的用电水平指标，电力设备情况及科技发展情况等。

（3）对于近期规划，除了搜集上述数据之外，还需要的数据有大用户和新增用户的用电申请、新建企业的布局和产品种类及生产能力、新建企业和改建企业的生产方式与工艺特点、原有企业扩建和产量自然增长情况、电力工业内部的人力与财力及物力情况、现有电力企业的生产能力和设备状况、电力网络中存在的主要问题等。

2. 数理统计分析

由调研所获得的数据是大量和零散的，可靠性较低，必须对这些数据进行去伪存真、由表及里的分析，因此需要采用数理统计分析的方法。近年来出现的数据挖掘和大数据分析技术是应用于规划的一项很好的技术。

3. 定性分析和定量计算相结合

在电力规划过程中，凡是能获得较多的信息、能用具体数字反映的情况，应尽可能采用定量计算的方法进行分析和处理。对于难以量化的问题，则可以采用定性分析的方法，甚至是利用专家的经验来处理。

4. 局部寻优和整体优化相结合

电力规划问题是一个整体的优化问题，非常复杂。整体优化应该从全局性考虑问题，如长期规划、中央规划等都只能考虑问题的主要影响因素，而忽略一些次要的影响因素。但是为了简化，也常常将规划问题进行时空分解，形成多个子问题进行局部寻优。

5. 综合平衡

电力规划的过程也是综合平衡的过程，包括：

（1）电力工业的发展速度必须与国民经济的发展速度相适应；

（2）能源与资金等的平衡；

（3）电力工业内部的各种比例关系的平衡，如各类能源占比、发输配电的比例、有功和无功平衡，内部资金平衡等；

（4）电力供需平衡。

1.2.5 电力规划流程

电力规划中的电源规划和电网规划流程是不同的。

1. 电源规划流程

（1）资料的搜集和论证：主要是厂址、发电能源及用户资料的搜集，并进行电力负荷预测；

（2）确定供电能力：根据用户需求及电力系统备用的要求，提出电力系统必须具备的供电能力；

（3）电力电量平衡：包括能源供需预测、电源结构论证以及发电和输电项目的主要经济论证；

（4）提出各种可行的电源开发方案：根据地区内的动力资源条件和厂址条件提出各种可能的电厂建设方案；

（5）经济效益评估：对各种方案进行经济性比较分析；

（6）确定最佳的电源开发方案：在经济评估的基础上，对供电可靠性、能源的利用效率、对环境的影响等方面进行综合评估，以确定最佳的电源建设方案。

2. 电网规划流程

（1）原始资料的搜集和论证：包括地区的用电需求预测、线路路径的选择、变电站站址的选择、电源的开发计划等；

（2）现状电网分析：包括确定电网的薄弱环节，确定不经济运行的设备，确定因为社会环境变化而必须搬迁或改建的项目等；

（3）变电站选址和定容：根据待选的变电站地址和负荷密度确定变电站的具体位置和容量；

（4）网络规划：根据确定的变电站进行网络规划；

（5）技术经济评价：对经济性、供电可靠性、电能质量等方面进行评价；

（6）根据上述确定的各种指标，确定最佳的电网规划方案。

1.2.6　电力规划方案评价标准

对电力规划方案和结果的评价必须遵循以下标准。

1. 综合性

采用综合分析法对电力规划方案进行综合性评价，包括以下几个方面：

（1）是否满足国民经济按比例发展的要求（超前和落后都不可以）；

（2）能源及其运输是否平衡；

（3）资金是否平衡；

（4）主要设备和技术供给的可靠性；

（5）劳动力和技术人员的供需平衡。

2. 灵活性

电力规划具有很大的不确定性和风险，因此要求所做出的规划方案具备一定的灵活性，适应规划方案修改的需要。

3. 经济性

电力规划的经济性主要体现在投资和运行成本两方面，通常很难找出同时使这两个指标都最小的方案，一般是寻求两个指标的整体最小化。

4. 科学性

电力规划的科学性主要体现在原始资料是否可信及可信的程度，规划方案是否科学，是否从实际出发。

1.2.7　电网规划基本要求

如上节所述的输配电系统定义和构成可知，电网规划即输配电系统规划。下面介绍对电网规划的基本要求。

1. 覆盖全部供电范围

电力系统最终向每个用户"布线"，这也是对输配电系统的基本要求。仅仅为了满足这一要求所需要的投资在输配电系统投资中占有的比例大约为 25%，该费用与负荷峰值、供电量和可靠性无关。

由此可见，尽管"布线"成本在整个输配电系统投资成本中所占的比例不是很大，但却是输配电系统规划的一个重要方面，因为其主导了输配电系统的最基本特征，并构成了输配电系统规划人员所面临的各种约束条件。

2. 满足峰荷容量

输配电系统的规划和设计，不能仅仅满足平均负荷，而必须是根据峰值负荷进行规划，即使这种峰值负荷在 1 年中只持续几个小时。满足峰值负荷所需要投资的容量成本远远高于如上所述的"布线"成本。

15

3. 保持较高的可靠性水平

如果可靠性可以达到 99.975％或者更高，则每年停电的时间将少于 2h。在我国，南方电网公司曾经提出了广州、深圳等大型城市电网的供电可靠性要达到 99.99％，即每年停电时间不超过 1h 的供电可靠性要求。

1.3 规划准则和导则

1.3.1 基本概念

1.2 节中介绍的规划原则是在较宏观层面对电源规划和电网规划提出的基本要求，是规划过程中必须遵守的。相比之下，规划准则和导则是在较微观层面提出的，是更加具体、细致的规划"要求"。本书主要针对电网规划进行介绍。

电网规划在数学上可以描述为一个以经济最小化（或者最大化）为目标函数 $[f(x)$，x 为状态变量]，满足电力电量平衡 $[g(x)=0]$ 以及安全性约束 $[h(x)\leqslant 0]$ 的优化问题，表达式为

$$\min(\max)f(x)$$
$$\text{s. t.} \begin{cases} g(x)=0 \\ h(x)\leqslant 0 \end{cases} \tag{1-1}$$

由此，可以将电网规划问题定义为满足电力电量平衡约束的经济性最优问题。那么，不等式约束所表示的安全性就可以理解为电网规划所必须遵守的准则。与规划目标不同的是 [规划目标没有限定范围，可以说是越低（或者越高）越好]，规划准则是有限定范围的，这些限制是根据规划的基本条件即资源情况确定的。因此，规划准则实际上构成了对电网规划的基本要求，可以通过这些准则来评价一个规划方案是否合格。

电网规划导则是确保满足准则的一些更加细致、具体的手段和措施，也可以认为是规划"标准"。与规划准则不同的是，规划导则并没有范围限制。因为电网规划面临众多不确定因素的影响，完全按照式（1-1）优化问题的最优解来指导规划往往不可行，应该依据规划导则以达到规划准则要求，实现规划目标的目的。电网规划导则的编制有的是按照专家经验，有的是根据计算分析得到的，具有普适性。例如，国家电网有限公司和南方电网有限公司以及国家能源局、中国电力企业联合会都会发布一些电网规划方面的导则，这些导则要适应我国从东到西、从南到北的气候变化条件、经济发展和能源分布不均衡的复杂局面，只能是"粗线条"的。在实际规划过程中，一般根据规划导则来进行规划。特别是配电系统规划，由于设备数量非常庞大，规划导则就显得尤为重要。

在很多情况下，电网规划需要对导则进行解读，并与当地的实际情况相结合。当然，如果要达到更高的规划目标，在规划导则允许的范围内，可以通过更加深入的计算和分析来制定规划方案。

1.3.2 电压水平

1. 定义和术语

目前，所有电力系统中的电源基本上都是电压源。因此，在输配电系统的规划运行

过程中，必须将输配电系统的电压维持在一定的水平上。下面阐述电力系统关于电压水平方面的一些定义和术语。

（1）基准电压：分析所有设备额定值时所采用的公共电压。

（2）系统最大电压：在系统正常运行的任何时间，系统中任何一点上所出现的最高运行电压值（GB/T 156—2017《标准电压》）。

（3）系统最小电压：在系统正常运行的任何时间，系统中任何一点上所出现的最低运行电压值（GB/T 156—2017《标准电压》）。

（4）系统标称电压：用以标志或识别系统电压的给定值（GB/T 156—2017《标准电压》）。

（5）设备额定电压：由制造商对一电气设备在规定的工作条件下所规定的电压（GB/T 156—2017《标准电压》）。

（6）供电电压：供电点处的线电压或相电压（GB/T 12325—2008《电能质量　供电电压偏差》）。

（7）运行电压：正常情况下，在系统的指定点和指定时刻的电压值（GB/T 2900.50—2008《电工术语　发电、输电及配电　通用术语》）。

（8）杂散电压：电气设备中性点和接地点感应的电压，或者电力系统各种条件下的对地电压。

（9）电压降：电流流过路径中两点之间的电压差值，如馈线的首末端电压降。

（10）电压偏差：实际运行电压对系统标称电压的偏差相对值，以百分数表示（GB/T 12325—2008《电能质量　供电电压偏差》）。

（11）电压波动：电压方均根值（有效值）一系列的变动或者连续的改变（GB/T 12326—2008《电能质量　电压波动和闪变》）。

2. 电压准则和导则

输配电系统规划中要考虑的电压准则包括以下几个方面：

（1）电压波动。尽管各个国家和地区所采取的低压电压等级不同，但是所有设备都运行在一个很小的电压范围内。国际上有几种低压电压等级，诸如美国的低压电压等级为120V，欧洲的低压电压等级为230～250V，日本的低压电压等级为110V（实际额定电压105V），我国为220V。任何国家所使用的电气设备都必须遵守当地的标准。

大部分运行在低压电压等级上的电气设备，通常允许偏离额定电压±5%的范围，但不意味着在此范围的边界上也运行良好。例如，对于荧光灯来说，电压高于额定电压时亮度更高，但是使用寿命下降；感应电动机在最低电压时也能运行，但高于最低电压时效率更高，输出功率更大，很多电气设备都有类似的电压特性。因此，应给用户提供接近标称电压的电压水平。

电压波动只是规定了电压的变化范围，并不涉及电压的变化率。下面介绍的电压分布和电压闪变对电压变化率进行规定和要求。

（2）电压分布。电压分布是指馈线上某点用户最高电压和最低电压的比值（用户设备由轻载过渡到重载时的电压变化）。一般规定电压分布不超过6%，是在数小时为周期内的电压分布。相对于其他准则来说，电压分布方面的准则还是较容易满足的。

（3）电压闪变。电压分布是缓慢的电压变化，而电压闪变则是电压陡变。电压以每秒 3% 的幅度变化时，大多数人能够感觉到白炽灯光线的变化；而每秒 5% 的电压变化会产生明显影响。快速的电压变化（被称作闪变）会影响电子、电气等设备的正常工作，造成设备附加损耗。因此，需要规定电压闪变准则，对瞬间电压变化进行要求和限制。GB/T 12326—2008《电能质量　电压波动和闪变》适用于由波动负荷引起的公共连接点电压的快速变动及由此引起的人对灯闪明显感觉的场合，该标准规定了各等级电压下的电压变动限值和闪变限值，见表 1-2 和表 1-3。

表 1-2　　　　　　　　　　　　电压变动限值

$r(h^{-1})$	$d(\%)$	
	LV、MV	HV
$r \leqslant 1$	4	3
$1 < r \leqslant 10$	3*	2.5*
$10 < r \leqslant 100$	2	1.5
$100 < r \leqslant 1000$	1.25	1

注　1. 当变动频度 r 很小时（每日少于 1 次），电压变动限值不在本标准中规定。

2. 对于随机性不规则的电压变动，依 95% 概率大致衡量，表中标有"＊"的值为其限值。

3. 本标准中系统标称电压 U_N 等级按以下划分：①低压（LV），$U_N \leqslant 1kV$；②中压（MV），$1kV < U_N \leqslant 35kV$；③高压（HV），$35kV < U_N \leqslant 220kV$。

表 1-3　　　　　　　　　　　　各级电压闪变限值

标准电压（kV）	$\leqslant 110$	> 110
长时间闪变限值	1	0.8

（4）电压降。电能在传输过程中不可避免地造成电压降落，并且随着负荷的增加，电压降落也增加。电压降落问题可以通过优化设计等措施缓解，但是不可能消除。特别是应用大量的电抗器、电容器、有载调压变压器分接头、调压器等都可以提高线路的电压水平，降低电压降，但是增加了投资。因此，电压降也不是降低得越低越好，确定最小的投资成本，使配电网轻载时的电压不至于过高，重载时不至于过低，这些是规划过程中应考虑的关键问题。

（5）三相电压不平衡。输配电系统（特别是配电系统）中三相负荷不平衡，会造成三相电压的不平衡现象。三相电压不平衡度可以定义为：

电压不平衡度 = 平均电压最大偏移量 $\times 100\% / [(U_A + U_B + U_C)/3]$

式中：U_A、U_B、U_C 分别为 A、B、C 三相相电压。

上述关于电压水平方面的准则都规定了一系列的范围，这些范围是在规划过程中需要考虑和满足的。为了满足这些电压准则，也规定了很多更加具体的电压导则，例如 DL/T 1773—2017《电力系统电压和无功电力技术导则》、Q/GDW 10738—2020《配电网规划设计技术导则》等。

1.3.3 载荷能力

1. 设备的载荷水平

任何电气设备都有额定容量，这些额定容量也是在规定条件下得到的，例如额定电压、功率因数、环境温度等。如果运行条件偏离额定参数，设备可能增加或者降低其载荷水平。

电气设备的寿命也取决于所带负荷的大小。所有的电气设备，特别是损耗型设备，如变压器、调节器、开关、断路器、电缆、架空线，在轻载、低温、合理的电压范围内都会有较长的使用寿命。总的来说，电气设备的寿命在额定容量和理想环境下都至少有30年，也可能工作长达50年。在紧急情况下，允许设备短时超过其额定容量运行，但是肯定会减少寿命。

2. 容载比

与单个设备的载荷水平不同，容载比是指某一电压等级主变容量与最大负荷的比值，表示的是输配电系统某一层级的载荷水平。容载比是输配电系统规划的重要宏观性指标，输配电系统规划应保证合理的容载比。合理的容载比与网架结构相结合，可确保故障时负荷的有序转移、保障供电可靠性、满足负荷增长需求。容载比与变电站的位置、数量、相互转供能力有关，即与电网结构有关，容载比的确定要考虑负荷分布系数、平均功率因数、变压器负荷率、储备系数、负荷增长率等主要因素的影响。在工程中一般可采用的估算式为

$$R_s = \frac{\sum S_{Ni}}{P_{max}} \tag{1-2}$$

式中：R_s 为容载比（MVA/MW）；P_{max} 为该电压等级全网或者供电区的年最大负荷；$\sum S_{Ni}$ 为该电压等级全网或者供电区变电站主变容量之和。

容载比一般是分电压等级进行计算的，对于区域较大、负荷发展水平极端不平衡、负荷特性差异较大、分区最大负荷出现在不同季节的地区，可以分区进行容载比的计算，一般控制范围为 1.8～2.2。

1.3.4 短路电流和保护

电网规划的一个重要方面是确保系统发生故障后的安全性，尽可能地减少人员和财产损失以及对设备的危害。保护通常不在电网规划时考虑，但保护方面的准则和导则对规划人员在设备选型、馈线的供电范围等方面提出了一些限制条件。

提高设备的规格可以解决过载和电压降问题，但系统短路阻抗的降低会导致短路电流升高，在某些情况下可能会超出保护装置的保护范围。同时，某些规划方案的短路电流也可能太小，以致于保护装置的灵敏度较低。

综上所述，规划方案必须满足保护方面的导则规定，即短路电流必须在保护装置的保护范围之内，具体参见 Q/GWD 10738—2020《配电网规划设计技术导则》。

1.3.5 设备型号和规格

电力系统中使用的设备只能从已经获得批准的类型和容量中进行选择，这样就能保证所使用的设备满足各种准则和导则的要求。在新设备投入之前，电力公司会对其进行

测试，以确保能满足容量和性能的要求。

准则和导则对于导线、配电变压器、断路器等主要设备都给出推荐的型号。除此之外，还有相当多的关于设备的工程设计准则和导则，例如中压馈线组装、导线间隔、金具的强度、预期的风化和冰蚀及与其他设备的兼容性等，也包括美观方面的准则。

但是对于规划人员来说，这些设计方面的准则和导则通常只是作为参考，因为规划是设计的前期工作，在规划阶段只能对设备的型号和规格做出选择，诸如变压器的容量、线路的线径等。例如，在 Q/GWD 10738—2020《配电网规划设计技术导则》规定，A类供电区 110kV 变电站的变压器台数为 3～4 台，变压器容量为 50MVA 或 63MVA，导线截面推荐 2×300、2×240、400、300mm^2 几种。也就是说，规划方面的准则和导则与设计不同，相对来说要粗略一些。

1.3.6　可靠性

1. 隐式可靠性准则

在传统的电网规划过程中，一般采取隐式可靠性准则，即 $N-1$ 准则。因为 $N-1$ 准则是以设备是否过载作为判断标准的，实际上也是广义的安全性准则。

$N-1$ 准则是指在正常运行方式下，电力系统任一元件（发电机、变压器或者线路）无故障或者发生故障断开后，电力系统应能保持稳定运行和正常供电，其他元件不过载，电压和频率在允许范围内。

由此可见，$N-1$ 准则包含两层含义：一是保障电网的稳定性；二是保证用户符合质量要求的连续供电。

由于 $N-1$ 准则是按照电网元件断开状态来判断稳定性和安全供电情况的，因此需要对 $N-1$ 的状态类型进行分类。

（1）计划性停运：电网的计划性检修、预防性实验、季节性维护等，占电网设备累计停运时间的 90% 以上。

（2）非计划性停运：因设备运行过程中发生缺陷或者局部故障而造成设备必须临时停运处理，占电网设备累计停运时间的 3%～8%。

（3）故障停运：以断路器分断为特征的瞬时或者短时停运，占电网设备累计停运时间的 1%～3%。

2. 显式可靠性准则

显式可靠性准则是以明确的可靠性指标限值来表示的，最常用的可靠性指标是系统平均停电持续时间（SAIDI）和系统平均停电频率（SAIFI），其定义如下：

（1）SAIDI（System Average Interruption Duration Index）：单位时间（1 年）内，电网由于故障而不满足可靠性准则，结果造成对用户停电或缺电的平均时间，也称配电网平均停电持续时间指标。可以用一年中用户遭受的停电持续时间总和除以该年中由系统供电的用户总数来估计。

（2）SAIFI（System Average Interruption Frequency Index）：单位时间（1 年）内，配电网由于故障而不满足可靠性准则，结果造成对用户停电或缺电的平均次数，也称为配电网平均停电频率指标。可以用一年中用户停电的累计次数除以系统供电的总用户数来估计。

严格地讲，SAIDI 和 SAIFI 是系统性的指标，但也常常被应用于某一区域、子区域，甚至是一条馈线。其目的是，通过逐条线路的测量和分析 SAIDI 和 SAIFI 指标，可以掌握影响供电可靠性的关键环节和因素。有时甚至是将 SAIDI 和 SAIFI 指标应用于用户。

此外，SAIDI 和 SAIFI 是统计指标。在规划过程中，对于给定的网架结构和负荷水平，往往需要进行一定的可靠性计算和分析，此时如果采用 SAIDI 和 SAIFI 作为衡量电网或者用户的供电可靠性指标，那么就是理论可靠性指标。与统计可靠性指标不同的是，SAIDI 和 SAIFI 是通过计算得到的，是一种供电可靠性的预测值或者预期值。

除了 SAIDI 和 SAIFI 之外，还有很多可靠性指标，如电网正常供电概率（ASAI）、配电网电量不足期望值（ENSI）以及配电网停电损失等，但是在规划导则中很少有相关的准则。例如，在 Q/GWD 10738—2020《配电网规划设计技术导则》只是规定，A 类供电区的供电可靠性必须不小于 99.99%，户均年停电时间不大于 52.6min，并没有规定其他的可靠性指标限值。

参考文献

[1] 程浩忠，张焰，严正，等．电力系统规划［M］．2 版．北京：中国电力出版社，2014.

[2] 王锡凡，方万良，杜正春．现代电力系统分析［M］．北京：科学出版社，2003.

[3] 陈慈萱．电气工程基础（上册）［M］．3 版．北京：中国电力出版社，2018.

[4] 范明天，张祖平，刘思革．城市电网电压等级的合理配置［J］．电网技术，2006，30（10）：64-68.

[5] 蓝毓俊．现代城市电网规划设计与建设改造［M］．北京：中国电力出版社，2004.

[6] Leewillis H，威利斯，范明天，等．配电系统规划参考手册［M］．北京：中国电力出版社，2013.

[7] 刘健，林涛，赵江河，等．面向供电可靠性的配电自动化系统规划研究［J］．电力系统保护与控制，2014，42（11）：52-60.

[8] 刘洪，李吉峰，张家安，等．考虑可靠性的中压配电系统供电能力评估［J］．电力系统自动化，2017，41（12）：154-160.

第 2 章

经 济 分 析 基 础

电网规划要在确保电力系统安全稳定的情况下实现投资和运行成本的最小化，经济分析是规划中十分重要的一部分。本章主要介绍经济分析基础的概念和经济评价方法，常用的经济评价方法包括净现值法、内部收益率法、最小费用法和等年值法等。

2.1 基 本 概 念

2.1.1 成本

1. 概述

规划的主要目的就是尽可能地降低成本，每个规划方案都会包含或者隐含各种成本，如设备成本、设备安装所需要的人力成本、运行、维修、损耗以及其他相关的成本。对于各个备选的规划方案而言，不仅要考虑总成本，还包括成本的投入时间，即当前必须花费的成本和将来要花费的成本。电力企业规划的重点是，找到具有最小成本的方案来为用户供电。

从经济学的角度出发，成本是为了获得想要的产品或者最终结果所必须消耗的支出，其中可以包括资金、劳动力、材料、资源、房地产、失去机会的损失等。这些将要投入的资源和商品通常以一个共同的基础来衡量（如资金），即可将材料、设备、土地、劳动力、税收、维修、保险、污染治理和损失等因素转化为货币形式。当可以把所有成本用一个共同的基础来表示时，后续的规划就能以单目标的方式进行。在少数情况下，有些成本不能转换为货币，如美观效果及其他的无形项目都无法转换为货币成本，因此降低成本必须通过多目标规划和费用最小化的方式来实现。

2. 初始成本和持续成本

变电站、线路和其他项目都包括建设安装的初始费用，以及使其维持运行的持续费用。初始成本包括一切用于建设变电站，并使其投入初始运行的费用，其中包括测量、法律、站址准备、设备、工程、测试、检验、证书、劳动力和保险等方面的费用。而持续成本则是用来维持运行的费用，其中包括检修、日常供应、替换零件、电力损耗、燃料和其他花费。

初始成本通常在项目建设的几个月或者几年内（如变电站建设和输电线路建设）只产生一次，但在电力企业的规划中，通常被看作是某一具体年份的一项预算；而持续成本只要变电站运行就存在，并且持续成本的统计周期可以是日、月或者年。对于大多数电网规划来说，采用年度统计的持续成本就足够了。

3. 固定成本和可变成本

变电站、线路以及电力系统其他组成部分的成本也可以划分为固定成本和可变成本两种形式。例如，为保证变电站正常运行，每年支付的包括税费、人工成本、检验、定期维护、测试等费用，这些费用不随变电站的负荷变化而变化，都属于固定成本。同理，变压器的空载损耗（铁损）也不随着变电站的负荷变化而变化，也属于固定成本。但是，变压器的负载损耗（铜损）会随着负荷峰值的变化而变化，并且变压器的载荷水平越高损耗越大，这些随着负荷变化而变化的成本就是可变成本。变压器的检修成本也是可变的，因为负荷高的变压器的检修也比同类型、低负荷的变压器频繁。

在很多工程的经济性评价中，固定成本包括了除运行所需的可变成本（如燃料和损耗成本）之外的所有成本，但也有很多特殊情况。因此，规划人员需要考虑的是，究竟哪些费用可以作为固定成本，哪些费用可以作为可变成本。

4. 嵌入成本、边际成本和增量成本

嵌入成本是指当前规划所确定的，与系统结构或者使用水平有关的部分成本。根据具体情况，这部分成本包括大部分的初始固定成本和可变成本。通常，在分析当前运行状态之后的有关成本如何变化时，嵌入成本被当作是固定成本。边际成本是当前运行状态上成本函数的斜率（见图 2-1，即单位负荷的成本），嵌入成本也是根据此运行状态进行定义的。

此外，增量成本是指对给定增量而产生的单位成本。例如，某一变电站负荷增加所产生的增量成本，或者某一线路负荷降低时由于损耗而产生的增量成本。虽然边际成本和增量成本都表示相对于基准值的成本变化率，但由于成本和负荷的关系呈现非线性和不连续性，两者的差异可能会很大。因此，正确区分和使用这两种成本是很重要的。由图 2-1 可见，边际成本是由一个

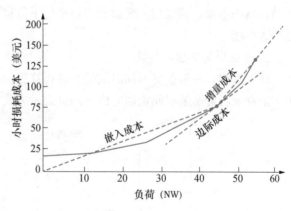

图 2-1　损耗成本与负荷的关系示意图

运行状态的斜率决定的，而增量成本取决于变化前后两个运行状态所决定的斜率，或者是一个运行状态及其上的增量。

2.1.2　资金的时间价值

在电网规划决策过程中，会涉及当前成本与未来成本的比较，也会涉及对不同时间投资的规划方案比较，这些都说明资金具有时间价值（一笔资金存入银行或进行固定收益的投资，经过一定时间其价值将会增加，即这笔资金在不同时间具有不同的价值）。

1. 现值系数与贴现率

现值分析是一种用来比较和衡量发生在不同时间段费用及成本的方法，该方法的使用是建立在一致、公平的基础上的。现值分析基于现值系数 X，并以当前的价值为依

据。例如，资金 P 在 n 年之后的现值为 PX^n，其中 X 代表现值系数。

现值系数也可以用来确定未来多少资金等同于目前资金的数量。例如，现值 100 元，1 年之后需要有 111.11 元才能与现有的 100 元相等同，2 年之后就需要有 123.46 元才能与现有的 100 元等同。

现值分析是将未来成本折算成当前的成本，里面存在一个贴现率问题。贴现率是指将未来支付改变为现值所使用的利率，或指持票人以没有到期的票据向银行要求兑现，银行将利息先行扣除所使用的利率。这种贴现率也指再贴现率，即各银行将以已贴现过的票据作担保，作为向中央银行借款时所支付的利息。贴现率与现值系数的关系为

$$X(t) = 1/(1+i)^n$$

式中：i 为贴现率；n 为未来年份。

例如，若 $i=11.11\%$，就意味着一年后的资金相对于现在资金的贴现为 11.11%，即现值系数为 0.9。

也就是说，在计算现值系数和贴现率时，并没有像欧姆定律那样严格、完整的计算公式。虽然贴现率是通过慎重的分析和计算得到的，但是有时候靠经验估计也能做得很好。因此，一个值得推荐的观点是，现值系数只是一个决策工具，可以看作是规划决策过程中的一个数字，方便规划人员用来比较未来和现在开支以及所节约的成本。

一个相对较低的贴现率意味着该规划方案将选择现在投资以降低将来的成本，而随着贴现率的增加，该规划方案就变得越来越不值得提前投资，除非有巨大的、潜在的资金节省可能。

2. 不同时间价值的转换

在工程中，一般是将不同时期的投资折算到同一时期再进行比较。如图 2-2 所示，关于工程项目资金的时间价值有以下四种表示方式。

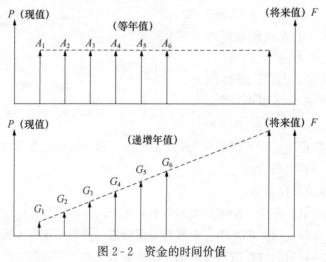

图 2-2 资金的时间价值

（1）现值（P）：把不同时刻的资金换算为当前时刻的等效资金，也称为贴现值。这种换算称为贴现计算。

（2）将来值（F）：资金的将来值也称为终值，是把资金换算为将来某一时刻的等

效金额。现值和将来值都是一次性支付的。

（3）等年值（A）：把资金换算为按期等额支付的金额，通常每期为 1 年，所以称为等年值。

（4）递增年值（G）：把资金折算为按期递增支付的金额。等年值和递增年值都是多年支付的。

银行存款利率和工程上资金使用过程中的利率不同。因此，虽然可以以利率代替贴现率，但利率和贴现率在概念和内容上是不同的。

在下面的分析中，以利率代替贴现率。

（1）由现值（P）求将来值（F），也称为本利和计算。假设利率（贴现率）为 i，则第 n 年末的利息和本利和计算见表 2-1。

表 2-1 本 利 计 算

期末	期初的金额	本期利息	本利和
1	P	Pi	$P(1+i)$
2	$P(1+i)$	$P(1+i)\,i$	$P(1+i)^2$
3	$P(1+i)^2$	$P(1+i)^2 i$	$P(1+i)^3$
n	$P(1+i)^{n-1}$	$P(1+i)^{n-1}i$	$P(1+i)^n$

由表 2-1 可知，第 n 年末的将来值和现值之间的关系为

$$F = P(1+i)^n$$

式中：F 为第 n 年末的金额；P 为第一年的金额；$(1+i)^n$ 为一次支付本利和系数，可记为 $(F/P, i, n)$。

（2）由将来值（F）求现值（P），也称为贴现计算，计算式为

$$P = F/(1+i)^n$$

式中：$1/(1+i)^n$ 为一次支付贴现系数，可记为 $(P/F, i, n)$。

（3）由等年值（A）求将来值（F），也称为等年值本利和计算。当等额 A 发生在每年的年末，则第 n 年末的将来值 F 就等于这 n 个现金流中每个 A 值的将来值的总和

$$F = A + A(1+i) + A(1+i)^2 + A(1+i)^{n-1}$$

即

$$F = \frac{A\left[1-(1-i)^n\right]}{1-(1+i)} = A\,\frac{(1+i)^n-1}{i}$$

式中：$\dfrac{(1+i)^n-1}{i}$ 称为等年值本利和系数，可记为 $(F/A, i, n)$。

（4）由将来值（F）求等年值（A），计算式为

$$A = F\,\frac{i}{(1+i)^n-1}$$

式中：$\dfrac{i}{(1+i)^n-1}$ 称为偿还基金系数，可记为 $(A/F, i, n)$。

（5）由等年值（A）求现值（P），称为等年值的现值计算，计算式为

$$P = A \frac{(1+i)^n - 1}{i(1+i)^n}$$

式中：$\frac{(1+i)^n - 1}{i(1+i)^n}$ 称为等年值的现值系数，可记为 $(P/A, i, n)$。

（6）由现值（P）求等年值（A），计算式为

$$A = P \frac{i(1+i)^n}{(1+i)^n - 1}$$

式中：$\frac{i(1+i)^n}{(1+i)^n - 1}$ 称为资金收回系数（Capital Recovery Factory，CRF），可记为 $(A/P, i, n)$，是经济分析中一个重要的系数。

2.2 经济评价方法

利用资金时间价值的换算公式，可以形成四种经济评价方法，即净现值法、内部收益率法、最小费用法和等年值法。

2.2.1 净现值法

净现值（Net Present Value，NPV）是指项目在使用寿命周期内总收益和总费用之差，可以表示为

$$\text{NPV} = \sum_{t=0}^{n} \left[(B_t - C_t - K_t)(1+i)^t \right]$$

式中：n 为项目的使用寿命；i 为贴现率；B_t、C_t、K_t 分别为年收益、年投资成本和年运行成本（每年可以不相等）。

当用净现值法对一个独立的工程投资方案进行经济评价时，若 NPV $\geqslant$ 0，则认为该方案在经济上是可取的，反之则不可取。

【例 2-1】 某电站投资为 1 亿元，使用寿命 50 年，年运行费用为 1000 万元。若每年的综合效益为 3000 万元，试计算贴现率分别为 10%、21% 时对应的净现值。

解 由题可知每年综合收益 B＝3000 万元，贴现率 i＝10%，使用寿命 n＝50，则收益现值 P_B 为

$$P_B = B \frac{(1+i)^n - 1}{i(1+i)^n} = 3000 \times \frac{(1+0.1)^{50} - 1}{0.1 \times (1+0.1)^{50}} = 29744.44（万元）$$

又因年运行费用 K＝1000 万元，则运行费用现值 P_K 为

$$P_K = K \frac{(1+i)^n - 1}{i(1+i)^n} = 1000 \times \frac{(1+0.1)^{50} - 1}{0.1 \times (1+0.1)^{50}} = 9914.814（万元）$$

因投资费用 P_C＝1 亿元，则总支出费用 P_{CK} 为

$$P_{CK} = P_C + P_K = 10000 + 9914.814 = 19914.814（万元）$$

因此项目净现值 NPV 为

$$\text{NPV} = P_B - P_{CK} = 9829.63（万元）$$

项目净现值为正，说明此时该建设是有赢利的。

同理，当 i＝21% 时该方案的净现值为

$$\text{NPV} = P_B - P_{CK} = -476.8816(\text{万元})$$

说明此时该建设是亏损的。

2.2.2　内部收益率法

内部收益率法，又称为投资回收法。首先计算净现值为 0 的收益率，有

$$\text{NPV} = \sum_{t=0}^{n} \left[(B_t - C_t - K_t)(1 + i')^t \right] = 0$$

即首先求出内部的贴现率 i'，再与标准贴现率进行比较，如果大于标准的贴现率，则说明此方案可优选。

该方法的缺点是在求取内部收益率时，计算量较大。

从［例 2-1］可以看出，一个工程方案的净现值与所用的贴现率有密切关系，净现值随给定的贴现率的增大而减小。内部收益率法的关键是求出一个使工程方案的净现值为 0 的收益率，即

$$\text{NPV} = P_B - P_{CK} = B\frac{(1+i)^n - 1}{i(1+i)^n} - K\frac{(1+i)^n - 1}{i(1+i)^n} - P_C = 0$$

2.2.3　最小费用法

对工程项目进行经济评价时，项目的收益常难以确定。因此，可以采取最小费用方法（Present Value Cost，PVC），表达式为

$$\text{minPVC} = \sum_{t=0}^{n} \left[(C_t + K_t)(1 + i)^t \right]$$

当最小费用法进行互斥方案比较时，应注意各工程项目的使用寿命问题。在各工程项目使用寿命不同的情况下，即使净现值或费用现值相等，其实际效益也不相同。为了使方案比较有一个共同的时间基础，处理使用寿命不同的问题可以用最小公倍数法和最大使用寿命期法。

【例 2-2】　表 2-2 列出了工程的两种投资方案。假设贴现率取 9%，试对两种方案进行经济性评估。

表 2-2　　　　　　　　　　　　　工程投资方案

项目	方案 1	方案 2
投资（元）	5000	8000
使用寿命（年）	6	8
运行费用（元/年）	1600	1200

解　两方案使用寿命的最小公倍数为 24 年，故计算期可取为 24 年。

对方案 1 共重复 4 次投资，其费用现值为

$$\text{PVC}_1 = 5000 + 5000 \times \left[\frac{1}{(1+0.09)^6} + \frac{1}{(1+0.09)^{12}} + \frac{1}{(1+0.09)^{18}} \right] +$$

$$1600 \times \frac{(1+0.09)^{24} - 1}{0.09(1+0.09)^{24}} = 26349.558(\text{万元})$$

对方案 2 重复投资 3 次，其费用现值为

$$\mathrm{PVC}_2 = 8000 + 8000 \times \left[\frac{1}{(1+0.09)^8} + \frac{1}{(1+0.09)^{16}} \right] +$$

$$1200 \times \frac{(1+0.09)^{24}-1}{0.09(1+0.09)^{24}} - \frac{1000}{(1+0.09)^{24}}$$

$$= 25551.418(万元)$$

故方案 2 好。

上述计算忽略了使用寿命不同这个因素，若考虑使用寿命，则

$$\mathrm{PVC}_1 = 5000 + 1000 \times \frac{(1+0.09)^6-1}{0.09\,(1+0.09)^6} = 12177.470(万元)$$

$$\mathrm{PVC}_2 = 8000 + 1200 \times \frac{(1+0.09)^8-1}{0.09\,(1+0.09)^8} - \frac{1000}{(1+0.09)^8} = 15143.650(万元)$$

结论为方案 1 好，正好相反。这就是因为忽略了使用寿命这个因素，因而结论不正确。

2.2.4 等年值法

将项目使用期内的费用换算成等年值，然后利用等年值进行项目的比较。同最小费用法的原理相同，等年值也是越小越好。等年值法（Age Cost，AC）在比较不同寿命期的方案时比较方便，可以表达为

$$\mathrm{minAC} = \mathrm{PVC}(A/P, i, n)$$

由表 2-2 数据，可得方案 1 的年值为

$$\mathrm{AC}_1 = 5000 \times \frac{0.09\,(1+0.09)^6}{(1+0.09)^6-1} + 1600 = 2714.599(万元)$$

方案 2 的年值为

$$\mathrm{AC}_2 = 8000 \times \frac{0.09\,(1+0.09)^8}{(1+0.09)^8-1} + 1200 - 1000 \times \frac{0.09}{(1+0.09)^8-1} = 2554.721(万元)$$

可见方案 2 好，与最小费用法的结论一致。

因此，可以看出等年值法和最小费用法是完全等效的。但等年值法的计算要简单得多，这正是等年值法的优点。

参考文献

[1] 傅勇，张焰，顾洁. 电力市场下基于可靠性的输电服务定价研究 [J]. 电力系统及其自动化学报，2002（06）：40-43.

[2] 周晓倩，艾芊. 基于自适应经济下垂控制的微电网分布式经济控制 [J/OL]. 电力自动化设备，1-6 [2019-04-11]. https://doi.org/10.16081/j.issn.1006-6047.2019.04.008.

[3] 赵新刚，任领志，万冠. 可再生能源配额制、发电厂商的策略行为与演化 [J]. 中国管理科学，2019，27（03）：168-179.

[4] 黄元生，刘庆超，赵红民，等. 基于资金时间价值的电厂项目建设成本控制方法 [J]. 电网技术，2008，32（3）：62-65.

[5] 杨亚达，王明虎. 投资评价方法中基准贴现率的选择与分析 [J]. 管理世界，2001（5）：211-212.

[6] 程浩忠，张焰，严正，等. 电力系统规划 [M]. 北京：中国电力出版社，2008.

[7] 朱启扬，徐杰彦，许雯旸，等. 中低压配电网节能改造方案经济效益评估 [J]. 电力需求侧管

理，2019，21（02）：30 - 35.

[8] 赵新刚，任领志，万冠. 可再生能源配额制、发电厂商的策略行为与演化 [J]. 中国管理科学，2019，27（03）：168 - 179.

[9] 马明，郝毅，雷二涛. 采用净现值法的电能质量综合补偿装置不同控制策略下的经济性评估 [J]. 电力电容器与无功补偿，2018，39（05）：123 - 128，136.

[10] 倪驰昊，刘学智. 光伏储能系统的电池容量配置及经济性分析 [J]. 浙江电力，2019，38（01）：1 - 10.

[11] 范明天，苏傲雪. 基于可靠性的配电网规划思路和方法讲座二：基于可靠性规划的项目评估方法 [J]. 供用电，2011，28（02）：12 - 17.

[12] 刘莹旭，张坤，施炜军，等. 基于上海中心城区可靠性电网规划投资的效益评价 [J]. 低碳世界，2018（12）：253 - 254.

第 3 章

电网规划的模型与方法

本章主要介绍描述电网规划问题的数学模型及其计算方法。其中，数学模型包括基于时空分解的一般模型、考虑不确定性的标准模型和计及可靠性的规划模型；计算方法包括分支定界法、启发式规划方法和双 Q 规划方法等。

3.1 问 题 描 述

3.1.1 基本假设

如前所述，电网规划问题可以描述为一个如式（1-1）所示的数学模型，即以经济性最优为目标函数，满足电力电量平衡和安全性等方面的约束条件。实际上，电网规划与运行优化（如经济运行、优化潮流等）在原理上是一样的，都可以描述为一个数学优化问题。

但是，电网规划与运行优化在数学模型上有很大的差异。特别是在规划阶段，由于是对未来若干年内的电网发展做出决策，在现阶段将面临众多的不确定因素。因此，电网规划不可能像运行优化那样，以非常详细的数学模型来描述。例如，在运行优化过程中，短期甚至是超短期负荷预测与实际负荷偏差不是很大，因为不仅网架结构是确定的，而且设备的类型、型号和参数都是确定的，电力电量平衡通常可以以潮流方程来表示；但是在规划阶段，长期负荷预测与实际负荷的偏差可能很大，即使网架结构是确定的，设备（诸如线路和变压器等）类型和参数等也是不确定的，如果再以潮流方程来表示电力电量平衡约束不仅显得没有必要，而且增加了问题的复杂性。因此，一般采取直流潮流方程，甚至是以网络流方程来表示电力电量平衡。

此外，对于一个确定的规划区域，电网规划要回答的是"在何时、何地建设何种类型线路或者变电站"的问题。因此，类似于最优控制问题，电网规划问题是一个多时空尺度的动态最优化问题。将式（1-1）进行拓展，可得

$$\min(\max)\int_{t=0}^{T} F[\boldsymbol{x}(t), \boldsymbol{u}(t)]\mathrm{d}t$$

$$\mathrm{s.\,t.} \begin{cases} \boldsymbol{g}[x(t), \boldsymbol{u}(t)] = 0 \\ \boldsymbol{h}[x(t), \boldsymbol{u}(t)] \leqslant 0 \end{cases}$$

式中：T 为规划周期；$\boldsymbol{x}$ 为状态变量向量；$\boldsymbol{u}$ 为控制变量向量；函数 F 为经济性，是标量；函数 $\boldsymbol{g}$ 一般为电力电量平衡约束，是向量的形式；函数 $\boldsymbol{h}$ 为安全性或者资源限制约束，也是向量形式。

但是需要强调的是，任何一个规划方案都不可能只是通过计算得到的，优化计算只

是规划的一种辅助决策手段。因此，针对电网规划决策的数学模型及其计算方法必须采取一定的简化。

3.1.2　按照时间分解

规划的周期为 5、10 年或者 15 年等，一般是以年为单位进行规划的。也就是说，为了降低规划问题的复杂程度，可以将规划问题按照以年为单位进行分解。例如，对于 5 年期的规划，t 分别等于 1、2、3、4、5，则上述优化问题可以表示为

$$\min(\max)\sum_{t=1}^{T} f_t(\pmb{x},\pmb{u})$$

$$\text{s. t.}\begin{cases} \pmb{g}_t(\pmb{x},\pmb{u}) = 0 \\ \pmb{h}_t(\pmb{x},\pmb{u}) \leqslant 0 \\ t = 1,2,\cdots,T \end{cases}$$

式中：f_t、g_t、h_t 分别为第 t 年的目标函数和约束条件；$\pmb{x} = [\pmb{x}_1,\ \pmb{x}_2,\ \cdots,\ \pmb{x}_t,\ \cdots,\ \pmb{x}_T]^{\mathrm{T}}$，其中的元素 $\pmb{x}_t$ 都是向量的形式；$\pmb{u} = [\pmb{u}_1,\ \pmb{u}_2,\ \cdots,\ \pmb{u}_t,\ \cdots,\ \pmb{u}_T]^{\mathrm{T}}$，其中的元素 $\pmb{u}_t$ 都是向量的形式。

进一步地，如果假设各规划年之间的状态变量和控制变量之间没有关联性，即不存在动态约束条件，则上述问题可以分解为

$$\min(\max)\sum_{t=1}^{T} f_t(\pmb{x}_t,\pmb{u}_t)$$

$$\text{s. t.}\begin{cases} \pmb{g}_t(\pmb{x}_t,\pmb{u}_t) = 0 \\ \pmb{h}_t(\pmb{x}_t,\pmb{u}_t) \leqslant 0 \\ t = 1,2,\cdots,T \end{cases}$$

可见，电网规划问题可以分解为 T 个相互独立的子问题。因为 T 个子问题的数学模型相同，进一步地可以简化描述为常规优化问题的表达形式

$$\min(\max) f(\pmb{x},\pmb{u})$$

$$\text{s. t.}\begin{cases} \pmb{g}(\pmb{x},\pmb{u}) = 0 \\ \pmb{h}(\pmb{x},\pmb{u}) \leqslant 0 \end{cases} \tag{3-1}$$

但是，在很多情况下，不同规划年的状态变量和控制变量之间是相互关联的，上述规划问题在时间上的分解也只是简化计算的一种手段。

3.2　电网规划的一般模型

3.2.1　边界条件

1. 规划区域

3.1 节所述电网规划的数学模型将动态问题按照时间进行了分解，分解为在多个时间断面上决策的静态问题。但是根据上述数学模型，并不能指导规划工作的开展，只是说明了电网规划问题实际上也是一个优化决策问题。因为电网规划所要决策的内容很

多，同运行优化问题一样，根据决策目标的不同，还要进一步进行简化和分解。

根据规划区域的不同，电网规划问题表达式（3-1）还需要进行空间上的分解。我国的电网是根据行政分区进行管理的，电网规划的区域也是按照行政分区划分的。因此，电网规划区域一般可以划分为国家、行政大区、省（直辖市）、市（州）、县（区）等。但是，县（区）还不是电网规划的最基本单元。在配电网规划中，县（区）级的规划区域又被进一步分解，分解为不同的供电区域，分别以负荷密度和供电可靠性等表征，见表3-1。

表 3-1   供电分区划分表

	供电区域	A$^+$	A	B	C	D	E
行政级别	直辖市	市中心区或 $\sigma \geqslant 30$	市区或 $15 \leqslant \sigma < 30$	市区或 $6 \leqslant \sigma < 15$	城镇或 $1 \leqslant \sigma < 6$	乡村或 $0.1 \leqslant \sigma < 1$	—
	省会城市、计划单列市	$\sigma \geqslant 30$	市中心区或 $15 \leqslant \sigma < 30$	市区或 $6 \leqslant \sigma < 15$	城镇或 $1 \leqslant \sigma < 6$	乡村或 $0.1 \leqslant \sigma < 1$	—
	地级市（自治州、盟）	—	$15 \leqslant \sigma$	市中心区或 $6 \leqslant \sigma < 15$	市区、城镇或 $1 \leqslant \sigma < 6$	乡村或 $0.1 \leqslant \sigma < 1$	牧区
	县（县级市、旗）	—	—	$6 \leqslant \sigma$	城镇或 $1 \leqslant \sigma < 6$	乡村或 $0.1 \leqslant \sigma < 1$	

注　1. σ 为供电区域的负荷密度，MW/km^2；

　　2. 供电区域的面积不宜小于 5km^2；

　　3. 计算负荷密度时，应扣除 110（66）kV 及以上电压等级的专线负荷，以及高山、戈壁、荒漠、水域、森林等无效供电面积；

　　4. A$^+$、A 类区域对应中心城市（区）；B、C 类区域对应城镇地区；D、E 类区域对应乡村地区；

　　5. 供电区域划分标准可结合区域特点适当调整。

近年来施行的单元制规划，又将供电区域进一步进行了划分，划分为不同的网格。网格的划分目前还没有统一的原则，网格又是由不同的区块所组成的。而区块可以认为是规划的最基本单元，是根据规划用地性质的不同进行划分的。

2. 电压等级

我国的标准（交流）电压等级序列为 1000、500、220（330）、110（66）、35、10kV 以及 380V（220V）。其中 330kV 只在西北地区使用，66kV 只在东北地区使用。不同的电压等级，其供电范围和供电能力是不同的，越大的供电区域需要更高的电压等级进行供电。

到目前为止，还没有将电压等级与行政分区相对应，因为不同行政分区由经济发展、人口密度等因素所决定的负荷分布状况差别很大。

无论电压等级如何定位，在一个规划区域（无论大小）内，所要规划的变电站和线路只能涉及两个电压等级。上一电压等级的变电站作为下一电压等级的电源，而下一电压等级的变电站作为上一电压等级的负荷。

3. 点负荷与面负荷

在电网规划过程中，负荷可以以空间负荷（点负荷）和负荷密度（面负荷）两种方式来假设。例如，在进行高压变电站或者线路规划时，下一电压等级的变电站已经存在或者部分存在，往往被作为点负荷。一般来说，在输电网规划中通常采取点负荷假设的方式，而在配电网的规划中只是考虑负荷密度，即面负荷。

当采取点负荷假设时，因为由不同的电源点向负荷点供电时需要计及路径，即需要考虑网络拓扑结构，使得规划决策的数学模型较复杂，通常只能采取启发式的算法，如输电网的逐步拓展规划方法等。

面负荷以规划区域内的平均负荷密度来表示。当采取面负荷假设时，在规划区域内一般采取统一容量、类型或者接线模式的变电站、线路，通过计算变电站和线路的最佳供电半径或者面积，来对规划区域内的变电站或者线路分布进行规划。

当然，也可以在输电网规划时采取面负荷假设，以及在配电网规划时采取点负荷假设，需要视具体情况而定。

4. 变电站和线路规划

变电站规划和线路规划是电网规划的主要内容。变电站规划是根据已知的负荷分布（或低压变电站）确定变电站的位置、变压器容量和台数、接线方式等；线路规划要确定的是线路的走向、容量等。无论是变电站规划还是线路规划，都假设负荷（或者低压变电站）是已知的。

当采取点负荷假设时，因为需要考虑电力网络的拓扑结构，变电站规划和线路规划既可以同时进行，也可以单独进行；当采取面负荷假设时，不需要考虑电力网络的拓扑结构，变电站规划和线路规划只能分开进行。

图 3-1 中，·表示点负荷，○表示变电站，外围的圆表示规划区域，则规划区域内的面负荷（负荷密度）就是负荷总量除以规划区域面积。

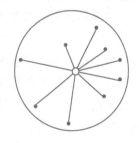

对于电网来说，变电站或者代表电源，或者代表负荷，其容量是以节点注入功率的形式表示的，与电力系统的运行优化相类似；线路规划则是以线路的功率（潮流）为变量进行优化的，是支路量，这在传统的电力系统运行优化中是很少采用的。

图 3-1 点负荷和面负荷

由此可见，变电站规划和线路规划在数学模型上还是有很大差别的，需要分别进行考虑。

3.2.2 数学模型

1. 决策变量

电网规划所要解决的核心问题是变电站和线路规划，所需要考虑的时间问题是由规划周期和不同的规划水平年所决定的。但是在何地建设何种类型变电站或者线路的问题是以控制变量和状态变量来表示的。

对于变电站站址和线路走廊来说，一般有多个备选方案，在规划时只能在这些备选方案中进行选择。特别是对于城市电网来说，因为用地特别紧张，这种备选的方案也很少。即使对于广大的农村地区，或者是在用地很宽松的环境下，变电站站址和线路走廊也应该预先做出备选方案，而不是漫无边际地进行选择，更不是采用数学优化方法所能够决策出来的。

因此，以控制变量 u_i 或 u_l 来表示变电站站址或者线路走廊的选择，控制变量通常都是 0、1 整数变量。例如，当以 $i=1,2,\cdots,N$ 表示待规划变电站时，u_i 表示变电站站址的选择，$u_i=1$ 说明此站址被选择，否则不被选择；当以 $l=1,2,\cdots,L$ 表示待规划线路时，u_l 表示线路走廊的选择，$u_l=1$ 说明此线路走廊被选择，否则不被选择。

在电网规划中，变电站或者线路的类型是以状态变量的形式来表示的，一般是指线路或者变电站的容量。当以 $i=1,2,\cdots,N$ 表示待规划变电站时，x_i 表示第 i 个变电站的容量；当以 $l=1,2,\cdots,L$ 表示待规划线路时，x_l 表示第 l 条线路的容量。因为容量一般是以字母 S 来表示的，所以也常将 $S_i(S_l)$ 作为状态变量。特别是，电网规划一般考虑的是有功功率或者负荷的平衡问题，又将 $P_i(P_l)$ 作为状态变量

$$P_i = S_i\cos\varphi_i (P_l = S_l\cos\varphi_l)$$

式中：$\cos\varphi$ 为功率因数。

2. 目标函数

电网规划中考虑资金的时间价值是进行方案比较的基础。电网规划模型的目标函数是与项目的经济评价准则相联系的，可归纳为净现值最大化、内部收益率大于基准收益率、总费用最小化及年费用最小化四种目标函数。

采用净现值最大化作为目标函数时，不仅需要了解项目历年的投资和运行费用，而且还必须预测项目逐年的收益。对于电网规划而言，项目的未来收益往往很难预测，这是采用净现值最大化作为目标函数的不足之处。当然，净现值最大化能比较全面地反映项目的经济效果，实际工作中应有分析地加以应用。

以内部收益率大于基准收益率作为目标函数时，对于独立方案来说，只需计算项目的内部收益率，如果项目具有多个互斥方案，则必须计算各个方案的增量内部收益率。此目标函数除具有净现值最大化目标的优缺点外，还有计算量较大的缺点，一般需要采用逐步逼近的方法迭代求解。

用总费用最小化作为目标函数避开了预测项目未来收益的困难，但采用这个目标函数时隐含了一个假定，即当方案满足相同的需要，其收益相等时，用年费用最小化作为目标函数是将项目分析期内的所有费用换算成等额的年费用，然后用年费用进行互斥方案的比较。年费用最小化和总费用最小化是等效的两个目标函数。

以上四种目标函数是目前电网规划模型中采用的基本目标函数。由于电力工业属于公用事业范畴，其效益计算一直是工程经济分析领域的一个难题，因此电网规划模型较常采用的目标函数是总费用最小化或年费用最小化，而由于年费用最小化可避免各方案使用寿命不同带来的困难，因而在电网规划模型中使用更为普遍。年费用最小化计算式为

$$\min f(x,u) = \sum_{i\in N} u_i(a_i S_i^2 + b_i S_i + c_i) + \sum_{l\in L} u_l(a_l S_l^2 + b_l S_l + c_l)$$

或者
$$\min f(x,u) = \sum_{i \in N} u_i(a_i S_i + b_i) + \sum_{l \in L} u_l(a_l S_l + b_l) \qquad (3\text{-}2)$$

式中：a_i、b_i、c_i 及 a_l、b_l、c_l 分别为与投资和运行成本有关的系数；$i=1,2,\cdots,N$ 与 $l=1,2,\cdots,L$ 为待规划的变电站或者线路。

由式（3-2）可知，年费用可以描述成状态变量二次函数或者线性函数的形式。

3. 电力平衡约束

（1）点负荷假设。对于运行优化问题来说，电力平衡约束一般采用的是交流潮流方程。但是对于规划来说，因为面临很多的不确定因素，一般采取直流潮流方程及其简化形式作为电力平衡约束。

假设电网中只存在两种节点类型，电源节点和负荷节点。在电网当中的电源节点一般是指发电机节点，在此主要代表变电站节点。假设变电站节点的编号为 $i=1,2,\cdots,N$，负荷节点的编号为 $j=1,2,\cdots,M$，并且线路只能是由变电站节点引向负荷节点的，变电站节点之间或者负荷节点之间不存在连接线路，则线路的总数最多为 $L=NM$（条），如图 3-2 所示。

这 L 条线路都可以被认为是待规划线路，则直流潮流方程可以描述为

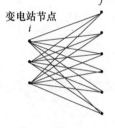

$$\begin{cases} P_i = S_i \cos\varphi_i = -\sum_{j \in i} B_l \theta_j \\ P_{Dj} = -\sum_{i \in j} B_l \theta_i \\ P_l = S_l \cos\varphi_l = -B_l \theta_{ij} \end{cases} \qquad (3\text{-}3)$$

图 3-2　待规划变电站和线路

式中：$i=1,2,\cdots,N$，$j=1,2,\cdots,M$，$l=1,2,\cdots,L$；P_i、S_i 分别为变电站节点 i 注入的有功功率和视在功率；P_{Dj} 为负荷节点 j 注入的有功功率；θ_i、θ_j 分别为节点 i、j 电压相角；P_l、θ_{ij} 分别为节点 i、j 之间线路功率和相角差；B_l 为节点 i、j 之间线路 l 的电纳；$j \in i$、$i \in j$ 分别为与节点 i 或者 j 相关联（即有线路连接）的节点集合。

根据式（3-3）中第三个方程得
$$B_l = -\frac{S_l \cos\varphi_l}{\theta_{ij}}$$

代入式（3-3）中第一、二个方程中得
$$\begin{cases} S_i \cos\varphi_i = \sum_{j \in i} S_l \cos\varphi_l \frac{\theta_j}{\theta_{ij}} \\ P_{Dj} = \sum_{i \in j} S_l \cos\varphi_l \frac{\theta_i}{\theta_{ij}} \end{cases}$$

当计及控制变量时，变化为
$$\begin{cases} u_i S_i \cos\varphi_i = \sum_{j \in i} u_l S_l \cos\varphi_l \frac{\theta_j}{\theta_{ij}} \\ P_{Dj} = \sum_{i \in j} u_l S_l \cos\varphi_l \frac{\theta_i}{\theta_{ij}} \end{cases}$$

如果近似认为

$$\frac{\theta_j}{\theta_{ij}} = 1, \quad \frac{\theta_i}{\theta_{ij}} = 1$$

则

$$\begin{cases} u_i S_i \cos\varphi_i = \displaystyle\sum_{l \in i} u_l S_l \cos\varphi_l \\ P_{Dj} = \displaystyle\sum_{l \in j} u_l S_l \cos\varphi_l \end{cases} \tag{3-4}$$

其中，以 $l \in i$、$l \in j$ 代替 $j \in i$、$i \in j$，表示线路 l 与节点 i、j 相关联。式（3-4）即满足基尔霍夫第一定律的电力平衡约束。

（2）面负荷假设。当不考虑电力网络的拓扑结构时，将式（3-4）的两个方程分别进行累加，得到

$$\begin{cases} \displaystyle\sum_{i \in N} u_i S_i \cos\varphi_i = \sum_{i \in N} \sum_{l \in i} u_l S_l \cos\varphi_l \\ \displaystyle\sum_{j \in M} P_{Dj} = \sum_{j \in M} \sum_{l \in j} u_l S_l \cos\varphi_l \end{cases}$$

因为

$$\sum_{i \in N} \sum_{l \in i} u_l S_l \cos\varphi_l = \sum_{j \in M} \sum_{l \in j} u_l S_l \cos\varphi_l$$

即所有线路的潮流之和是相等的，所以有

$$\sum_{i \in N} u_i S_i \cos\varphi_i = \sum_{j \in M} P_{Dj}$$

考虑变电站的备用容量时，上式一般取不等号。当采取面负荷假设时，上述电力平衡约束又可以被简化为

$$\sum_{i=1}^{N} u_i S_i \cos\varphi_i = A\sigma \tag{3-5}$$

其中，A、σ 分别为规划区域的面积和平均负荷密度，有

$$\sum_{j \in M} P_{Dj} = A\sigma$$

即得到计及面负荷假设时变电站规划时的电力平衡约束。同理，对于线路规划来说，有

$$\sum_{j \in M} \sum_{i \in j} u_l S_l \cos\varphi_l = \sum_{j \in M} P_{Dj} = A\sigma \tag{3-6}$$

4. 安全性约束

无论是变电站还是线路，都需要满足其容量约束

$$\begin{cases} S_i \leqslant S_i^{\max} \\ S_l \leqslant S_l^{\max} \end{cases} \tag{3-7}$$

式中：$i=1,2,\cdots,N$，$l=1,2,\cdots,L$；$S_i^{\max}$、$S_l^{\max}$ 分别为变电站 i 和线路 l 的容量上限。

此外，在规划时还需要考虑供电可靠性方面的约束。供电可靠性一般采取的是 SAIDI 或者 SAIFI 等概率性指标，在规划过程中则考虑的是 $N-1$ 安全性准则（简称 $N-1$ 准则）。$N-1$ 准则隐含了可靠性要求，满足 $N-1$ 准则也是电网规划的基本原则之一。$N-1$ 准则是通过变电站容量和线路容量限制来描述的，因此也可以将 $N-1$ 准

则和安全性约束一起进行描述，这是广义安全性约束的一种体现。

考虑 $N-1$ 准则之后，变电站、线路的容量限制约束可以描述为

$$\begin{cases} S_i \leqslant \dfrac{S_i^{\max}}{\eta_i} \\ S_l \leqslant \dfrac{S_l^{\max}}{\eta_l} \end{cases} \tag{3-8}$$

式中：η_i、η_l 分别为变电站和线路的效率系数。

当变电站内有 2 台变压器，或者每个负荷由 2 条线路供电时，$\eta_i = 2$；如果变电站内有 3 台变压器，或者每个负荷由 3 条线路供电时，$\eta_i = 1.5$。即 $\eta_i = \dfrac{n}{n-1}$（其中：n 表示变压器或者线路的数量）。

很显然，因为 $\eta_i \geqslant 1$，所以可以用式（3-8）取代式（3-7）。

3.2.3　计算方法

1. 变电站和线路综合规划

综上所述，当采取点负荷假设、线性的目标函数时，变电站和线路综合规划的数学模型可以总结为

$$\min \sum_{i \in N} u_i(a_i S_i + b_i) + \sum_{l \in L} u_l(a_l S_l + b_l)$$

$$\text{s. t.} \begin{cases} u_i S_i \cos\varphi_i = \sum_{l \in i} u_l S_l \cos\varphi_l \\ P_{Dj} = \sum_{l \in j} u_l S_l \cos\varphi_l \\ S_i \leqslant \dfrac{S_i^{\max}}{\eta_i}, \; S_l \leqslant \dfrac{S_l^{\max}}{\eta_l} \\ i = 1, 2, \cdots, N; \; j = 1, 2, \cdots, M; \; l = 1, 2, \cdots, L \end{cases} \tag{3-9}$$

式（3-9）为典型的线性混合整数规划数学模型，可以采用分支定界方法进行求解，也可以采取启发式方法进行迭代求解。首先令

$$z_i = u_i S_i, \quad z_l = u_l S_l$$

并忽略 $u_i b_i$、$u_l b_l$，则式（3-9）变为以 z_i、z_l 为变量的线性规划问题，可描述为

$$\min \sum_{i \in N} a_i z_i + \sum_{l \in L} a_l z_l$$

$$\text{s. t.} \begin{cases} z_i \cos\varphi_i = \sum_{l \in i} z_l \cos\varphi_l \\ P_{Dj} = \sum_{l \in j} z_l \cos\varphi_l \\ z_i \leqslant \dfrac{S_i^{\max}}{\eta_i}, \; z_l \leqslant \dfrac{S_l^{\max}}{\eta_l} \\ i = 1, 2, \cdots, N; \; j = 1, 2, \cdots, M; \; l = 1, 2, \cdots, L \end{cases}$$

采用单纯形法求解上述线性规划问题。对于优化结果中 $z_i \approx 0$，$z_l \approx 0$ 或数值较小的情况，可以认为相应的控制变量 $u_i = 0$，$u_l = 0$；剔除相应的变电站和线路，重复使用单纯

形法计算上述线性规划问题，直到所有的 z_i、z_l 不再近似等于 0 为止，相应地，$u_i=1$，$u_l=1$，$S_i=z_i$，$S_l=z_l$。

2. 变电站规划

当采取点负荷假设时，只考虑变电站的规划问题可以描述为

$$\min \sum_{i \in N} u_i(a_i S_i + b_i)$$

$$\text{s. t.} \begin{cases} \sum_{i \in N} u_i S_i \cos\varphi_i = \sum_{j \in M} P_{Dj} \\ S_i \leqslant \dfrac{S_i^{\max}}{\eta_i} \\ i = 1, 2, \cdots, N \end{cases} \quad (3\text{-}10)$$

其中，线路的投资和运行成本可以合并到变电站中。

而当采取面负荷假设时，只是将式（3-10）中电力平衡约束的右侧以 $A\sigma$ 替代即可，上述问题也可以采取如上所述的启发式方法进行求解。

3. 线路规划

线路规划是在变电站规划完成之后进行的，相应的变电站位置和容量是确定的。假设每个变电站到所有的负荷都有一条备选（待规划）线路，则待规划线路的总数为 $L=NM$（条），那么线路规划问题可以描述为

$$\min \sum_{l \in L} u_l(a_l S_l + b_l)$$

$$\text{s. t.} \begin{cases} \sum_{j \in M} \sum_{l \in j} u_l S_l \cos\varphi_l = \sum_{j \in M} P_{Dj} = A\sigma \\ S_l \leqslant \dfrac{S_l^{\max}}{\eta_l} \\ l = 1, 2, \cdots, L \end{cases} \quad (3\text{-}11)$$

同样可以采取如上所述的启发式方法进行求解。

3.2.4 案例分析

某市拟新建经济开发区（简称"开发区"），需要在开发区内规划建设 110kV 配电变电站（低压侧电压等级为 10kV）和 10kV 配电线路。主变压器的推荐容量有 20、31.5、40、50MVA 和 63MVA，变电站并列变压器台数允许值为 2~3 台，负荷功率因数要求不低于 0.9。

开发区的规划面积为 17.54km²，用地性质主要包括二类工业用地、二类居住用地、仓储用地、行政办公用地、公共绿地、商业金融用地、文化娱乐用地和教育科研用地。按照用地性质，将开发区划分成一个个的区块，负荷节点位于每个区块的中心。每个区块的负荷大小是该区块的负荷密度与区块面积的乘积。开发区内各个负荷节点的数据，见表 3-2。

表 3-2　　　　　　　　　　　　　开发区的负荷节点数据

负荷节点的编号	用地性质	面积（km²）	容积率	负荷大小（MW）
1	二类工业用地	0.56	1.00	15.36

负荷节点的编号	用地性质	面积（km²）	容积率	负荷大小（MW）
2	仓储用地	0.59	1.00	8.00
3	二类居住用地	0.53	1.00	9.48
4	二类工业用地	0.52	1.00	14.27
5	二类工业用地	0.44	1.00	12.07
6	二类工业用地	0.68	1.00	18.65
7	二类工业用地	0.55	1.00	15.09
8	二类居住用地	0.46	1.00	8.23
9	行政办公用地	0.65	1.00	13.24
10	二类工业用地	0.67	1.00	18.38
11	公共绿地	0.58	1.00	1.04
12	商业金融用地	0.56	1.00	10.06
13	二类工业用地	0.62	1.00	17.01
14	二类工业用地	0.76	1.00	20.85
15	二类工业用地	0.81	1.00	22.22
16	二类居住用地	0.72	1.00	12.88
17	文化娱乐用地	0.54	1.00	10.21
18	二类工业用地	0.48	1.00	13.17
19	二类居住用地	0.58	1.00	10.37
20	教育科研用地	0.62	1.00	12.58
21	二类工业用地	0.54	1.00	14.81
22	二类工业用地	0.45	1.00	12.35
23	仓储用地	0.65	1.00	8.81
24	二类居住用地	0.51	1.00	9.12
25	二类居住用地	0.57	1.00	10.19
26	仓储用地	0.63	1.00	8.55
27	文化娱乐用地	0.74	1.00	13.99
28	公共绿地	0.52	1.00	0.94
29	二类工业用地	0.48	1.00	13.17
30	二类工业用地	0.53	1.00	14.54

开发区内各个负荷节点的地理位置和待选的 110kV 配电变电站站址，如图 3 - 3 所示。由图 3 - 2 可知，待规划的 10kV 配电线路条数最多为 6×30＝180 条。

由式（3 - 9）可知，开发区的 110kV 配电变电站和 10kV 配电线路的综合规划数学模型为

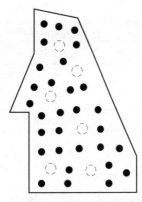

$$\min \sum_{i=1}^{6} u_i(a_i S_i + b_i) + \sum_{l=1}^{180} u_l(a_l S_l + b_l)$$

$$\text{s. t.} \begin{cases} u_i S_i \cos\varphi_i = \sum_{l \in i} u_l S_l \cos\varphi_l \\ P_{\mathrm{D}j} = \sum_{l \in j} u_l S_l \cos\varphi_l \\ S_i \leqslant \dfrac{S_i^{\max}}{\eta_i} \\ S_l \leqslant \dfrac{S_l^{\max}}{\eta_l} \\ i = 1,2,3,4,5,6; \quad j = 1,2,3,\cdots,30; \quad l = 1,2,3,\cdots,180 \end{cases}$$

$$(3-12)$$

图 3-3 开发区的负荷
节点地理位置分布图

◯ 待选的变电站站址；

● 负荷节点

式（3-12）所表示的综合规划模型由 1 个目标函数、36 个等式约束条件和 186 个不等式约束条件构成，该模型所涉及的部分常数系数的取值，见表 3-3。

表 3-3 综合规划模型的部分常数系数取值

下标的序号	a_i	b_i	η_i	$S_i^{\max}$	a_l	b_l	η_l	$S_l^{\max}$
1	5.26	7200	2	300	2.12	10	2	30
2	4.98	6800	2	300	2.23	12	2	30
3	5.34	6500	2	300	1.89	19	2	30
4	5.05	7100	2	300	2.02	8	2	30
5	4.86	6900	2	300	2.43	22	2	30
6	5.12	7400	2	300	1.65	20	2	30
7	—	—	—	—	1.87	16	2	30
8	—	—	—	—	1.93	17	2	30
9	—	—	—	—	2.56	11	2	30
10	—	—	—	—	2.33	23	2	30
11	—	—	—	—	1.98	9	2	30
12	—	—	—	—	2.17	27	2	30
13	—	—	—	—	1.76	18	2	30
14	—	—	—	—	2.22	14	2	30
15	—	—	—	—	2.31	25	2	30
16	—	—	—	—	2.47	13	2	30
17	—	—	—	—	1.54	11	2	30
18	—	—	—	—	1.88	15	2	30
19	—	—	—	—	1.69	21	2	30
20	—	—	—	—	1.74	13	2	30

式（3-12）所描述的综合规划模型是一个典型的混合整数非线性规划模型（Mixed Integer Nonlinear Pogramming，MINLP）。MINLP 是规划领域中最难求解的问题之一，

属于 NP 难问题。由于 MINLP 含有整数变量，因此求解非线性规划模型的很多有效算法都不能直接求解 MINLP。求解 MINLP 问题的方法包括确定性算法和启发式算法两大类，其中，确定性算法又包含分支定界算法和广义 Benders 分解算法等。

基于式（3-12）所描述的综合规划模型目标函数的特点，可以通过引入中间变量 $(z_i = u_i S_i,\ z_l = u_l S_l)$，将该混合整数非线性规划模型转化为线性规划模型，从而求得其最优解。当忽略 $u_i b_i$、$u_l b_l$ 时，式（3-12）转化为以 z_i、z_l 为变量的线性规划问题，可表示为

$$\min \sum_{i=1}^{6} a_i z_i + \sum_{l=1}^{180} a_l z_l$$

$$\text{s. t.} \begin{cases} z_i \cos\varphi_i = \sum_{l \in i} z_l \cos\varphi_l \\ P_{Dj} = \sum_{l \in j} z_l \cos\varphi_l \\ z_i \leqslant \dfrac{S_i^{\max}}{\eta_i} \\ z_l \leqslant \dfrac{S_l^{\max}}{\eta_l} \\ i = 1,2,3,4,5,6;\ j = 1,2,3,\cdots,30;\ l = 1,2,3,\cdots,180 \end{cases} \tag{3-13}$$

重复采用单纯形法，可以求得式（3-13）的最优解，该最优解即是开发区 110kV 配电变电站和 10kV 配电线路综合规划的理论解。再结合开发区的实际地理因素限制（例如，不同的配电变电站对于同一个负荷节点的就近供电原则），对综合规划模型计算所得的最优解进行调整，可以得到最终的规划结果，如图 3-4 所示。在待选的 6 个变电站中，最终优化结果是确定其中的 4 个变电站对 30 个负荷点进行供电，每个变电站配置 2 台变压器，变电站和变压器的容量如图 3-4 所示。并且其中的部分负荷点由相邻的两个变电站供电。

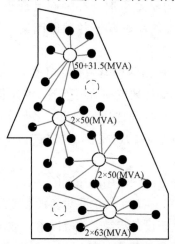

图 3-4　110kV 变电站和 10kV 配电线路综合规划示意图

⟲ 待选的变电站站址；○ 规划建设的变电站站址；

——规划建设的线路；● 负荷节点

3.3 电网规划的标准模型

3.3.1 误差估计

规划中的不确定性是造成误差的重要原因，具体表现在以下几方面。

(1) 负荷及需求。由于负荷预测是一种对未来负荷的估算，因此它与客观实际存在着一定的差距，这个差距就是预测误差。预测误差和预测结果的准确性关系密切。误差越大，准确性就越低；反之，误差越小，准确性就越高。可见，研究产生误差的原因，计算并分析误差的大小是有很大意义的。这不但可以判断预测结果的准确程度，从而在利用预测结果进行决策时具有重要的参考价值，而且对于改进负荷预测工作、检验和选用恰当的预测方法等方面也有很大帮助。

产生预测误差的原因很多，主要有以下几个方面：

1) 进行负荷预测往往要用到数学模型，而数学模型大多只包括所研究现象的某些主要因素，很多次要的因素都被略掉。对于错综复杂的电力负荷变化来说，这样的数学模型只是一种经过简化的负荷状况的反映，与实际负荷之间存在差距。因此，在进行负荷预测时就不可避免地会与实际负荷产生误差。

2) 负荷所受到的影响是千变万化的，进行负荷预测的目的和要求又是多种多样的，因而面临如何从许多预测方法中正确选用一个合适预测方法的问题。如果选择不当，就会随之产生误差。

3) 进行负荷预测要用到大量数据和资料，而各项数据和资料并不一定都是准确可靠的，这就必然会带来误差。

4) 某种意外事件的发生或情况的突然变化，也会造成预测误差。此外，由于计算或判断上的错误，如常数的选择不妥等，也会产生不同程度的误差。

以上各种不同原因引起的误差是混合在一起表现出来的。因此，当发现误差很大，预测结果严重失实时，必须针对以上各种原因逐一进行审查，寻找根源，加以改进。

大量的计算表明，追求负荷预测的有效性，还要进一步考查影响有效性的种种因素，各种预测方法都有其各自的优缺点和适用范围，必须根据实际情况，着重从预测目标、期限、准确度等多方面做出合理选择。预测结果与实际值之间存在误差是正常的，但是不可过大，一般短期负荷预测的误差在3%之内，中期负荷预测误差在5%左右，长期负荷预测的误差在15%以内。

(2) 参数的不确定性。在电网规划中所用到的参数包括设备的属性参数和投资成本等参数。在设备的属性参数中，通常关心的是设备的载流量，包括变压器和线路的载流量。随着服役年限的增加，由于设备绝缘老化等因素，载流量会进一步降低。

在工程管理方面，规划阶段的投资估算误差一般要求在30%以内，可见投资成本方面的误差之大。

(3) 数学建模及计算方法的误差。在建模方面，所建立的数学模型通常与实际物理模型之间有一定的差异，这种差异也是避免不了的。例如，针对电气元件的 T 形等值电路，与物理模型之间必然存在一定的差异；同样，针对规划过程中所建立的设备投资成本与容量之间的函数关系，无论是采用二次函数、线性函数还是指数函数的形式，也都存在一定的误差。

在计算方法方面也存在一定的偏差，优化计算的结果与最优值之间存在一定的误差。简单的线性规划模型，因为存在全局唯一解，所以最终的误差可以忽略。而对于复杂的非线性规划模型，特别是整数规划模型，很难找到全局最优解，局优解必然与全局最优解之间存在一定的误差。

3.3.2　二次规划模型

1. 数学模型

因为电网规划所面临的众多不确定性因素，即使采取非常准确的数学模型和算法，结果也将大打折扣，在数学模型和算法方面所提高的准确度最终会被不确定性和误差所淹没。因此，尽可能地采取相对简化的数学模型和方法是规划决策过程中的首要选择。

二次规划模型是目标函数为二次、约束条件为线性的优化模型，因为其独特的优点，在电力系统规划中经常被采用。在此假设：

（1）变电站规划和线路规划是分开进行的。

（2）忽略控制变量 u_i 和 u_l，只对状态变量进行优化。此时可以认为变电站的站址或者线路走廊已经确定，或者认为是求解混合整数规划问题中的一个步骤。

当采用二次的目标函数之后，式（3-10）和式（3-11）化为

$$\min \sum_{i \in N} (a_i S_i^2 + b_i S_i + c_i)$$

$$\text{s. t.} \begin{cases} \sum_{i \in N} S_i \cos\varphi_i = \sum_{j \in M} P_{Dj} = A\sigma \\ S_i \leqslant \dfrac{S_i^{\max}}{\eta_i} \\ i = 1,2,\cdots,N \end{cases} \quad (3\text{-}14)$$

$$\min \sum_{l \in L} (a_l S_l^2 + b_l S_l + c_l)$$

$$\text{s. t.} \begin{cases} \sum_{j \in M} \sum_{l \in j} S_l \cos\varphi_l = \sum_{j \in M} P_{Dj} = A\sigma \\ S_l \leqslant \dfrac{S_l^{\max}}{\eta_l} \\ l = 1,2,\cdots,L \end{cases} \quad (3\text{-}15)$$

式（3-14）和式（3-15）即为标准的二次规划模型（简称二次型）。

2. 计算方法

针对式（3-14）形成增广的拉格朗日函数

$$F = \sum_{i \in N} (a_i S_i^2 + b_i S_i + c_i) + \lambda (\sum_{i \in N} S_i \cos\varphi_i - \sum_{j \in M} P_{Dj})$$

式中：F 为增广的拉格朗日函数。

其最优性（库恩－塔克）条件为

$$\begin{cases} \dfrac{\partial F}{\partial S_i} = 2a_i S_i + b_i + \lambda\cos\varphi_i = 0 \\ \dfrac{\partial F}{\partial \lambda} = \displaystyle\sum_{i\in N} S_i\cos\varphi_i - \sum_{j\in M} P_{Dj} = 0 \\ i = 1, 2, \cdots, N \end{cases}$$

解得

$$\begin{cases} S_i = -\dfrac{b_i + \lambda\cos\varphi_i}{2a_i} \\ \lambda = -\dfrac{\displaystyle\sum_{j\in M} P_{Dj} + \sum_{i\in N} \dfrac{b_i\cos\varphi_i}{2a_i}}{\displaystyle\sum_{i\in N} \dfrac{(\cos\varphi_i)^2}{2a_i}} \\ i = 1, 2, \cdots, N \end{cases}$$

考虑不等式约束的影响，有

$$S_i = \min\left\{ -\frac{b_i + \lambda\cos\varphi_i}{2a_i}, \ \frac{S_i^{\max}}{\eta_i} \right\} \quad (i = 1, 2, \cdots, N) \tag{3-16}$$

同样道理，对于式（3-15）的解为

$$\begin{cases} S_l = -\dfrac{b_l + \lambda\cos\varphi_l}{2a_l} \\ \lambda = -\dfrac{\displaystyle\sum_{j\in M} P_{Dj} + \sum_{l\in L} \dfrac{b_l\cos\varphi_l}{2a_l}}{\displaystyle\sum_{l\in L} \dfrac{(\cos\varphi_l)^2}{2a_l}} \\ l = 1, 2, \cdots, L \end{cases}$$

考虑不等式约束的影响，有

$$S_l = \min\left\{ -\frac{b_l + \lambda\cos\varphi_l}{2a_l}, \ \frac{S_l^{\max}}{\eta_l} \right\} \quad (l = 1, 2, \cdots, L) \tag{3-17}$$

由此可见，当对变电站和线路规划采取二次规划的数学模型之后，如式（3-16）和式（3-17）的解实际上具有非常简洁的形式，甚至是不需要借助于计算机软件就可以实现的，大大简化了电网规划的决策过程。

3.3.3 简化模型

1. 规划中的差异性

电网规划中的差异性首先体现在负荷密度（面负荷）方面。例如，在 Q/GDW 10738—2020《配电网规划设计技术导则》中的供电分区划分首先依据的就是负荷密度，不同供电分区变电站中的变压器容量、台数以及线路的接线模式等都有很大的差别。同样道理，电网规划中的差异性也体现在供电可靠性方面。不同规划区域的负荷重要程度不同，所要求的供电可靠性也不同。

因此，负荷密度和供电可靠性需求的差异，必然引起变电站和线路规划方面的差异。如果规划区域内的负荷密度和供电可靠性需求完全相同，那么所规划的变电站和线路也必然是相同的，没有任何差异性。

需要强调的是，因为电网规划中的差异性是由负荷密度的差异性导致的，因此规划模型中必须采取面负荷的假设。

2. 无差异性规划

当采取面负荷假设，且规划区域内的负荷密度和供电可靠性需求相同时，即存在所谓的"无差异性规划"。例如，对于变电站规划来说，如果被规划变电站的容量、功率因数都相同时，即

$$\begin{cases} S_1 = S_2 = \cdots = S_N = S_0 \\ \cos\varphi_1 = \cos\varphi_2 = \cdots = \cos\varphi_N = \cos\varphi_0 \end{cases}$$

假设对应 $u_i = 1$ 的变电站数量为 N_0，采用二次的目标函数，则式（3-10）变为

$$\min N_0 (a_0 S_0^2 + b_0 S_0 + c_0)$$

$$\text{s. t.} \begin{cases} N_0 S_0 \cos\varphi_0 \geqslant A\sigma \\ S_0 \leqslant \dfrac{S_0^{\max}}{\eta_0} \end{cases} \tag{3-18}$$

其中

$$\begin{cases} a_i = a_0, \ b_i = b_0, \ c_i = c_0 \\ \eta_i = \eta_0 \\ S_i^{\max} = S_0^{\max} \\ i = 1, 2, \cdots, N \end{cases}$$

由目标函数可得其最优性条件为

$$S_0 = -\frac{b_0}{2a_0}$$

综合不等式约束，其最优解 S_0^* 为

$$S_0^* = \max\left\{ \frac{A\sigma}{N_0 \cos\varphi_0}, \ -\frac{b_0}{2a_0} \right\}$$

或

$$S_0^* = \min\left\{ \frac{S_0^{\max}}{\eta_0}, \ -\frac{b_0}{2a_0} \right\}$$

同理，对于线路规划来说，当采用二次的目标函数时，式（3-11）变为

$$\min L_0 (a_{l0} S_{l0}^2 + b_{l0} S_{l0} + c_{l0})$$

$$\text{s. t.} \begin{cases} L_0 S_{l0} \cos\phi_{l0} \geqslant A\sigma \\ S_{l0} \leqslant \dfrac{S_{l0}^{\max}}{\eta_{l0}} \end{cases} \tag{3-19}$$

其中

$$\begin{cases} a_l = a_{l0}, \ b_l = b_{l0}, \ c_l = c_{l0} \\ \eta_l = \eta_{l0} \\ S_l^{\max} = S_{l0}^{\max} \\ l = 1, 2, \cdots, L \end{cases}$$

L_0 为对应 $u_l = 1$ 的线路数量。其最优解 S_{l0}^* 为

$$S_{l0}^* = \max\left\{\frac{A\sigma}{N_{l0}\cos\varphi_{l0}}, -\frac{b_{l0}}{2a_{l0}}\right\}$$

或

$$S_{l0}^* = \min\left\{\frac{S_{l0}^{\max}}{\eta_{l0}}, -\frac{b_{l0}}{2a_{l0}}\right\}$$

由此可见，相对式（3-10）和式（3-11）而言，式（3-18）和式（3-19）所描述的无差异性规划是简化的数学模型。

3.4　计及可靠性的电网规划模型

3.4.1　可靠性规划方法

1. 双 Q 规划方法

传统的电网规划只是考虑单 Q 问题，这里的 Q 表示需求或容量。但是在规划过程中也要考虑供电品质问题，也就是另一个 Q 问题。而最有代表性的供电品质指标是可靠性和电能质量。代表电能质量的指标有很多，包括电压、功率因数、频率等，但在规划过程中，主要是考虑电压幅值和功率因数等静态指标，至于一些动态的电压和无功限制，以及谐波方面的限制，很难在数学模型当中体现出来，只能在规划方案的后评估当中进行考虑。

可靠性方面的约束一般是隐含在电力电量平衡约束中的，只是考虑 $N-1$ 的情况，并没有作为量化指标提出来。双 Q 规划方法是对传统成本最小化方法的拓展，可更好地满足供电品质方面的需求。这就意味着，在规划决策的目标函数中，还包含有最大化供电品质的目标函数。因此，双 Q 规划方法是多目标函数的规划方法。

电压在电网规划的数学模型中很难作为控制变量（一般作为状态变量），所以也很难作为一个规划目标进行优化；而无功功率（功率因数）规划是另外一个规划问题，是在有功功率规划之后进行的。因此，在双 Q 规划方法中仅是以可靠性最大化作为另外一个目标函数，不再考虑其他的供电品质指标。

2. 成本效益分析方法

成本和效益是不同的两个概念，一个是支出，一个是收入。成本效益分析方法是电网规划过程中经常采用的方法之一。在电网规划过程中，一般关心的是投入尽可能小的成本，产出最大化的效益。电网规划中所考虑的成本一般包括投资成本和运行成本两部分，在此以 C_{inv} 表示投资成本，C_{ope} 表示运行成本。投资成本一般描述为决策变量线性函数的形式

$$C_{inv} = a_1 S + b_1$$

式中：a_1、b_1 为常数；S 为决策变量。

电网规划问题可以以投资成本最小化为目标函数

$$\min C_{inv}$$

而运行成本经常表示为决策变量二次函数的形式

$$C_{ope} = a_2 S^2 + b_2 S + c$$

其中，a_2、b_2、c 为常数。当将运行成本 C_{ope} 看作效益（负的成本）时，电网规划问题也可以以最大化效益为目标函数

$$\max(-C_{ope}) = \min C_{ope}$$

同时考虑上述两个目标函数时，电网规划问题可以看作是一个双目标函数的规划问题，如图 3-5 所示。

图中，曲线 1 为投资成本最小化的目标函数，曲线 2 为效益最大化的目标函数，则成本和效益曲线的交点就是电网规划问题的最优解。同样道理，因为成本和效益具有相同的经济量纲，也可以将双目标规划问题转换成单目标的规划问题

$$\min C_{tot} = C_{inv} + C_{ope} = aS^2 + bS + c$$

式中：$a=a_1+a_2$，$b=b_1+b_2$；C_{tot} 为总成本。

总成本曲线如图 3-5 中的曲线 3 所示，其最小值与曲线 1 和曲线 2 的交点（S^*）是一致的。

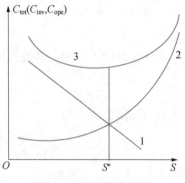

图 3-5　成本效益曲线

3. 数学模型与计算方法

同时考虑成本最小化和可靠性指标最大化的规划被称为可靠性规划，在数学上可以描述为一个双目标函数的规划问题。如果将可靠性看作效益，则可采用成本效益分析方法。可靠性规划的思路和出发点为：

（1）即使建立在完全相同工程标准之上的各个系统，其可靠性水平也并不相同；

（2）达到可靠性要求的目标，意味着规划方案不只是要满足可靠性在一定的限制范围内，而是要更好；

（3）与单一目标的传统规划不同，可靠性规划是多目标规划问题；

（4）可靠性最大化的目标可以与成本最小化等传统规划目标同时处理。

电网可靠性指标一般是以概率来描述的，例如 SAIDI、SAIFI 等，也很难与规划模型中的控制变量相关联，因此采用隐性的可靠性表达方式。

对于电网规划来说，无论变电站规划还是线路规划，都主要是针对变压器和线路的容量进行优化和选择。以无差异性规划［式（3-18）］为例，其中的状态变量 S_0 可以取 S_0^{max}，则变电站容量上限的不等式约束也不是必须的，可以将其与电力平衡约束综合起来，有

$$N_0 \eta_0 S_0 \cos\varphi_0 \geqslant A\sigma$$

因为电力平衡约束中隐含了可靠性约束，令

$$N_0 \eta_0 S_0 \cos\varphi_0 - A\sigma = z$$

其中，z 为松弛变量，且 $z \geqslant 0$，z 越大说明变电站的备用容量越大，负荷转供的可能性越大，电网的供电可靠性越高，因此可靠性规划问题可以描述为

$$\begin{cases} \min C_{inv} = N_0(a_0 S_0^2 + b_0 S_0 + c_0) \\ \max f_q = z \\ s.t. \ N_0 \eta_0 S_0 \cos\varphi_0 - A\sigma = z \end{cases} \quad (3-20)$$

式中：C_{inv} 表示投资成本；f_q 表示可靠性。

式（3-20）是一个双目标的优化问题，可以分解为两个优化子问题。

子问题 1

$$\min C_{inv} = N_0(a_0 S_0^2 + b_0 S_0 + c_0)$$
$$\text{s. t. } N_0 \eta_0 S_0 \cos\varphi_0 - A\sigma = z$$

子问题 2

$$\max f_q = z$$
$$\text{s. t. } N_0 \eta_0 S_0 \cos\varphi_0 - A\sigma = z$$

对于子问题 1 来说，其最优解为

$$S_0^* = \frac{z + A\sigma}{N_0 \eta_0 \cos\varphi_0}$$

代入到目标函数中，得

$$C_{inv}^* = N_0 a_0 \left(\frac{z + A\sigma}{N_0 \eta_0 \cos\varphi_0}\right)^2 + N_0 b_0 \frac{z + A\sigma}{N_0 \eta_0 \cos\varphi_0} + N_0 c_0 = a_e z^2 + b_e z + c_e$$

式中：a_e、b_e、c_e 为常数。

对于子问题 2 来说，其最优解为

$$f_q^* = z$$

即有

$$C_{inv}^* = a_e (f_q^*)^2 + b_e f_q^* + c_e$$

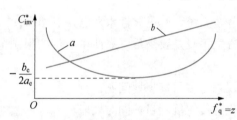

图 3-6　可靠性规划的目标函数

由此可见，可靠性规划问题［式（3-20）］的两个目标函数是相互矛盾的。对于第一个目标函数来说（对应子问题 1），S_0^* 越小，其目标函数值越小；而对于第二个目标函数来说，只有 S_0^* 越大，目标函数值才能越大，如图 3-6 中曲线 a 所示，即所谓的"浴盆曲线"。

如果采取线性的目标函数，则有

$$C_{inv}^* = N_0 a_0 \left(\frac{z + A\sigma}{N_0 \eta_0 \cos\varphi_0}\right) + N_0 b_0 = a_e z + b_e = a_e f_q^* + b_e$$

两个目标函数之间的关系如图 3-6 中的直线 b 所示。

因此，可靠性规划问题实际上是在经济性与可靠性之间进行折中，或者牺牲经济性而提高可靠性，或者维持一定的可靠性水平，尽可能地提高经济性。

3.4.2　案例分析

某地区需要规划建设 110kV 配电变电站（低压侧电压等级为 10kV）。主变压器的推荐容量有 20、31.5、40、50MVA 和 63MVA，变电站并列变压器台数允许值为 2～3 台，负荷功率因数取 0.9。

该地区的负荷模型采取面负荷假设。根据地理位置和负荷密度水平，将该地区的负荷划分为 43 个分区，每个分区的面积和远景年的负荷密度均为已知。待规划的 110kV 配电变电站的数量总共为 9 座，并且每个配电变电站的地理位置已经确定，如图 3-7 所示。现需要利用本节所提出的可靠性规划方法，来确定每座配电变电站的容量。

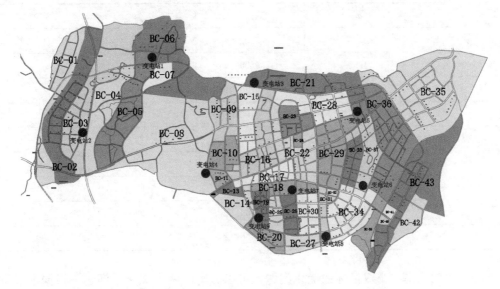

图 3-7 待规划的配电变电站的地理位置图

根据地理位置和就近原则，将 43 个负荷分区划分为 9 个供电区域，分别由 9 座配电变电站来供电。供电区域的参数，见表 3-4。

表 3-4　　　　　　　　　　　　　供电区域的参数

供电区域序号	负荷（MW）	功率因数	供电区域序号	负荷（MW）	功率因数
1	57.11	0.9	6	58.07	0.9
2	52.33	0.9	7	61.79	0.9
3	79.25	0.9	8	42.41	0.9
4	65.84	0.9	9	34.96	0.9
5	71.04	0.9			

由式（3-20）可知，计及可靠性的配电变电站容量规划的双目标优化数学模型为

$$\begin{cases} \min C_{\text{inv}} = \sum_{i=1}^{9} (a_i S_i^2 + b_i S_i + c_i) \\ \max f_{\text{q}} = \sum_{j=1}^{9} z_i \\ \text{s. t. } \eta_i S_i \cos\varphi_i - A_i \sigma_i = z_i \\ i = 1,2,3,\cdots,9 \end{cases} \qquad (3-21)$$

式（3-21）所表示的双目标优化数学模型由 2 个目标函数和 9 个等式约束条件构成，该模型所涉及的部分常数系数的取值，见表 3-5。

表 3 - 5 配电变电站容量规划模型的部分常数系数取值

i	a_i	b_i	η_i	S_i^{max}
1	5.26	7200	2	300
2	4.98	6800	2	300
3	5.34	6500	2	300
4	5.05	7100	2	300
5	4.86	6900	2	300
6	5.12	7400	2	300
7	4.96	7000	2	300
8	4.85	6600	2	300
9	5.07	6800	2	300

式（3-21）是一个双目标的优化问题，可以分解为两个优化子问题。根据本节所提出的求解方法，可以求得式（3-21）的最优解。然后，再结合主变压器的推荐容量，就可以得到计及可靠性的配电变电站容量规划的结果，见表 3-6。

表 3 - 6 计及可靠性的配电变电站容量规划结果

变电站序号	变电站容量（MVA）	功率因数	变电站序号	变电站容量（MVA）	功率因数
1	50＋20	0.9	6	50＋20	0.9
2	63	0.9	7	40＋31.5	0.9
3	50＋40	0.9	8	50	0.9
4	50＋31.5	0.9	9	40	0.9
5	63＋20	0.9			

参考文献

[1] 孙磊，杨贺钧，丁明. 配电系统开关优化配置的混合整数线性规划模型 [J]. 电力系统自动化，2018，42（16）：87-95.

[2] 马艳利. 混合整数非线性规划问题的分支定界算法研究 [D]. 宁夏大学，2014.

[3] 于战科，倪明放，汪泽焱，等. 整数线性规划的改进分支定界算法 [J]. 计算机应用，2011，31（S2）：36-38.

[4] 管超，张则强，毛丽丽，等. 双层过道布置问题的混合整数规划模型及启发式求解方法 [J]. 计算机集成制造系统，2018，24（08）：1972-1982.

[5] 贾艳，王致民，张跃刚. 柔性资源约束项目调度问题的启发式求解方法 [J]. 计算机集成制造系统，2015，21（07）：1846-1855.

[6] G Muñoz - Delgado，J Contreras，J M Arroyo. Reliability assessment for distribution optimization models：A non - simulation - based linear programming approach [J]. IEEE Transactions on Smart Grid，2018，9（4）：3048-3059.

［7］　Yiping Wang，Luke E K Achenie. A hybrid global optimization approach for solving MINLP models in product design ［J］. Computer Aided Chemical Engineering，2002，26：15‐1425.

［8］　Martin Schlüter，Jose A. Egea，Julio R. Banga. Extended ant colony optimization for non‐convex mixed integer nonlinear programming ［J］. Computers and Operations Research，2008，36（7）：2217‐2229.

［9］　程林，焦岗，田浩. 可靠性与经济性相协调的配电网规划方法 ［J］. 电网技术，2010，34（11）：106‐110.

［10］　范明天. 基于可靠性的配电网规划思路和方法讲座一基于可靠性的配电网规划的概况和基本理念 ［J］. 供用电，2011，28（01）：11‐14.

［11］　汪超. 基于"双 Q 理论"的配电网单元制规划技术研究 ［D］. 华北电力大学（北京），2017.

［12］　矫健. 双 Q 规划法在配电网规划中的应用 ［J］. 科技创业家，2014（07）：112.

第 4 章

电力负荷预测

电力负荷预测是电网规划的重要组成部分。本章主要介绍负荷预测的基本含义、分类标准以及几种常见方法。负荷预测常用方法主要包括确定性方法、不确定性方法和空间预测法等。

4.1 基 本 概 念

电力负荷预测是根据社会经济发展、电力系统的运行特性、增容决策、自然条件等诸多因素，在满足一定精度要求的条件下，确定未来某特定时刻（或时段）电力需求的过程。电力负荷预测是电力部门的重要工作之一，准确的负荷预测结果可以为经济合理地安排电网内部发电机组的启停、制定电网发展规划、保持电网运行的安全稳定性提供重要依据。本节主要介绍电力负荷预测的基本含义与意义，并解释负荷特性、同时率等概念。

4.1.1 基本含义

1. 电力负荷

电力负荷有广义和狭义两方面的含义，狭义的电力负荷是指安装在用户处的各种用电设备，而各种用电设备消耗的电能（电力）则可视为广义的电力负荷。

电力系统中由发电厂发电，再经电网传输电能最终供给用电用户。按照统计口径的不同，电力负荷又可分为综合用电负荷、综合供电负荷和综合发电负荷。将全部用户的用电消耗功率累加，就可得到电力系统的综合用电负荷；电力系统综合供电负荷是指电网传输电能中损耗的功率与综合用电负荷之和；而发电厂中消耗的功率与供电负荷之和即为综合发电负荷。一般来讲，负荷预测工作的对象为综合用电负荷。

2. 负荷预测概念

预测是对尚未发生或目前还不明确的事物进行预先的估计和推测。科学预测是正确决策的依据和保证。许多行业和领域都会遇到预测问题，除了人们比较熟悉的宏观经济预测、股票市场预测、天气预报以外，还有人口预测（政府部门往往根据人口预测的结果来规划基础设施建设、社会保障等）、产品销售量预测（营销决策的基础）、市场需求预测（决定企业生产计划的前提和基础）等。

预测的定义有多种，一般可以认为预测是在一定理论指导下以事物发展的历史和现状为出发点，以调查研究所取得的资料和统计数据为依据，在对事物发展过程进行深刻的定性分析和严密的定量计算基础上研究，认识事物的发展变化规律，进而对事物发展的未来变化预先做出科学推测。

预测具有广泛性与互通性。由于各类预测问题都是服务于某个特定的行业和领域的，因此一般会认为各行各业的预测问题必然有着本质的区别。但是，恰恰相反，许多预测问题的核心原理是大同小异的，基本的预测技术和评价手段几乎可以应用于各个预测领域。也正因为如此，各行各业之间可以互相学习交流、借鉴经验。在某个领域所形成的预测思想很可能在较短时间内被其他领域所借鉴。

预测工作的基本元素见表 4-1。

表 4-1　　　　　　　　　　　　　预测领域基本元素含义

基本元素	含义
预测对象	被预测的物理量
输入信息	预测时所搜集的历史数据
预测结果 （输出信息）	描述未来事物发展规律的数据。在预测时，有关该预测结果的准确性是未知的，只能随着时间的推移，到实际数据发生后，才能对预测结果的精度进行判断。在某些情况下，可以对某些时期的已知信息进行某种假定预测，将预测结果与实际数据相比较，以便检验预测模型、方法效果的优劣
预测模型	用某种数学模型来描述预测对象的发展变化规律，其中包括一些待定的参数，可以用历史上的已知信息来辨识数学模型中的这些参数。因为预测对象的变化规律千差万别，应针对不同预测对象寻求最合适的数学模型
参数	模型中的固定参量，需要根据历史数据计算这些参数
变量	模型中的变化部分，有自变量和因变量之分
自变量	自变量的类型比较多，时间是天然的自变量，被显式地或隐式地包含在绝大多数预测模型中，因此，时间序列分析方法是预测所采用的最基本的方法。其他的自变量需要根据预测模型的物理背景来确定
因变量	一般情况下，预测对象是作为因变量出现的，但是某些特殊情况下，因变量同时也是自变量（例如自回归模型）
预测	根据预测对象的已知信息，选择最佳的预测模型和计算相应的模型参数；然后利用这一模型预测未来的变化规律。可见，预测模型就是根据预测对象的历史发展规律，推测未来的变化

电力负荷预测是基于历史数据去探索经济、社会、气象等相关因素的变化规律对电力负荷增长的影响，寻求电力负荷与各种相关因素之间的内在联系，从而对未来负荷进行科学的估计预测。预测内容包括对未来电力需求量（功率）的预测、对未来用电量（能量）的预测以及对负荷特性（如曲线）的预测，通过预测得出未来电力负荷的时间分布和空间分布，为电网规划和运行提供可靠的决策依据。

电力负荷预测的核心是如何获得预测对象的历史变化规律及其受某些因素影响的关系，预测模型则是表述这种变化规律的数学描述。在电网规划过程中，如果所依据的负荷预测结果偏低，将会导致输变电设备容量规划不足，无法满足社会的用电需求；而偏高的负荷预测结果则可能会使输配电设备投入系统后的运行效率不高，从而导致投资浪费。建立合理的数学模型，减小负荷预测误差，提高预测精度，是负荷预测的核心问题。

4.1.2 负荷特性指标

电力负荷的变化规律及特征被称为电力负荷特性。电网规划除了与电力需求总量及其地理分布等密切相关之外，电力负荷特性也是重要因素之一。本小节将对表征电力负荷特性的指标体系及主要的负荷特性指标进行介绍。

对电力负荷产生影响的因素很多，涉及社会、经济、政治、气象等方面，在宏观上表现出按一定趋势有规律地变化；在微观上，由于影响因素复杂，又随时可能发生波动，电力负荷的变化随机性较强。鉴于电力负荷变化的复杂性与随机性，建立全面的能反映电力负荷变化规律的负荷特性指标体系是开展负荷特性相关研究工作的基础与前提。

1. 负荷特性指标体系

电力负荷特性指标是对负荷特性的量化表征，能够定量地反映出电力负荷的变化特点。表征电力负荷特性的指标较多，可以按照不同的时间段进行划分，如日、月、年负荷特性指标等，如图4-1所示。

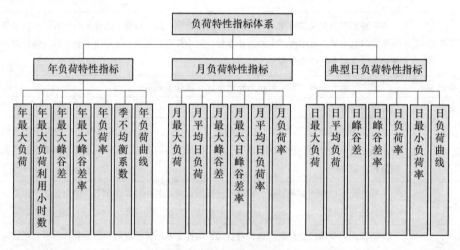

图4-1 负荷特性指标体系

（1）年负荷特性指标。年负荷特性指标包括年最大负荷、年最大负荷利用小时数、年最大峰谷差率和季不均衡系数等。

1）年最大负荷是某年最大用电负荷的表征值，不仅与经济发展水平联系密切，也与最大负荷发生时段的气候、需求侧管理实施情况等因素关系密切。采用逐年最大负荷进行比较，对于把握经济发展、气温气候及电力政策的实施等因素的影响有着重要意义。

2）年最大负荷利用小时数与负荷类型紧密相关。根据经验，各类负荷的年最大负荷利用小时数有一个大概的范围。在电网规划时，用户的负荷曲线往往是未知的，但如果知道用户的性质，就可以选择适当的年最大负荷利用小时数，从而近似地估算出用户的全年耗电量。

3）年最大峰谷差率是某年内日峰谷差率最大的日负荷差异表征，是日峰谷差率在某年内的极端值。通过对比历年最大峰谷差率，分析负荷变化的趋势是否平稳；计及当日的气温等条件，可对历年削峰填谷政策的实施效果进行评价。

4）季不均衡系数是对某年各月最大负荷波动特性的描述，与年负荷曲线的形状及年最大负荷出现的时间有关，影响年负荷曲线形状及年最大负荷出现时间的主要因素是负荷的季节变化、用电设备大修及负荷在某年内的增长率，分析季不均衡系数对研究不同季节各行业的用电情况、气候变化对负荷的影响等有着重要意义。

（2）月负荷特性指标。月负荷特性指标包括月最大负荷、月最大日峰谷差率、月平均日负荷率等。月最大负荷是某月最大用电负荷的表征值。月最大日峰谷差率是某月内日峰谷差率最大的日负荷差异表征，是日峰谷差率在某月内的极端值。由于一年内经济变化幅度不会太大，因此某年内月负荷特性的变化主要反映了一年内气温等气候条件变化对负荷的影响。

月平均日负荷率是当月负荷率的平均值，是对当月负荷变化特性的整体描述；而月负荷率则是由用电部门在月或周内的休息日、设备检修、生产作业顺序等不均衡性所引起的。

（3）日负荷特性指标。日负荷特性指标可用日最大负荷、日平均负荷、日负荷率、日峰谷差率等表征，其变化不仅与用户性质和类别、构成、生产班次及电网内工业用电、农业用电、生活用电等所占的比例有关，还与负荷调节措施有关。同时，随着电力系统的发展，用户构成、用电方式、各类用户所占的比例等都可能会发生改变，从而使日负荷特性发生变化。对日最大负荷、日负荷率和日峰谷差率的分析，除要考虑所研究区域的负荷构成、产业结构外，也需要计及当天的气温、日类型、需求侧管理政策等实际情况。

电力负荷特性指标还可以按照其表现形式划分为描述类、比较类及曲线类形式。

2001年国家电网公司组织各网省公司全面、系统收集有关负荷特性资料，并对八个城市进行负荷特性的调研分析试点，综合工作成果编写并出版了《中国电力负荷特性分析与预测》一书，该书列出了15个常用的负荷特性指标，分类情况见表4-2。

表4-2 我国常用的负荷特性指标

分类	负荷特性指标
描述类	最大负荷、最小负荷、平均负荷、峰谷差、最大负荷利用小时
比较类	负荷率、平均日负荷率、最小负荷率、峰谷差率、月生产均衡率、年生产均衡率、同时率、不同时率、尖峰负荷率
曲线类	负荷曲线

2. 负荷特性指标定义

依据《中国电力负荷特性分析与预测》，介绍上述负荷特性指标定义。

（1）最大（小）负荷：报告期内数值最大（小）的负荷。

（2）平均负荷：报告期内瞬时负荷的平均值。

（3）峰谷差：最高负荷与最低负荷之差。

（4）最大负荷利用小时：发（供、用）电量与其最高负荷的比率，即

$$最大负荷利用小时数 = \frac{发（供、用）电量}{最高负荷}$$

（5）负荷率：平均负荷与最高负荷的比率。根据时间维度负荷率指标可按日、月、季、年进行分类。

1）日负荷率。日负荷率与日最小负荷率用于描述日负荷曲线特性，表征一天中的不均衡性。日负荷率定义为

$$日负荷率(\%) = \frac{日总用电量(kWh)}{日最大负荷(kW) \times 24} \times 100\% = \frac{日平均负荷(kW)}{日最大负荷(kW)} \times 100\%$$

2）月负荷率。月负荷率又称月不均衡系数，定义为

$$月负荷率(\%) = \frac{月平均日用电量(kWh)}{月最大日用电量(kWh)} \times 100\%$$

$$= \frac{月平均日负荷(kW)}{月最大负荷日的日平均负荷(kW)} \times 100\%$$

月负荷率主要与用电构成、季节性变化和节假日有关，也反映了用户因设备检修、生产作业顺序不协调或停电而引起停工等的影响。具体表现如下：

a. 用电构成：用电构成不同，月负荷率值也不同。在重工业地区，特别是黑色冶炼工业比重大的地区，月负荷率较高；而在轻工业和机械工业占较大比重的地区，月负荷率就稍低些。

b. 企业内部月生产任务的均衡性：生产任务越不均衡，月负荷率值越低。随着生产组织科学性的提高，月内生产安排趋于均衡，月负荷率得到改善，其数值会进一步提高。

c. 季节性：当农村用电占较大比重时，农业排灌用电对月负荷率有较大影响。农业排灌用电季节性很强，会受到天然降水量的影响，天然降水是不均衡的，这种不均衡性会导致农业用电的不均衡。一般来说，农业用电占较大比重的地区，月负荷率较低。

d. 节假日：对电网月负荷率影响明显，一般出现大型节假日的月份月负荷率较低，如春节、五一和国庆所在月份月负荷率相对较低。

3）年负荷率。年负荷率是一个综合性指标，其定义为

$$年负荷率(\%) = \frac{年平均负荷(kW)}{年最大负荷(kW)} \times 100\%$$

年负荷率与三类产业的用电结构有关。通常情况下，年负荷率随着第二产业用电所占比例的增加而增大，随着第三产业用电和居民生活用电所占比例增加而降低。

（6）平均日负荷率：日负荷率的平均值。统计周期一般是年、月或日。

（7）最小负荷率：日最低负荷与当日最高负荷的比率，即

$$\beta = P_{d,min}/P_{d,max}$$

(8) 峰谷差：峰谷差即最高负荷与最低负荷之差。在日有功负荷曲线上，最高负荷称高峰，最低负荷称低谷。平均负荷至最高负荷之间的负荷，称尖峰负荷，即峰荷；平均负荷至最低负荷之间的负荷，称腰荷；最低负荷以下部分，称为基本负荷。峰谷差的大小直接反映了电网所需的调峰能力，主要是用来制订调峰计划、负荷调节措施以及电源规划等。峰谷差主要与用电结构和季节性有关。

(9) 峰谷差率：峰谷差最大值与最高负荷的比率。

(10) 月不均衡系数 $\overline{\sigma}$：又称为年平均月负荷率，其定义为一年 12 个月内的平均负荷之和与各月最大负荷日平均负荷之和的比值，即

$$\overline{\sigma} = \sum_{i=1}^{12} P_{m,av}^{(i)} \Big/ \sum_{t=1}^{12} P_{d,av}^{(i)}$$

(11) 季不均衡系数 ρ：又称为季负荷率，其定义为一年内逐月最大负荷日的最大负荷之和的平均值与年最大负荷的比值，即

$$\rho = \sum_{i=1}^{12} P_{d,max}^{(i)} \Big/ P_{max}$$

(12) 同时率：综合最高负荷与各构成单位绝对最高负荷之和的比率，说明两者的差异程度，其计算为

$$同时率(\%) = \frac{电力系统最高负荷}{\sum 电力系统各组成单位的绝对最高负荷} \times 100\%$$

在电网规划过程中，同时率是一个非常重要的指标，可以帮助规划人员进行更准确的负荷预测。具体来说，就是在空间负荷预测中，由于存在负荷同时率问题，对于不同类型的负荷不能直接相加，而是按负荷特性曲线相加，据此将各区块的负荷值叠加起来，得到区域的总负荷值。

(13) 不同时率：各用户负荷曲线最高负荷之和与电力系统综合最高负荷的比率，其计算为

$$不同时率(\%) = \frac{\sum 用户最高负荷}{电力系统综合最高负荷} \times 100\%$$

(14) 尖峰负荷率：某一地区的平均负荷与该地区最高负荷的比率，其计算为

$$尖峰负荷率(\%) = \frac{某一地区的平均负荷}{该地区最高负荷} \times 100\%$$

(15) 负荷曲线：将电力系统所承担的有功负荷或无功负荷，按时间序列绘制成的图形称为负荷曲线。常用的负荷曲线有典型日负荷曲线、年负荷曲线、年持续负荷曲线等。

上述负荷特性指标不仅反映出电力负荷的变化情况，也为电网规划提供了依据。如果负荷特性指标的选择不能准确地反映实际情况，会给后续的电网规划造成很大影响。例如，我国最大负荷指标一般采用年最大负荷瞬时值或整点值，而据此安排的电网规划裕度较大，容量不能充分利用，经济性欠佳。因此，合理的选择负荷特性指标对电力系统的发展具有深远意义。

3. 电力负荷分类

电力负荷可按用户重要程度、用电所属行业等进行分类。

(1) 按重要性分类。按照电力用户的重要程度或突然停电对用户造成损失的大小，可将电力负荷划分为三类。

1) 一类负荷：即使短时中断供电也会造成人身伤亡危险或重大设备损坏且难以修复，或给国家政治和经济造成重大损失的负荷。例如，交通枢纽、广播电台、电视台、重要宾馆、经常用于国际活动或有大量人员集中的公共场所的负荷或医院、煤矿、炼钢及化工等部门负荷属于一类负荷。

2) 二类负荷：中断供电将造成严重停产、停工，局部地区交通阻塞，大部分城市居民的正常生活秩序被打乱等；例如，企业工厂、大城镇、农村排灌站等属于二类负荷。

3) 三类负荷：不属于一类与二类负荷的一般电力负荷。

从供电方式来看，一类负荷一般采用双电源自动切换的供电方式；二类负荷一般采用双电源手动切换的供电方式；三类负荷一般采用单电源供电方式。

(2) 按用电行业分类。根据用电行业的不同，可将用电负荷划分为工业用电、农业用电、交通运输用电和市政生活用电四大类。其中每一大类又可划分为若干小类，如工业用电可进一步分为重工业用电和轻工业用电。重工业用电又可细分为黑色冶金工业用电、有色冶金工业用电、机械工业用电、能源工业用电、化学工业用电等；轻工业用电也可细分为纺织工业用电、造纸工业用电、日用化工用电、医药工业用电等；农业用电可以进一步分为排灌用电、农副加工用电、农村照明用电等；交通运输用电又可以分为电气化铁路用电、城市电车交通用电等；市政生活用电可以分为商业用电、街道照明用电、家庭生活用电及城市公共娱乐场所用电等。

不同行业的用电特征可能存在显著差异，分类后有助于提高电力负荷预测分析的精度；另外，用电行业类别划分的详细程度视研究的目的和深度要求而定，同时还需要根据国家的行业划分情况进行动态更新，以保障社会经济方面数据的顺利获取。

(3) 按用电产业分类。为适应我国经济结构的调整，并与国际惯例接轨，在进行全社会电力需求分析时常将电力负荷按国民经济统计分类方法进行划分，分为第一产业（主要是农业）用电、第二产业（主要是工业）用电、第三产业（除第一、二产业以外的其他产业，如商业、旅游业、金融业、餐饮业及房地产业等）用电和居民生活用电等几大类。特别是在进行全国或地区电网规划时，目前广泛采用按产业分类的方法。

4.1.3 案例分析

本案例以某省 Y 县为背景。2012～2017 年 Y 县年负荷及用电量年均增长率分别为 9.42％和 8.32％，2017 年 Y 县全社会用电最大负荷为 488.64MW，用电量为 28.62 亿 kWh，较之 2016 年有所提高。整个 Y 县用电结构以第二产业为主，居民用电次之。2012～2017 年，第二产业及居民用电增速较快（见表 4-3）。Y 县电网分产业用电量变化如图 4-2 所示。

表 4-3　　　　　　　　　**2012～2017 年 Y 县用电需求分析表**

项目	2012 年	2013 年	2014 年	2015 年	2016 年	2017 年	年均增长率
全社会用电量（亿 kWh）	20.64	23.15	23.18	24.24	26.35	28.62	6.76
增长率（%）	—	12.17	0.14	4.57	8.70	8.63	
最大负荷（MW）	355.37	389	402	407.5	439	488.64	6.58
增长率（%）	—	9.46	3.34	1.37	7.73	11.31	
第一产业用电量（亿 kWh）	0.90	0.71	0.71	0.75	0.89	1.18	5.51
第二产业用电量（亿 kWh）	12.95	16.26	17.15	17.46	18.60	19.31	8.31
第三产业用电量（亿 kWh）	2.89	2.28	1.30	1.57	1.92	2.36	−4.01
居民用电（亿 kWh）	3.89	3.89	4.01	4.46	4.94	5.77	8.24
人均用电量（kWh/人）	1687.02	1887.23	1889.79	1907.82	2058.33	2235.96	5.80
人均生活用电量（kWh/人）	317.74	317.46	327.01	351.09	385.65	451.10	7.26
τ	5807	5950	5766	5948	6002	5857	

注　统计口径为整个 Y 县。

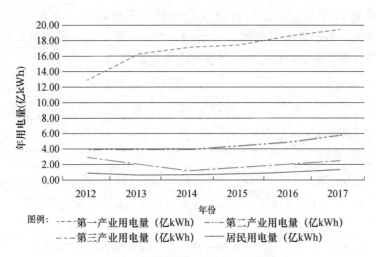

图例：---- 第一产业用电量（亿kWh）　　---- 第二产业用电量（亿kWh）
　　　---- 第三产业用电量（亿kWh）　　—— 居民用电量（亿kWh）

图 4-2　Y 县电网分产业用电量曲线图

2012～2017 年期间，Y 县用电量增长率为 6.76%，其中第一、二、三产业用电量年均增长率为 5.51%、8.31%、−4.01%。由于第二产业用电量占比较高，对总用电量水平影响较大，总用电量增速较快。最大负荷利用小时数（τ）处于较高水平。其中 2016 年达到 6002h，2017 年受产业结构调整影响，降至 5857h。

下面分别对该地区年负荷特性与日负荷特性进行分析。

（1）年负荷特性。如图 4-3 所示，Y 县经济开发区（东区）2015～2017 年三年的最高负荷均出现在每年的 7 月。7 月为全年气温较高的月份，用电负荷主要为工业负荷。从 2015～2017 年的负荷曲线变化趋势来看，7 月份负荷差值要高于其他月份负荷差值，可知 Y 县经济开发区（东区）居民空调负荷比例有逐年上升的趋势。低谷负荷通常出现在每年上半年的 3 月份和下半年的 12 月份左右，主要是商业负荷和基础工业负荷，受产品销量的影响，负荷波动较大。

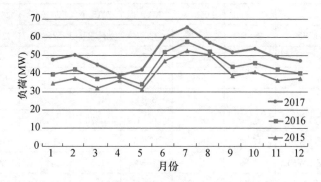

图 4-3　2015～2017 年 Y 县经济开发区（东区）年负荷曲线

（2）日负荷特性。我国南方地区电网最大负荷通常出现在夏季。随着经济发展和生活水平的提高，夏季空调负荷对全年最大负荷的影响较大。以 2017 年夏季为例，如图 4-4 所示，Y 县经济开发区（东区）工商业生产类用电负荷则比较平稳；工业类用电负荷与居民负荷进行叠加后，日负荷曲线较平稳，变化较小。最大负荷出现在中午 14：00～15：00，最小负荷出现在 2：00～3：00。一般来说，夏季最大负荷维持在高点的时间较长，即夏季平均负荷率比冬季平均负荷率高。

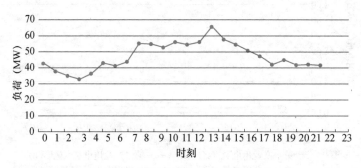

图 4-4　2017 年 Y 县经济开发区（东区）夏季典型日负荷曲线

4.2　负荷预测的分类

电力负荷预测是电网规划的依据，其重要性毋庸置疑。近年来，众多学者就此问题开展了大量的研究，使得负荷预测更具科学性、可拓展性及鲁棒性。负荷预测问题按预测范围、预测指标、预测结果呈现形式及预测方式的不同存在不同的分类。

1. 按预测时间跨度分类

根据预测时间跨度，负荷预测可分为超短期负荷预测（Very Short Term Load Forecasting，VSTLF）、短期负荷预测（Short Term Load Forecasting，STLF）、中期负荷预测（Medium Term Load Forecasting，MTLF）及长期负荷预测（Long Term Load Forecasting，LTLF），对应的时间界线为一天、两周及一年。不同时间范围负荷

预测结果的应用场合存在一定的差别，如图 4-5 所示。

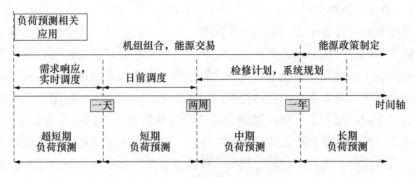

图 4-5 负荷预测分类及应用

2. 按预测对象分类

根据预测对象的不同，电力负荷预测的内容可分为电量预测（如全社会用电量、网供电量、各行业电量及各产业电量等）和电力预测（极值负荷、负荷曲线及负荷率、各种负荷特性指标等）两大类，其中应用最广泛的是电量预测、最大负荷预测及负荷曲线预测。

3. 按预测结果的呈现形式分类

根据预测结果的呈现形式，负荷预测可划分为点预测及概率预测。点预测是指预测结果仅由一个确定值表征的确定性预测，通常包含的信息较少、容错性较差。作为负荷预测的基础内容，点预测从 1970 年以来获得广泛研究，并取得了较为丰富的研究成果。概率预测则考虑预测的不确定性，预测结果通常以置信区间、预测区间、分位点及概率密度的形式呈现。相比于点预测，概率预测的结果可信度更高，并且包含的信息更多，能够增加电网规划的弹性。从负荷预测发展的历程来看，针对概率预测的研究相对不足，且主要侧重于间歇性能源（如风电、光伏）的功率预测，对电力负荷的概率预测研究较少。近年来，电力负荷概率预测问题取得初步的研究成果，也逐渐成为负荷预测的研究热点。

4. 按预测方式分类

根据预测方式的不同，负荷预测可以分为两大类，即事后预测及事前预测。两者的区别在于，事后预测对未来负荷进行预测时，输入变量都认为是已知的，即便是与待校验负荷同时段发生的变量值都认为是已知信息；而事前预测则只可利用与已知负荷同时发生的变量值作为输入，即便是与待校验负荷同时发生的变量值，也认为是未知量。通常，事后预测用于校验负荷预测方法及模型的有效性，而事前预测则用作长期的外推预测，通常与场景生成技术及误差修正等结合使用。

4.3 中长期电力负荷与电量预测

中长期电力负荷与电量预测是电网规划的重要依据，准确的中长期电力负荷与电量预测不仅对电力系统自身的发展有着重要的意义，对社会生产、生活的正常进行也影响显著。

4.3.1 中长期负荷预测

我国负荷预测工作始于 20 世纪 80 年代初。早期的负荷预测完全依靠预测人员的经验，没有科学的理论作指导，预测误差往往较大。随着社会经济的发展，电力在能源消费中所占比例的不断提升，客观上对负荷预测结果的准确性要求越来越高；同时，国内外复杂的政治经济形势变化、产业结构调整、工业化进程发展、新型用电负荷涌现等多重因素的综合作用，加大了负荷预测的难度，单纯地依靠人工已经远远不能满足要求。因此，需要对中长期负荷预测方法进行深入探讨，以保障电网规划建设的高效实施。目前，中长期负荷预测方法可分为确定性负荷预测方法与不确定性负荷预测方法两类。

1. 确定性负荷预测方法

确定性负荷预测方法是将负荷变化用一个或一组方程来描述，电力负荷与变量之间有明确的一一对应关系。确定性负荷预测方法又可分为经验技术预测法、回归预测法、时间序列预测法、经济模型预测法、相关系数预测法和饱和曲线预测法等，下面主要介绍前三种预测方法。

（1）经验技术预测法。电力负荷的经验技术预测方法主要依靠专家的判断，一般不建立数学模型，预测精度不高，但具有简洁、易懂的优点。经验技术预测法主要用于针对电力负荷变化的定性分析，包括专家预测法、类比法、主观概率法等。

1）专家预测法。专家预测法分为专家会议预测法和专家小组预测法。

专家会议预测法通过召集专家开会，面对面地讨论问题，每位专家能充分发表意见，并听取其他专家的意见。这种方法的主要缺点在于参加会议的人数有限，往往不具代表性；并且，权威者的意见可能起到主导作用，影响其他人的意见。因此，专家会议预测法得出的结论不一定能集中所有专家的正确看法。

专家小组预测法则可以避免这些问题，专家们不通过会议形式，而是以书面形式独立地发表个人见解，专家之间相互保密，经过多次反复，给专家以重新考虑并修改原先意见的机会，最后综合给出预测结果。

专家小组预测法主要分为四个步骤：

a. 准备阶段：确定具有一定水平并能热心回答问题的专家组成员；拟定准备提出的问题。问题应该简明扼要，便于专家作出简洁明确的答复；搜集相关资料。

b. 第一轮预测：将所提出的问题以及必需的资料分送给各位专家，请专家们按要求回答问题，并注明回收日期，以便及时收回材料和答案。

c. 反复预测：综合专家的首次预测意见，归纳出几种不同的方案，再次分送给各位专家复议，并请专家们在综合比较的基础上，确定是否修改自己的意见；然后收集意见，再进行归纳分析。反复进行三到五次便可将专家们的意见归于统一。

d. 得出预测结果：对最后一次的专家意见，用统计方法进行分析，得出最后的预测结果。

专家小组预测法既克服了专家会议法的不足，又节约了专家们的时间和行程，有利于专家们安排时间、解决问题。

2）类比法。类比法是将类似事物进行对比分析，通过分析已知事物对未知事物或新事物做出预测。例如，在预测某新开发区未来的用电情况时，由于缺乏历史资料或因为地区的跳跃式发展，造成历史资料的参考价值降低，此时可考虑采用类比法，依据地区发展定位或其他可行的标准，选取国内外类似的城市或地区为类比对象，参考该对象的发展轨迹对本地区作出可信的预测。

3）主观概率预测法。主观概率预测法是请若干专家来估计某特定事件发生的主观概率，然后综合得出该事件可能发生的概率。

（2）回归预测法。电力需求取决于经济发展程度，回归预测法是通过建立电力负荷与经济变量间的关系，以数理统计中的回归分析方法为基础来确定变量之间的关系，实现对电力负荷发展规律的预测。

回归预测法是目前广泛应用的定量预测方法，通过对历史数据的分析研究，探索经济、社会各相关因素与电力负荷的内在联系和发展变化规律，并根据规划期内本地区经济、社会发展情况预测未来的负荷，其核心问题是确定预测值和影响因素之间的关系。

在具体实现过程中，电力负荷的回归预测模型往往是通过对影响因素值（如国民生产总值、工农业总产值、人口和气候等）和负荷的历史资料进行统计分析，以确定负荷和影响因素之间的函数关系，从而实现预测。该方法依赖于模型的准确性，更依赖于影响因素本身预测值的准确度。

回归预测法是对最小二乘法的拓展，根据自变量数目可将回归预测模型分为一元线性回归模型、二元线性回归模型和多元线性回归模型，此外还有非线性回归等模型。

1）一元线性回归模型。一元线性回归模型可以描述为

$$y = f(\boldsymbol{S}, \boldsymbol{X}) = a + bx + \varepsilon$$

式中：$\boldsymbol{S}$ 为参数向量，$\boldsymbol{S} = [a, b]^{\mathrm{T}}$；$x$ 为自变量，如时间或对负荷产生重大影响的因素；y 为因变量，是依赖于 x 的随机变量（如电力负荷）；ε 为服从正态分布 $N(0, \sigma^2)$ 的随机误差，又称为随机干扰。

基于上述线性回归模型对应得到的残差平方和为

$$Q(a, b) = \sum_{i=1}^{n} (y_i - a - bx_i)^2$$

式中：x_i、y_i 为样本数据。

利用最小二乘方法来估计模型参数 a、b，即选取参数 a 和 b，以使 Q 达到极小值，得到模型参数估计值为

$$\begin{cases} \hat{b} = \dfrac{\sum\limits_{i=1}^{n} (x_i - \overline{x})(y_i - \overline{y})}{\sum\limits_{i=1}^{n} (x_i - \overline{x})^2} \\ \hat{a} = \overline{y} - \hat{b}\,\overline{x} \end{cases}$$

其中

$$\overline{x} = \frac{1}{n} \sum_{i=1}^{n} x_i, \quad \overline{y} = \frac{1}{n} \sum_{i=1}^{n} y_i$$

变量 y 对 x 的一元线性回归方程，即预测模型为

$$\hat{y} = \hat{a} + \hat{b}x$$

回归预测模型建立后必须进行相应的统计检验，以保证回归方程的实用性。

2）多元线性回归模型。电力负荷变化经常受到多种因素的影响，可采用多元回归分析方法，根据历史资料来模拟负荷与相关因素之间的关系，多元线性回归分析方法是其中简单而又重要的一种。

多元线性回归分析模型可描述为

$$y = f(\boldsymbol{S}, \boldsymbol{X}) = a_0 + \sum_{i=1}^{m} a_i x_i + \varepsilon$$

$$\varepsilon \sim N(0, \sigma^2)$$

式中：$\boldsymbol{X}$ 为自变量向量，由对负荷产生影响的一系列因素构成；y 为因变量，是依赖于 x 的随机变量（如电力负荷）。

模型参数为 $A = [a_0, a_1, \cdots, a_m]^{\mathrm{T}}$，同样可以利用基于残差平方和最小的最小二乘法对参数进行估计，其表达式为

$$\hat{A} = \begin{bmatrix} \hat{a}_0 \\ \hat{a}_1 \\ \vdots \\ \hat{a}_m \end{bmatrix} = (\boldsymbol{X}'\boldsymbol{X})^{-1} \boldsymbol{X}'\boldsymbol{Y}$$

其中

$$\boldsymbol{Y} = \begin{bmatrix} y_1 \\ y_2 \\ \vdots \\ y_n \end{bmatrix}, \quad \boldsymbol{X} = \begin{bmatrix} 1 & x_{11} & x_{12} & \cdots & x_{1m} \\ 1 & x_{21} & x_{22} & \cdots & x_{2m} \\ \cdots & \cdots & \cdots & \cdots & \cdots \\ 1 & x_{n1} & x_{n2} & \cdots & x_{nm} \end{bmatrix}$$

将得到的参数估计值代入到预测方程，得到负荷的预测数值为

$$\hat{y} = \hat{a}_0 + \sum_{i=1}^{m} \hat{a}_i x_i$$

同样，只有通过假设检验的多元线性回归模型才可应用于实际工程。

3）非线性回归模型。非线性回归模型中的自变量与因变量之间存在非线性关系，虽然在实际系统中最为多见，但考虑到非线性模型及参数求取的复杂性，常用的非线性预测模型主要是指其中可以通过适当的变量代换，将非线性问题转化为线性问题来处理的模型。一般包括：

双曲函数模型

$$\frac{1}{y} = a + \frac{b}{x}$$

幂函数模型

$$y = ax^b \qquad (x > 0, a > 0)$$

指数函数模型

$$y = ae^{bx} \qquad (a > 0)$$

倒指数函数模型

$$y = a \mathrm{e}^{\frac{b}{x}} \qquad (a > 0)$$

S 形曲线函数模型

$$y = \frac{1}{a + b \mathrm{e}^{-x}}$$

线性回归模型一般应用于中期负荷预测。但由于进行中期负荷预测时选择预测模型的输入变量（用电影响因素）和确定预测模型的表达式存在较大的主观性，并且用电影响因素存在多样性和不可测性，使得回归分析方法在中期负荷预测的应用中受到限制。回归预测方法能测算出综合用电负荷的发展水平，但由于对用电产生重要影响的社会经济因素统计口径上的限制，以及用电量较小区域负荷统计特征相对不明显等原因，回归预测模型往往无法直接应用于较小的区域。并且，进行外推预测时，如何确定模型各输入变量（用电影响因素）预测年份的值是该方法应用面临的难题之一。

（3）时间序列预测法。对某一个变量或一组变量 $X_{(t)}$ 进行观察，对应一系列时刻 $t_1, t_2, \cdots, t_n$（t 满足 $t_{i-1} < t_i < t_{i+1}$），得到的一组数据 $x_1, x_2, \cdots, x_n$ 被称为离散时间序列。用来分析离散时间序列的各种方法称为时间序列方法。电力负荷的时间序列预测法并不考虑电力负荷与其他影响因素之间的因果关系，仅把电力负荷看作一组随时间变化的数值序列。

目前，被广泛使用的时间序列预测方法有一阶自回归［Auto Regression，AR(1)］预测法、n 阶自回归［AR(n)］预测法、自回归与移动平均（Auto Regression and Moving Average，ARMA）预测法和趋势外推预测法等。其共同点在于都是从历史负荷数据的相关关系出发，来预测未来年的负荷。

1）一阶自回归 AR(1) 预测法。该模型基于简单的线性回归算法，即假设观测值 y_t 与 x_t 之间为线性关系，可表达为

$$y_t = \beta_0 + \beta_1 x_t + \varepsilon_t$$

式中：β_0、β_1 为待确定参数；ε_t 为残差，服从正态分布，NID $(0, \sigma_s^2)$。

用最小二乘法来求 $\sum_t \varepsilon_t^2$ 的最小值，以确定 β_0、β_1 的估算值 $\hat{\beta}_0$、$\hat{\beta}_1$。一阶自回归模型中前后两个时段负荷的关系为线性关系，则

$$x_t = \phi_1 x_{t-1} + \varepsilon_t$$

式中：x_t、x_{t-1} 为 t、$t-1$ 时段的负荷值。

这种方法假设预测年的负荷值只与历史数据有关，而没有考虑对负荷变化产生影响的其他因素，所以一般适用于负荷变化比较均匀的情况。其所需数据较少，相应的数据资料收集所需工作量也较小。

2）n 阶自回归 AR(n) 预测法。n 阶自回归预测法是对一阶自回归预测法的扩展。该方法利用了多重回归的思想，假设因变量 y_t 与一组自变量 $x_{1t}, x_{2t}, \cdots, x_{nt}$ 有关，即

$$y_t = \beta_0 + \beta_1 x_{1t} + \beta_2 x_{2t} + \cdots + \beta_n x_{nt} + \varepsilon_t$$

将 y_t 和 $x_{1t}, x_{2t}, \cdots, x_n$ 平稳化（$Y_t = y_t - \overline{Y}$）后，得到

$$Y_t = \beta_1 X_{1t} + \beta_2 X_{2t} + \cdots + \beta_n X_{nt} + \varepsilon_t$$

式中：$\beta_1, \beta_2, \cdots, \beta_n$ 为待求参数；ε_t 为残差，服从正态分布，NID $(0, \sigma_s^2)$。

令

$$\boldsymbol{Y} = \begin{bmatrix} Y_1 \\ Y_2 \\ \vdots \\ Y_n \end{bmatrix}, \quad \boldsymbol{X} = \begin{bmatrix} X_{11} & X_{21} & \cdots & X_{n1} \\ X_{12} & X_{22} & \cdots & X_{n2} \\ \vdots & \vdots & & \vdots \\ X_{1N} & X_{2N} & \cdots & X_{nN} \end{bmatrix}, \quad \boldsymbol{\beta} = \begin{bmatrix} \beta_1 \\ \beta_2 \\ \vdots \\ \beta_n \end{bmatrix}$$

则由最小二乘法求出待确定参数的值为

$$\hat{\boldsymbol{\beta}} = (\underset{\sim}{\boldsymbol{X}}^{\mathrm{T}} \underset{\sim}{\boldsymbol{X}})^{-1} \underset{\sim}{\boldsymbol{X}}^{\mathrm{T}} \underset{\sim}{\boldsymbol{Y}}$$

将估算出的参数值代入回归方程式，即可进行外推，进一步得到 y 的预测值。

n 阶自回归预测法假设 t 时段的负荷值与前面 n 个负荷值呈线性相关，即

$$X_t = \phi_1 X_{t-1} + \phi_2 X_{t-2} + \cdots + \phi_n X_{t-n} + \varepsilon_t$$

式中：$X_t, X_{t-1}, X_{t-2}, \cdots, X_{t-n}$ 为各个时段的负荷值。

3）自回归与移动平均 ARMA(n, m) 预测法。自回归与移动平均预测法考虑负荷值与前 n 个时段历史负荷值及前 m 个时段噪声之间的关系，因此有

$$X_t = \phi_1 X_{t-1} + \phi_2 X_{t-2} + \cdots + \phi_n X_{t-n} + \varepsilon_t - \theta_1 \varepsilon_{t-1} - \cdots - \theta_m \varepsilon_{t-m}$$

式中：$X_t, X_{t-1}, X_{t-2}, \cdots, X_{t-n}$ 分别为各个时段的负荷值；$\varepsilon_t, \varepsilon_{t-1}, \cdots, \varepsilon_{t-m}$ 分别为各个时段的噪声。

由于对于第 t 时段来说，$t-1$ 之前各时段的噪声并不可知，因此，X_t 与 X_{t-1}，$X_{t-2}, \cdots, X_{t-n}$ 之间并不存在线性关系。对于自回归与移动平均预测法来说，要求从 $t=0$ 时刻开始，一步一步向前推算。

ARMA(n, m) 模型要求 ε_t 与 $\varepsilon_{t-m-1}, \varepsilon_{t-m-2}, \cdots, \varepsilon_{t-n-1}, \varepsilon_{t-n-2}, \cdots, \varepsilon_1$ 相互独立，如果不满足该条件，则应该扩大 n、m 的值，即加大模型阶数。

4）自回归条件异方差（Autoregressive Conditional Heteroscedasticity，ARCH）模型是指自回归条件异方差模型，该模型针对因变量的方差进行描述并预测。其中，因变量的方差依赖于该变量的历史值，或依赖于一些独立的外生变量。ARCH 模型的基本思想是指在历史信息集合下，某一时刻一个噪声的发生是服从正态分布的，该正态分布的均值为零，方差是一个随时间变化的量（即为条件异方差），且这个随时间变化的方差是过去有限项噪声值平方的线性组合（即为自回归）。这样就构成了自回归条件异方差模型。

ARCH 模型通常由两个方程构成

$$\begin{cases} a_t = \sigma_t \varepsilon_t \\ \sigma_t^2 = \alpha_0 + \alpha_1 a_{t-1}^2 + \cdots + \alpha_m a_{t-m}^2 \end{cases}$$

式中：ε_t 为均值为 0、方差为 1 的独立同分布随机变量序列；$\alpha_m > 0 (m \geq 0)$ 且 $\alpha_1, \alpha_2, \cdots, \alpha_m$ 必须满足一些正则性条件，以保证 a_t 的无条件方差是有限的。

对 ARCH 模型进行拓展可得到广义自回归条件异方差模型（Generalized Autoregressive Conditional Heteroscedasticity，GARCH），该模型解决了传统模型对时间序列变量的第二个假设，即方差恒定所引起的问题。GARCH 模型的方程为

$$\sigma_t^2 = \alpha_0 + \alpha_1 a_{t-1}^2 + \cdots + \alpha_m a_{t-m}^2 + \beta_1 \sigma_{t-1}^2 + \cdots + \beta_n \sigma_{t-n}^2$$

2. 不确定性负荷预测方法

电力负荷的发展变化是非常复杂的，受很多因素的影响。通常，对电力负荷产生影响的因素很难用简单的数学方程来描述。为了能够解决这一问题，专家学者经过不懈的努力，把许多新的方法和理论引入到负荷预测中，为电力负荷预测中不确定因素的处理提供了有效的工具，并在实际应用中取得了很好的效果，形成了基于类比对应等关系进行推理预测的不确定性预测方法。

随着新兴学科领域的兴起和发展完善，近年来涌现了许多新的预测方法，如专家系统法、优选组合预测法、模糊预测法、神经网络法、灰色预测法、基于证据理论的预测法，以及混沌预测法、小波预测法和将模糊理论与神经网络结合的模糊神经网络法等。其中神经网络法、模糊神经网络模型、小波预测法、混沌预测法目前主要用于实现短期及超短期负荷预测，在此不进行阐述；而基于和基于灰色系统理论建立的各种灰色预测法和模糊理论形成的众多模糊预测法，比较适用于电力系统中长期负荷预测，下面详细介绍。

(1) 灰色预测法。灰色系统理论是用于处理信息不完全系统的一项理论，为不确定性因素的处理提供了一个新的有力工具。该理论是由黑箱—白箱—灰箱理论拓展而来的，是系统控制理论发展的产物。

灰色系统理论把已知的信息称为"白色"信息，完全未知的信息称为"黑色"信息，把介于两者之间的称为"灰色"信息。

灰色预测法是在灰色系统理论的基础上发展而来的，是目前在中长期负荷预测中应用最为广泛、效果最为理想的不确定性预测方法之一。其以灰色生成来减弱原始序列的随机性，从而在利用各种模型对生成后序列进行拟合处理的基础上，通过还原操作得出原始序列的预测结果。由于电力系统本身具备灰色系统的基本特征，因此用灰色系统理论来对电力负荷进行建模预测符合灰色预测模型的基本条件。该类模型具有所需数据少，不考虑原始数据的分布规律，运算方便等优点，但在数据离散度较大时，预测精度将明显降低。尤其是在时间跨度较长的中长期负荷预测中，预测时段末端效果不够理想。经分析发现，造成这一现象的根本原因在于灰色模型本身，因而很多相关文献针对灰色模型的缺陷做了大量改进，形成了多种改进的灰色预测模型。

灰色系统理论的核心是灰色动态模型 (Grey Dynamic Model, GM)。其思想是直接将时间序列模型转化为微分方程，从而建立系统发展变化的动态模型。灰色预测模型也通常被称为 GM 模型。目前，在电力负荷预测中经常采用的是 GM(1, 1)、GM(1, n) 等动态模型。这些模型都是按照如下步骤建立的：

1) 将电力负荷视为在一定范围内变化的灰色量。相应地，其所具有的随机过程也可看作灰色变化过程。

2) 生成灰色序列量。

3) 累加生成灰色模型，使灰色过程变"白"。

4) 结合不同灰色生成方式与数据取舍、调整和修改，以提高灰色建模的精度。

5) 累减还原数据，得到预测值。

通过上述建模过程得到的基本预测模型，在实际应用中具有一定的局限性，即数据的离散程度越大，其预测值的误差越大。

设原始数列为 $X=[x(1),x(2),\cdots,x(n)]$（$n$ 为原始序列长度），对此数列作一次累加后形成新的数列为 $X^{(1)}$，$X^{(1)}=[x^{(1)}_{(1)},x^{(1)}_{(2)},\cdots,x^{(1)}_{(n)}]$，一次累加后生成过程如下式所示

$$x^{(1)}(t) = \sum_{k=1}^{t} x(k)$$

用一阶累加建立 GM(1，1) 模型，其微分方程为

$$dx^{(1)}/dt + ax^{(1)} = \mu$$

得到的预测模型为

$$\begin{bmatrix} a \\ \mu \end{bmatrix} = [\boldsymbol{B}^{\mathrm{T}}\boldsymbol{B}]^{-1}\boldsymbol{B}^{\mathrm{T}}\boldsymbol{C}$$

其中

$$\boldsymbol{B} = \begin{bmatrix} -\frac{1}{2}(x^{(1)}(1)+x^{(1)}(2)) \\ \vdots \\ -\frac{1}{2}(x^{(1)}(k-1)+x^{(1)}(k)) \end{bmatrix}, \ \boldsymbol{C} = \begin{bmatrix} x^{(0)}(2) \\ x^{(0)}(3) \\ \vdots \\ x^{(0)}(n) \end{bmatrix}$$

将求取得到的模型参数代入微分方程的解，得到累加生成序列的预测方程为

$$x^{(1)}(k+1) = [x^0(1) - \mu/a]e^{-ak} + \mu/a$$

经累减还原得

$$x^{(0)}(k+1) = x^{(1)}(k+1) - x^{(1)}(k)$$

灰色预测法的应用有一个前提，即在广义能量系统内，随机序列量的累加所形成的新序列都具有指数增长规律，灰色预测模型可简化表述为一个指数函数。如果某个系统不能满足这个前提，灰色预测方法将不能使用。因此，灰色预测法适合用于发展系数较小的短期预测。而实际电力负荷的变化很难呈指数规律，造成原始的灰色预测模型误差较大。为了提高灰色预测法的适应性和预测精度，需要对模型进行改进，如根据社会和经济的远期发展指标，将规划周期划分为若干个时间段，进行分段优化，求出各个时间段对应的发展系数，用不同的值预测不同时段的电力负荷，结果与实际的情况比较接近。改进后的灰色预测法将适用于中长期负荷预测。通常的改进方法有如下几种：

1）改造原始数列；

2）局部残差处理；

3）灰色递阶技术；

4）等维信息填补技术。

（2）模糊预测法。模糊预测法以模糊数学理论为工具，针对不确定或不完整、模糊性较大的数据进行分析处理，其核心思想在于以隶属函数描述事物间的从属和相关关系，不再将事物间的关系简单地视为仅有"是"或"不是"的二值逻辑，从而能更客观地对电力负荷及其相关因素作出计算和推断。这类预测方法通过引入模糊数学特有的计算分析方法得到负荷的发展规律，相较常规的预测算法在预测精度、对原始数据的准确

度要求及预测结果的提供形式上有很大的改进。这类预测模型一般可以同时提供负荷的可能分布区间及相应的分布概率，而并非仅提供单一的负荷预测值（即点预测），这对于不确定环境下的电网规划极有好处。由于理论上的局限性，在实际系统的中长期负荷预测中上述模型大都经过较大的改进，目前使用较多的是改进后的模糊预测模型。

模糊预测法是基于模糊理论和模糊推理而形成的预测方法，模糊预测法并非通过对历史数据分析而直接建立负荷和其他因素之间的关系，而是将电力负荷与对应的影响因素作为一个数据整体进行加工处理，寻找出负荷的变化模式以及对应的影响因素特征，并将预测年的影响因素与历史数据进行比较，从而求得负荷预测值。以下简要介绍两种常用的模糊预测方法。

1）模糊线性回归预测法。回归分析法假设负荷与一个或多个独立变量之间存在因果关系，通过建立反映该因果关系的数学模型，预测未来的负荷值。在模糊线性回归预测法中，假设观察值和估计值之间的偏差是由系统的模糊特性引起的，即回归系数的模糊特性引起了模型拟合值与观测值之间的偏差，使得预测结果为带有一定模糊幅度的模糊数。模糊线性回归预测法的线性回归模型为

$$Y = ZA + e$$

式中：Y 为电力负荷（或其他待测量）；Z 为独立变量的矩阵；A 为不依赖于 Z 的未知参数；e 为随机误差。

其模糊表达为

$$\widetilde{Y} = Z\widetilde{A}$$

写成另一种形式为

$$\widetilde{y}_i(z_i) = \widetilde{a}_0 + \widetilde{a}_1 z_{i1} + \cdots + \widetilde{a}_k z_{ik} \qquad (i = 0, 1, 2, \cdots, R-1)$$

式中：R 为历史电力负荷数据的个数。

用三角模糊数 $\widetilde{a}_i = [a_{ic}, a_{ir}]$ 来表示时，上式可改写为

$$\widetilde{y}_i(z_i) = [a_{0c}, a_{0r}] + [a_{1c}, a_{1r}] z_{i1} + \cdots + [a_{kc}, a_{kr}] z_{ik}$$

$$y_{ic}(z_i) = a_{0c} + a_{1c} z_{i1} + \cdots + a_{kc} z_{ik}$$

$$y_{ir}(z_i) = a_{0r} + a_{1r} z_{i1} + \cdots + a_{kr} z_{ik}$$

式中：y_c、a_c 为三角模糊数的中心参数，其隶属度为 1；y_r、a_r 为模糊数的幅度，也就是模糊数的基（区间）的一半。

参数 A 需要通过"线性规划"的方法来求解。其目标函数为

$$\min \sum_{i=0}^{R-1} (a_{0r} + a_{1r} |z_{i1}| + \cdots + a_{kr} |z_{ik}|)$$

满足如下的约束条件

$$a_{0c} + \sum_{j=1}^{k} (a_{jc} z_{ij}) - a_{0r} - \sum_{j=1}^{k} (a_{jr} |z_{ij}|) \leqslant y_i \qquad (i = 0, 1, 2, \cdots, R-1)$$

$$a_{0c} + \sum_{j=1}^{k} (a_{jc} z_{ij}) + a_{0r} + \sum_{j=1}^{k} (a_{jr} |z_{ij}|) \geqslant y_i \qquad (i = 0, 1, 2, \cdots, R-1)$$

求解上述有约束的线性规划问题，求出未知参数 A 后，进一步将参数代入则可得到相

应的负荷预测结果。

2）模糊聚类预测法。模糊聚类预测法应用模糊数学对历史环境因素与待预测因素构成的样本进行聚类分析后再做进一步处理，从而求出预测值。由于选用电力负荷本身作为被预测变量并不合适，此方法一般以电力负荷增长率作为待预测因素，选取国内生产总值（GDP）、人口、工业生产总值、农业生产总值、人均国民收入、人均电力等因素的增长率作为影响电力负荷增长的环境因素（在实际分析中，需结合相关性分析等变量选取方法来确定环境因素，并不限于上述因素），构成一个总体环境。通过对历史环境因素与历史电力负荷增长率总体的聚类，提取出待测因素类特征与对应的环境因素特征，进一步由未来待预测年的环境因素对各历史类环境特征的模式识别，来辨识选出与之最为接近的那类环境，对应类的电力负荷增长率即为所求。

上述分析表明，模糊聚类预测法主要通过对历史数据进行加工处理，提炼出负荷变化的若干种典型模式，在待测时段环境状态已知时，可通过该环境状态与历史环境特征进行比较，判断出与哪种历史类最为接近，从而认为该时段的电力负荷与历史类所对应的预测变量具有相同的变化模式，达到预测的目的。模糊聚类预测法的解算步骤为：

a. 数据收集。确定影响待预测变量的主要环境因素及数据的收集整理。

b. 建立模糊相似矩阵。设待预测的负荷变量 y 是由多个环境变量所决定的。现有 T 期历史数据 Z_t

$$Z_t = (X_t, Y_t) \quad (t = 1, 2, \cdots, T)$$

式中：X_t 为第 t 个时段各环境因素的取值；Y_t 为第 t 个时段的负荷值。

设 r_{ij} 表示样本 Z_i 与样本 Z_j 的相似程度，确定样本相似程度的方法很多，将求取的所有 r_{ij} 组成模糊相似矩阵 $\boldsymbol{R}$。再求得 $\boldsymbol{R}$ 的等价闭包 $T(\boldsymbol{R})$，使得其满足自反性、对称性和传递性。

c. 确定最佳聚类。给定置信度区间 $[\lambda_1, \lambda_2]$，利用 λ 偏差度的概念，在此区间里搜索到一个截水平 λ_0，称之为最佳截水平，用 λ_0 去截取 $T(\boldsymbol{R})$ 得到的分类结果就是最佳聚类。

d. 刻画各分类中环境因素的特征及负荷变化模式。在此可以采用正态模糊集来表示环境因素特征，再求出与之对应的负荷特征，从而可以求得对应于最佳分类的环境因素和负荷特征的模糊数。

e. 求未来负荷变量的预测值。假定对第 s 期的待测量进行预测，从第 s 期的环境因素中选出和最优聚类相对应的因素求出其环境特征，选出与其最为接近的，则可以得到其对应的电力负荷增长率。

f. 计算修正量。由于以上的计算中是采用待测环境对历史环境进行模式识别而进行预测的，使得预测值是在历史负荷变化模式中相对择优，故被测量的未来年增长率是不能超过其历史变化范围的，因此当预测区域为新兴供电区域时，如经济开发区等，其电力负荷将发生大幅度增长，增长率势必会超越历史值的范围，因此需对此进行修正。

（3）概率预测法。中长期电力负荷的时间跨度大，受众多因素影响，现阶段随着高比例可再生能源的接入和国家能源经济发展观的调整，电力负荷发展的不确定性进一步加强。与此同时，我国积极推进电力市场，实行电量的中长期交易，对区域长期负荷的预测工作提出了更高的要求，客观上增大了电网规划工作的难度。另外，由于传统的长期负荷预测大多为确定性的点预测，而影响负荷长期变化的因素众多，随着我国产业结构进一步调整以及电力体制改革的不断深化，长期电力需求发展的不确定性陡增。因此，进行长期负荷的概率预测，对未来电网规划更具现实意义。

相比常规的确定性点预测，概率预测以置信区间、分位点、概率密度及场景等形式描述预测结果的不确定性。由于中长期负荷预测问题的时间前置，概率预测更符合电网规划的客观要求。结合场景生成，对电力需求的发展规律做出多方案概率预测，利用概率预测的结果，有助于在电网规划方面更好地把握电力负荷及其他感兴趣的电力指标的变化情况，进而实现更可靠和科学的分析与评估，这在分析供给侧改革背景下电力需求的演变规律时尤为重要。电力负荷概率预测一般可以通过同一时间的多个负荷点预测的结果产生，按产生概率的出处，电力负荷概率预测的模式具体可分为三种：

1) 输入侧。在输入数据中进行不确定场景生成，对负荷的影响因素进行干扰。

2) 模型侧。使用分位数预测模型或概率密度预测模型进行概率预测。

3) 输出侧。进行残差模拟，并将残差与点预测结果相加。对应产生概率预测的各部分，负荷概率预测产生方法不尽相同，但总体的思想都是产生多个点预测结果。

以下简要介绍两种概率预测模型。

1) 分位数回归模型。分位数是描述数据分布情况的指标之一。设 Y 为一个连续随机变量，其分布函数为

$$F(y) = P(Y \leqslant y)$$

且对于任意 $0 < q < 1$ 时，满足

$$Q(q) = \inf\{y : F(y) \geqslant q\}$$

则称 $Q(q)$ 为 Y 的 q 分位数。

当 $q = 0.5$ 时，称 $Q(0.5)$ 为中位数。如果随机变量 y 的分布是对称的，则其均值与中位数 $Q(0.5)$ 相同。而当其中位数小于均值时，说明 y 的分布右偏；反之，则左偏。

由于传统的回归预测方法对样本数据误差分布要求严格，当数据分布有异常值或存在尖峰、厚尾分布等现象时，预测结果的稳健性将会变得较差；同时利用最小二乘法仅能获得一个回归方程，丢失历史数据的大部分信息，无法描述样本的分布情况。为解决上述回归问题的缺陷，同时产生概率预测模型，分位数回归通过改变分位点 q 的取值，得到样本数据在不同分位点上的回归方程族，该方法充分保留样本数据的条件分布特征，不仅可以表征自变量在分布中心的影响情况（中位数回归情况），还可以表征自变量在分布上尾和下尾的情况。尤其当样本数据误差为非正态分布时，采用分位数回归估计比最小二乘估计的结果更具有稳健性，弥补了最小二乘回归的不足。分位数回归系数求解的原理简述如下。

对于线性回归模型

$$y_{t,q} = \sum_{i=0}^{p} x_i \beta_{i,q} + \varepsilon_{t,q}$$

電网规划基本原理与应用

总体 q 分位数的回归系数 β_q 通常难以直接得到，而样本分位数回归系数 $\hat{\beta}_q$ 是总体分位数回归系数 β_q 的一致估计量，且 $\hat{\beta}_q$ 服从渐近正态分布，即

$$\sqrt{n}(\hat{\beta}_q - \beta_q) \rightarrow N(0, \text{Avar}(\hat{\beta}_q))$$

其中，渐近方差为

$$\text{Avar}(\hat{\beta}_q) = A^{-1}BA^{-1}$$

$$A = p\lim_{n\to\infty} \frac{1}{n}\sum_{i=1}^{n} f_{\varepsilon_q}(0 \mid x_i)x_i x_i'$$

$$B = p\lim_{n\to\infty} \frac{1}{n}\sum_{i=1}^{n} q(1-q)x_i x_i'$$

$f_{\varepsilon_q}(0 \mid x_i)$ 是回归方程扰动项 $\varepsilon_q = y_q - X^{\mathrm{T}}\beta_q$ 的条件密度函数在 $\varepsilon_q = 0$ 处的取值。因此，在实际应用中，通过求取样本分位数估计量 $\hat{\beta}_q$ 来估计总体分位数。求第 q 分位数回归方程系数的估计量 $\hat{\beta}_q$，即

$$S = \min\left\{-\sum_{\hat{\varepsilon}_{t,q}<0}(1-q)\hat{\varepsilon}_{t,q} + \sum_{\hat{\varepsilon}_{t,q}\geq 0} q\hat{\varepsilon}_{t,q}\right\}$$

$$= \min\left\{-\sum_{t:y_{t,q}-\sum\limits_{i=0}^{p}x_i\hat{\beta}_{i,q}<0}(1-q)\left(y_{t,q}-\sum_{i=0}^{p}x_i\hat{\beta}_{i,q}\right) + \sum_{t:y_{t,q}-\sum\limits_{i=0}^{p}x_i\hat{\beta}_{i,q}\geq 0} q\left(y_{t,q}-\sum_{i=0}^{p}x_i\hat{\beta}_{i,q}\right)\right\}$$

$$= \min\sum \rho_q\left(\left|y_{t,q}-\sum_{i=0}^{p}x_i\hat{\beta}_{i,q}\right|\right)$$

其中，$\hat{\varepsilon}_{t,q}$ 为第 q 分位数回归方程对应的残差。得到估计量 $\hat{\beta}_q$ 后，第 q 分位数回归方程为

$$\hat{y}_{t,q} = \sum_{i=0}^{p} x_i\hat{\beta}_{i,q}$$

第 q 分位数回归的残差 $\hat{\varepsilon}_{t,q}$ 为

$$\hat{\varepsilon}_{t,q} = y_t - \hat{y}_{t,q}$$

同时，ρ_q 被称为检验函数，满足

$$\rho_q(u) = \begin{cases} qu & u \geqslant 0 \\ (q-1)u & u < 0 \end{cases}$$

由于目标函数不可微，传统的对目标函数求导的方法不再适用，故采用线性规划方法求取目标函数的最优解。常用的解法有单纯形法、内点法、平滑法等。

2）基于误差建模的概率预测模型。输出侧的中长期负荷概率预测，又称误差建模法，也称作后处理建模。预测误差通常在负荷预测模型的输出侧，为负荷实际值及预测值之差，即

$$\varepsilon_t = y_t - \widetilde{y}_t$$

式中：y_t 为负荷实际值；$\widetilde{y}_t$ 为负荷预测值；ε_t 为预测误差。

由于 $\widetilde{y}_t$ 通过特定的预测模型产生，因此预测误差与预测模型、负荷的数值大小及时间段有关。通过对训练集的误差进行概率分布建模或对历史预测误差进行抽样，并将

预测误差模拟值与未来负荷点预测值相加，则可获得多个未来负荷点预测的模拟值。针对产生的多个点预测模拟值，建立未来负荷预测的经验分布，得到负荷预测的概率预测结果。详细建模流程如图 4-6 所示。

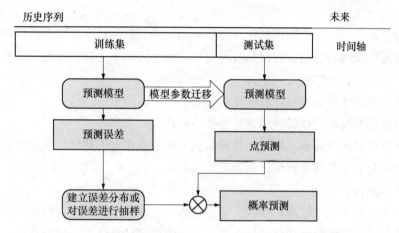

图 4-6　基于误差建模法的负荷概率预测模型建模流程

4.3.2　中长期电量预测方法

中长期电量预测是制定电力电量平衡和电网规划工作的基础。电量预测是指在满足一定精度要求下，充分考虑一些重要的自然条件、社会影响因素及系统运行特性，研究或利用一种能够处理过去与未来电量关系的数学方法，确定未来某特定时刻的电量数值。对电量进行准确预测，可以保证人民生活和社会正常生产，有效地降低电力企业的运行成本，保证电网经济运行，提高社会和经济效益。对电量产生影响的因素较多，例如地区经济、政策、气候等，这些因素中有确定性的，也有随机性的。这一方面说明了电量预测所需的数据较多，另一方面也说明由于影响因素的随机性，电量预测结果在一定程度上具有不确定性，增加了电量预测的难度。常用的中长期电量预测方法有单耗法、电力弹性系数法、电量产出效益法、回归分析法、灰色预测法等，以下对几种具代表性的电量预测方法进行简要介绍。

1. 电力弹性系数法

电力弹性系数反映了电力工业发展与国民经济发展之间的关系，可以作为衡量电力发展是否适应国民经济发展的一个参数。一般来说，电力弹性系数等于售电量增长率与国民生产总值增长率之比。电力弹性系数 K_w 可以表示为

$$K_w = 售电量增长率 / 国民生产总值增长率$$

如果应用其他方法确定了规划周期内的电力弹性系数 K_w，根据国家相关部门发布的国民生产总值发展速度规划值 $B(\%)$ 和基准年的售电量 $W_0(kWh)$，即可得到预测期 n 年末的售电量 $W_n(kWh)$。其计算为

$$W_n = W_0(1 + K_w B)^n$$

以电力弹性系数法预测售电量，关键在于所选取的电力弹性系数是否合理，同时还必须预测地区生产总值的增长率。但是，有关电力弹性系数取值的合理性尚未有理论研

究成果，这是该方法的一个缺陷；另外，实际工作中可能由于国家和地区财政限制，致使能够提供的电力资金不足，往往无法实现理论上选取的电力弹性系数。目前，该方法主要用于电力部门进行中长期电量预测结果的校核。

2. 回归分析法

回归分析法通过对历史数据的统计分析，确定因变量与自变量之间的函数关系，实现对用电量进行预测的目的。在回归分析法中，有一元和多元回归模型、线性和非线性回归模型。回归分析法的优点在于：

(1) 回归模型中的参数估计技术比较成熟；

(2) 分析过程简单、预测速度快且外推性好；

(3) 数学模型比较完善，可以用各种指标来衡量所建立的数学模型与电量历史数据的吻合程度，具有完善的参数估计和误差检验算法。

其缺点体现在：

(1) 对历史数据要求较高，当数据存在较大误差或残缺时，预测精度将大大降低；

(2) 线性回归模型预测精度较低，非线性回归模型计算量大、过程复杂；

(3) 只能考虑像湿度、温度等气象条件因素，不能详细地考虑到各种影响用电量的因素。

应用回归分析法对用电量进行预测时，应注意以下问题：

(1) 如果按照时序建立回归模型，并依此外推对未来电量进行预测时，其外推测的时间（即预测时段）不宜过长；

(2) 必须紧密结合定性分析才可使预测结果更可行、实用，只有当预测结果符合或接近实际情况时，其预测才有意义。

3. 组合预测法

由于单一的预测方法所反映的信息有限，组合预测法通过选择多种原理不同的预测方法，分别设置权重将其预测结果加权求和，得到一个综合的预测结果，从而降低单一预测方法可能存在的较大风险，使得预测结果的可信度更高。

假设有 n 种模型的预测结果分别为 $y_1, y_2, \cdots, y_n$，组合预测有等权组合与不等权组合两种基本形式。对于等权组合，是把各种方法的预测结果按相同的权重组合得到新的预测值，即

$$y = \sum_{i=1}^{n} \frac{1}{n} y_i$$

对于不等权组合，即赋予不同方法的预测结果的权重是不一样的，组合得到新的预测值为

$$y = \sum_{i=1}^{n} \alpha_i y_i$$

可以根据单个预测模型的误差或神经网络拟合等选取各个模型权值 α_i，在此不作详细展开。

除了以上电量预测方法外，电力负荷预测方法中的很多方法也可用于电量预测中，如灰色预测法、模糊预测法等。

4.4　空间负荷预测

如4.2节所述，负荷预测可以按预测范围、预测指标、预测结果呈现形式的不同进行分类，按照预测内容的不同又可将电力负荷预测分为总量预测和空间分布预测。负荷总量预测属于战略预测，是将整个规划地区的电量和负荷作为预测对象，其结果决定了未来供电区域对电力的需求量和供电容量。负荷总量预测方法包括弹性系数法、时间序列法、回归分析法、灰色预测法、模糊预测法、专家预测法、人工神经网络法等。传统的负荷总量预测仅对一个地区（一个城市或城市的一个区域）未来规划水平年的总体负荷量进行预测，分析经济因素等对负荷的影响，而对负荷的空间分布则较少关注。

随着经济和城市的发展，负荷的地理分布日益清晰和规范。应用空间负荷预测方法，不仅可以预测未来负荷的变化规律，还可以揭示负荷的地理分布情况。对于电网规划来说，不仅需要预测未来负荷的总量，而且需要负荷增长的空间信息，因为只有掌握确定的负荷空间分布情况，才能准确地进行变电站布点和线路走廊规划。

4.4.1　变电站规划及其供电范围

在区域电网规划中，优化确定新建变电站的位置及其供电范围是在完成负荷预测工作的前提下进行的。变电站规划要求在保证供电品质和满足负荷需求的前提下，根据当地的特殊地理环境、城市发展规划、城市电网和经济发展情况以及负荷增长情况，确定高压变电站和中压配电变电站的位置、规模和供电范围。科学合理的变电站规划是确保电网结构稳定性、投资经济性、运行安全性和供电可靠性的必要条件。

变电站规划及其供电范围划分所遵照的基本原则是，根据当地负荷增长和电力发展情况，在现有配电网络的基础上，为了保证未来的负荷变化需求，确定经济合理、安全可靠的各阶段变电站建设方案。变电站乃至整个电力行业的规划都要与经济发展相结合，服务于国民经济和社会发展。最终的规划方案需要满足整体性、长期性、合理性和适应性的要求。由此可见，变电站规划会受到诸多因素的影响，要遵循以下主要准则：

（1）靠近负荷中心；

（2）合理的供电半径；

（3）站址相对固定；

（4）适应负荷未来发展的需要；

（5）综合考虑环境因素。

4.4.2　空间负荷预测方法

根据历史数据和计算方法的不同，空间负荷预测方法可以分为解析方法和非解析方法两大类。解析方法运用数学工具分析规划区域的各项原始数据（如历史负荷、相关经济指标和用地数据等），进而预测负荷的发展趋势。解析方法可分为趋势法、多元变量法、基于土地利用的方法等。非解析方法则更多地以规划人员、专家的经验和主观判断为依据来预测负荷的大小和分布，虽然在一定程度上缺乏必要的科学性，但可以作为解析方法的辅助手段。下面介绍几种具有代表性的空间负荷预测方法。

1. 负荷密度法

负荷密度是指单位面积上用户消耗的电力,用户类型和特点(土地使用功能)不同,负荷密度的大小亦不相同。

在城市规划中,一般会明确城市各个分区中的各类用地性质。城市功能块可以划分为居住用地、工业用地、公共设施用地、市政公用设施用地、对外交通用地、商业用地等。另外,还可以根据实际需要在大的用地分类基础上,再进行细分,如将居住用地分为一类居住用地、二类居住用地和三类居住用地,然后根据规划区域的经济发展及人口规划等社会经济指标,参照国内外类似地区的负荷水平,对各功能块分别选择合适的负荷密度指标。规划区域内的空间预测负荷表达式为

$$A = \sum_{i=1}^{n} (k_i D_i S_i)$$

式中:A 为规划区域的预测负荷值,kW;k_i 为各功能块的同时率;D_i 为各功能块的负荷密度,kW/km^2;S_i 为各功能块的面积,km^2。

为保证负荷密度法的预测精度,首先必须注意功能块的划分要合理;其次是确定各功能块的负荷密度时要保证数据的代表性和可信性。负荷密度指标可以看作是对规划水平年负荷密度的一个估计值,规划水平年负荷密度的预测值可以在此基础上进行修正得到。负荷密度指标同时也反映了各功能块负荷密度之间的比例关系。负荷密度数据的获得方式,主要与各功能块的性质有关,可以采用以下几种方法确定:

(1)按分类平均负荷密度设置;

(2)参考经验数据;

(3)通过对现状供电区域调研获得。

2. 趋势法

趋势法将待预测区域按照馈线或者变电站供电范围划分成一系列的小区(负荷元胞),以划分的小区为基础,根据小区的历史年峰值负荷采用曲线拟合或其他推断方法来预测规划年的峰值负荷。

趋势法可采用多种方法建立各小区负荷的曲线拟合模型,如多项式模型、指数平滑模型、灰色系统模型等,其中以三次多项式曲线拟合最为常见,可表达为

$$p_i(t) = a_i + b_i t + c_i t^2 + d_i t^3$$

式中:t 为负荷年份;$p_i(t)$ 为第 i 个小区第 t 年的负荷预测值,kW;a_i、b_i、c_i 和 d_i 分别为第 i 个小区负荷的三次多项式拟合曲线的系数,利用该小区历史负荷峰值通过最小二乘法求出。

采用趋势法得到所有小区负荷的拟合曲线后,分别外推并考虑同时率进行叠加,可以计算出待预测地区的总负荷。

趋势法具有方法简单直观,所需数据量少且相对容易获得的优点,因此在空间负荷预测中应用较为广泛。但是,由于该方法主要强调对历史数据的应用,在预测时没有考虑到规划区经济发展水平的变化、用地性质变更等因素,较适合应用于发展平稳区域的空间负荷预测,对于新开发地区预测存在较大局限性,例如对于分辨率较高的小区因统

计口径等原因负荷数据难以收集，或缺乏历史数据的空白区域，趋势法难以适用。

3. 多元变量法

多元变量法以每个小区的历史年峰值负荷（即年最大负荷）和多个影响年峰值负荷的因素为基础，建立因果关系模型，预测目标年的小区峰值负荷及区域总峰值负荷。

针对各个小区，根据相关性分析结果，分别筛选出峰值负荷的显著影响因素，进而建立年峰值负荷与影响因素的因果关系模型。与趋势法类似，多元变量法建立各小区年峰值负荷与影响因素间因果关系模型的方法有多种，如多元回归模型、非参数回归模型等。其中，多元线性回归模型应用较为多见，可表达为

$$p_i(t) = a_{i0} + a_{i1}x_{i1}(t) + a_{i2}x_{i2}(t) + \cdots + a_{imi}x_{imi}(t)$$

式中：t 为负荷年份；$p_i(t)$ 为第 i 个小区第 t 年的负荷预测值，kW；a_{ij} 为第 i 个小区多元线性回归模型中第 j 项回归系数；$x_{ij}(t)$ 为第 i 个小区第 t 年的第 j($j=1, 2, \cdots,$ mi) 个影响因素；mi 为筛选得出的第 i 个小区年峰值负荷影响因素总数。

各小区的峰值负荷预测模型参数同样利用该小区历史负荷峰值通过最小二乘法求出。将所得到的小区峰值负荷预测模型分别外推，并考虑同时率进行叠加，可以计算出待预测区域的总峰值负荷。

在实际应用中，多元变量法存在以下问题：因影响各小区负荷变化的因素较为复杂多变，需要收集大量的历史负荷数据和影响因素数据；数据收集区域的规模不一致可能会导致划分数据的过程中出现较大偏差。

4.4.3 空间负荷预测案例分析

（1）负荷密度指标选取结果。根据《国网某省电力公司基于功能区（块）的配电网网格化规划指导原则》中推荐的配电网规划空间负荷密度指标体系，结合 Y 县经济开发区发展定位，参考负荷指标中方案进行空间负荷预测。Y 县经济开发区（东区）用地指标选取见表 4-4。

表 4-4　　　　　Y 县经济开发区（东区）用地指标选取结果

分类	用地性质	占地面积指标（MW/km²）	建筑面积指标（W/m²）	需用系数	容积率	等效负荷密度指标（W/m²）
居住用地	二类居住用地		60	0.2	1.5	18
公共管理与公共服务用地	行政办公用地		45	0.7	1.2	38
	文化设施用地		50	0.7	1.2	42
	中小学用地		30	0.7	1.2	25
	医疗卫生用地		45	0.7	1.2	38
商业服务业设施用地	商业设施用地		63	0.6	1.5	57
	商务设施用地		63	0.6	1.5	57
	商业商务综合用地		63	0.6	1.5	57
	零售商业用地		63	0.6	1	38
	批发市场用地		63	0.6	1	38
	加气加油站用地		35	0.55	1	19

续表

分类	用地性质	占地面积指标 （MW/km²）	建筑面积指标 （W/m²）	需用系数	容积率	等效负荷密度指标 （W/m²）
公用设施用地	供水用地	35		1	1	35
	供电用地	35		1	1	35
	环卫用地	35		1	1	35
	消防用地	35		1	1	35
居住用地	二类居住用地		60	0.2	1.5	18
工业用地	一类工业用地	50		0.6	0.8	24
	二类工业用地	45		0.6	0.8	22
	四类工业用地	45		0.6	0.8	22
物流仓储用地	一类物流仓储用地	12		0.6	1.5	11
道路与交通设施用地	城市道路用地	3		1	1	3
	交通枢纽用地	50		1	1	50
	交通站场用地	5		1	1	5
	社会停车场用地	5		1	1	5
	其他交通设施用地	2		1	1	2
	公园绿地	1		1	1	1
	防护绿地	1		1	1	1
非建设用地	水域	0		1	1	0

（2）空间负荷结果。Y县经济开发区（东区）饱和年总负荷为181.56MW，平均负荷密度11.28MW/km²。网格负荷预测明细见表4-5所列。

表4-5　　Y县经济开发区（东区）供电网格及供电单元饱和年负荷预测情况

供电网格名称	饱和年负荷密度 （MW/km²）	供电单元名称	现状年负荷 （MW）	饱和年负荷 （MW）
经开区网格	11.28	SD－HZ－YC－JK－001－J2/B2	19.02	50.01
		SD－HZ－YC－JK－002－J2/B2	3.48	32.31
		SD－HZ－YC－JK－003－J2/B2	39.63	70.32
		SD－HZ－YC－JK－004－J2/B2	23.05	53.88
		SD－HZ－YC－JK－005－J2/B2	13.69	56.93
		SD－HZ－YC－JK－006－J2/B2	10.06	39.15
同时率			0.6	0.6
合计			65.37	181.56

4.5　负荷预测基本流程

1. 确定负荷预测目的，制定预测计划

负荷预测目的要明确具体，并按照预测目的拟订详细的负荷预测工作计划。在预测计划中需要考虑的问题主要有确定预测的时期、所需历史资料、资料的来源和搜集资料的方法、初选预测方法等。

2. 调查和选择资料

准确的电力负荷预测需要大量资料的支撑，包括电力企业内部和外部资料，国民经济有关部门的资料，以及公开发表的资料，进行筛选后作为建立预测模型的基础。

3. 整理资料

对所搜集的与负荷有关的统计资料进行审核和必要的加工整理，是保证预测质量所必需的。

(1) 衡量统计资料的质量和标准。通常可从以下几个方面衡量统计资料的质量：①资料完整无缺，各项指标齐全；②数字准确无误，反映的都是正常（而不是反常）状态下的水平，资料中没有异常的"分离项"；③时间数列各值间有可比性。

(2) 资料的整理。资料整理过程主要包括：①资料的缺失推算；②对不可靠的资料的校核调整；③对时间序列中不可比资料加以调整，时间序列资料的可比性主要包括各期统计指标的口径范围是否完全一致，各期所用价格指标有无变动，各期时间单位长度是否可比，周期性季节变动资料的各期资料是否可比，是否能如实反映周期性变动规律。

4. 对资料进行初步分析

对所用资料的初步分析工作，主要包括以下几方面：

(1) 画出动态折线图或散点图，从图形中观察资料变动的轨迹，特别注意离群的数值（异常值）和转折点，研究转折点发生的原因。

(2) 查明异常值的原因后，加以修正处理，常用的处理方法有20%修正法等。

(3) 计算统计量，如自相关系数等，为建立负荷预测模型作准备。

5. 建立预测模型

负荷预测模型是统计资料轨迹的概括，它反映的是经验资料内部结构的一般特征。模型的具体化就是负荷预测公式，负荷预测模型采用不同的机理对数据特征进行挖掘，因此，针对一个具体预测问题，需要根据历史数据结合定性分析和模型适用性分析等正确选择预测模型。为降低预测风险，可以多种模型相互校核或建立组合预测模型。

6. 综合分析，确定预测结果

通过选择适当的预测技术，建立负荷预测模型，进行预测运算得到的预测值或利用其他方法得到初步预测值，还要参照当前已经出现的各种可能性，以及新的发展趋势，对预测结果进行综合分析、对比、判断推理和评价，进而对初步预测结果进行调整和修正，以完善预测模型，提高预测精度。

7. 编写预测报告，交付使用

根据预测结果，编写出本次负荷预测的报告。由于预测方法多样及预测条件存在不确定性，导致预测结果应该是多方案的，所以报告中要对得出这些预测结果对应的预测条件、假设及限制因素等情况作详细说明，便于判别和应用。

8. 负荷预测管理

将负荷预测报告提交主管部门后，仍需根据主客观条件的变化及预测应用的反馈信息进行检验，必要时应修正预测值。例如预测值交付使用后，经过一段时间的实践后，发现负荷实际值和预测值之间有差距，就要利用反馈性原理对远期预测值进行调整，即对负荷预测进行滚动管理。

参考文献

[1] 程浩忠，张焰，严正，等. 电力系统规划 [M]. 北京：中国电力出版社，2008.

[2] 崔艳青. 电力系统负荷预报方法研究 [D]. 哈尔滨工程大学，2013.

[3] 张敬杨. 区域电力负荷短期预测技术及其应用 [J]. 电子技术与软件工程，2013 (22)：159-160.

[4] 陈礼锋. 电网规划的中长期电力负荷预测技术研究 [D]. 湖南大学，2017.

[5] 刘思. 配电网空间负荷聚类及预测方法研究 [D]. 浙江大学，2017.

[6] 张承伟，杨子国. 中长期电力负荷模糊聚类预测改进算法 [J]. 计算机工程，2011，37 (15)：184-186.

[7] 潘丽娜. 神经网络及其组合模型在时间序列预测中的研究与应用 [D]. 兰州大学，2018.

[8] 王威娜. 基于模糊理论的时间序列预测研究 [D]. 大连理工大学，2016.

[9] 肖白，杨欣桐，田莉，等. 计及元胞发展程度的空间负荷预测方法 [J]. 电力系统自动化，2018，42 (01)：61-67.

[10] 肖白，周潮，穆钢. 空间电力负荷预测方法综述与展望 [J]. 中国电机工程学报，2013，33 (25)：78-92，14.

第 5 章

电 压 等 级 选 择

本章主要介绍电力系统中电压等级选择的基本原则及方法，并对各电压等级线路的传输容量及距离作出说明。

5.1 基 本 原 则

电力系统中电压等级的选择受到很多因素的限制，并且与电网的发展历史有关。电压等级的建立、演变和发展主要是随着发电量和用电量的增长（特别是单机容量的增长）及输电距离的增加而相应提高的，同时还受技术水平、设计制造水平等的限制。

电压等级的确定直接影响电网发展和国家建设。若选择不当，不仅影响电网的结构和布局，而且还影响电气设备、电力设施的设计与制造及电力系统的运行和管理，直接影响各类用电项目的电力投资和电费支出。

电压等级的选择应该遵循以下原则：

（1）应该从国家标准的电压等级中选择。我国现行的交流电压等级序列包括：1000、500、220、110、35、10kV 和 380/220V 等。此外，东北地区保留了 66kV，西北地区保留了 750kV 和 330kV，20kV 和 15kV 也在某些地区进行了试点应用。因此，电压等级应该从上述的标准电压等级序列中选择。我国大部分地区电网规定的电压等级序列为：超高压输电 500kV，高压输电 220kV，高压配电 110、35kV，中压配电 10kV，低压配电 380V（单相 220V）。

（2）电压等级的确定不能太晚，也不能太早。过早确定对技术的合理发展不利，但是过晚确定又会造成电压等级不统一。电压等级的制定需要在长期规划中进行考虑。

（3）电力系统中采用的电压等级数量应该尽可能少。这样可以简化电力系统的结构，减少电力系统中元件的种类和数量，减少备用部件，降低事故率和电力损耗，维护方便。

一般采用四级降压体制，某些地区的电网也在研究三级降压体制。两级电压等级之间的比值应该大于 2。

（4）逐步淘汰所选择电压等级以外的电压。选定的电压等级，既要满足近期供电的需要，又要满足远景电力系统发展的需要，还要方便由近期向远期过渡。也就是说，需要充分考虑地区动力资源的特点及其分布、经济发展速度、负荷特点及密度、电源点的位置及规模等。

确定电压等级时，除上述原则外，还应该考虑与其他电网互连的可能性，而且大电

電網規劃基本原理與應用

源的出線電壓應該從整個電力系統的角度來考慮，不能只考慮本電廠。此外，一些約束條件將會影響電壓等級的選擇，如占地和線路走廊的影響等。我國城市電網電壓等級配置情況見表5-1。

表5-1　　　　　　　我國城市電網電壓等級配置情況

城市所在地區	電壓等級配置
華東、華北、華中地區	500/220/110（35）/10/0.4kV
東北地區	500/220/66（110）/10/0.4kV
西北地區	330（220）/110（35）/10/0.4kV
南方地區	500/220/110/10（20）/0.4kV

5.2 選择方法

本節假設只將電壓等級 U 作為變量，其他的都是作為常量來處理的，也不考慮約束條件。

5.2.1 幾何均值原則

為了簡化分析，假設投資成本（C_{inv}）與電壓等級呈線性關係。也就是說，隨著電壓等級的升高，投資成本越來越大，表達式為

$$C_{inv} = a_1 + bU$$

式中：a_1、b 為常數。

在假設負荷水平、線路長度以及最大負荷利用小時數一定的情況下，線路的運行成本與電壓成反比，而變壓器的運行成本與電壓等級無關。由此，運行成本可以表示為

$$C_{ope} = a_2 + \frac{c}{U}$$

式中：a_2 表示變壓器運行成本；c 表示線路運行成本系數。

則總成本可以表示為

$$C_{tot} = C_{inv} + C_{ope} = a + bU + \frac{c}{U} \tag{5-1}$$

其中
$$a = a_1 + a_2$$

式（5-1）中有一部分成本與電壓等級無關，用系數 a 表示，如部分維護費；一部分與電壓成正比，如初投資、折舊、運行維護費等，以系數 b 來反映；一部分與電壓成反比，如線損等，以系數 c 來表示。a、b、c 是分別與電網參數有關的系數，主要取決於負荷密度、供電半徑及拓撲結構等。

對電壓求導，並令 $\frac{dC_{tot}}{dU} = 0$，得到

$$b - \frac{c}{U^2} = 0$$

則
$$U^2 = \frac{c}{b}$$

82

因此最优电压等级 U_0 为

$$U_0 = \sqrt{\frac{c}{b}}$$

但是，所求得的最优电压等级不一定符合现有的电压等级标准，一般是位于两个标准电压等级之间。因此，可以认为两个相邻的电压等级也是最优的，而且是等经济性的，所以有

$$bU_i + \frac{c}{U_i} = bU_{i+1} + \frac{c}{U_{i+1}}$$

得到

$$U_i U_{i+1} = \frac{c}{b}$$

即有

$$\sqrt{U_i U_{i+1}} = U_0 = \sqrt{\frac{c}{b}} \tag{5-2}$$

式（5-2）说明，最终的电压等级标准系列中，任何一个电压等级与两个相邻的电压等级之间都应该满足上述关系，称为几何均值原则。

5.2.2 舍二求三原则

线路的每相电阻可以表示为

$$r = \frac{\rho l}{S}$$

式中：ρ 为电阻率；S、l 为线路长度和导线截面积。

三相线路的损耗及输送功率可以表示为

$$\Delta P = \frac{3I^2 \rho l}{S}$$

$$P = \sqrt{3} IU\cos\varphi$$

式中：I 为线路中流过的电流。

因此线路的有功损失率为

$$\eta_p = \frac{\sqrt{3} I\rho l}{US\cos\varphi}$$

从而得到线路的输送距离为

$$l = \frac{\eta_p U\cos\varphi}{\sqrt{3} I\rho}$$

输送容量为

$$P = \frac{\eta_p S(U\cos\varphi)^2}{\rho l}$$

由此可见，在保持相同的有功损耗和功率因数条件下，线路的输送距离与电压成正比，输送容量与电压的平方成正比。

在电网的实际运行中，如果电压等级级差太大，必然造成变电设备制造困难以及低

压送出困难，导致出线回路数多以及低压线路输送距离过长，损耗过大；如果电压等级级差太小，则变电层级较多，增加了电网的运行成本和投资成本，同时也造成供电范围重叠，不能发挥各电压等级的作用。因此，在电压等级的选择中，除了满足几何均值原则之外，还要满足舍二求三原则。舍二求三原则是指在选择的电压等级序列中，各相邻电压等级间的倍数应力求接近或超过 3，同时又要舍弃倍数仅为接近或小于 2 的两级中的某一级（即各相邻电压等级间倍数不应小于或等于 2）。

5.2.3　多级降压

在电网，特别是配电网中，一般存在多个电压等级，即采用多级降压机制，但是采用几级降压机制比较合理一直是被关心的问题。

电网的运行成本由线路运行成本和变压器运行成本两部分组成，假设每一电压等级的运行成本都相同，则有

$$C_{ope} = e_1 n$$

式中：e_1 为常数，表示每一电压等级的运行成本；n 为电压等级数量。

由上式可知，随着电压等级数量的增加，运行成本是成比例增加的。而对于投资成本则不同，如果电压等级较少，级差较大，必然造成低压送出困难，导致线路出线回路数量多且低压送电距离过长，投资增加；反之，若电压等级太多，级差较小，则变电层级太多，造成不必要的重复变电，也造成供电范围重叠，投资成本也将增大。所以说，电压等级过多或者太少，都将造成投资成本增加。也就是说，投资成本不能简单地表示成电压等级数量的线性函数形式，而应是二次函数的形式

$$C_{inv} = dn^2 + e_2 n + f$$

式中：d、e_2、f 都为常数。

则总成本为

$$C_{tot} = dn^2 + en + f$$
$$e = e_1 + e_2$$

其中

则最优的电压等级数量为

$$n_0 = -\frac{e}{2d}$$

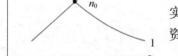

图 5-1　最优电压等级数量

如图 5-1 所示，曲线 1 代表投资成本，曲线 2 代表运行成本，则其交点就是最优的电压等级数量。

从节能降损的角度而言，应该尽量减少降压的层级，但是受投资成本限制，又不能使降压层级过少。在实际应用过程中，应该对每种降压机制进行论证，在投资成本变化不大的情况下尽量减少降压的层级。

5.2.4　案例分析

上海市某居住区功能块占地面积 6.75km²，负荷密度 15.59MW/km²，最大负荷利用小时数为 5700h。根据 110、35kV 电网变电容量的容载比最低为 1.9 的要求，该功能块变电容量最低为

199.94MVA。并且高压配电线路均从上级 220/110/35kV 变电站引入，即无论采用何种电压等级，进线长度相同。各电压等级综合造价见表 5 - 2。

表 5 - 2　　　　　　　　　　　110kV 及 35kV 设备综合造价表

设备	综合造价
110kV 变电站（2×40MVA）	68.14 万元/MVA
35kV 变电站（2×20MVA）	48.41 万元/MVA
110kV 电缆（1×630mm²）	260 万元/km
35kV 电缆（1×400mm²）	220 万元/km

计算所需的其他参数如下：电价 $\omega = 0.646$ 元/kWh，单根进线长度为 2.0km，YJV22 - 1×630 型号电缆单位长度电阻为 $0.028\Omega/\text{km}$，YJV22 - 1×400 型号电缆单位长度电阻为 $0.047\Omega/\text{km}$。

当采用 110kV 供电方案时，需要建设的变电站数量为 $\frac{199.94}{2 \times 40} \approx 3$，则造价 C_{inv} 为

$$C_{\text{inv}} = 3 \times 2 \times 40 \times 68.14 + 3 \times (260 \times 2 \times 2) = 1947.3(\text{万元})$$

同理，当采用 35kV 供电方案时，造价 C_{ope} 为

$$C_{\text{ope}} = 5 \times 2 \times 20 \times 48.41 + 5 \times (220 \times 2 \times 2) = 14082.0(\text{万元})$$

列方程求解

$$\begin{cases} a_1 + b \times 110 = C_{\text{inv}} \\ a_1 + b \times 35 = C_{\text{ope}} \end{cases}$$

求得

$$\begin{cases} a_1 = 10349.3538 \\ b_1 = 82.9476 \end{cases}$$

根据以上提供的参数，可得满足该地区边界条件的电压等级投资函数为

$$C_{\text{inv}} = a_1 + bU_N = 10349.3538 + 82.9476U_N$$

运行成本主要是变电站和线路的损耗，在假设变电站的运行成本与电压等级无关的情况下（以 a_2 表示），线路的运行成本可以表示为

$$\frac{c}{U} = \sum_{i \in N_l} \omega \left(\frac{S_{\text{mi}}}{U} \right)^2 r_i l_i \tau$$

式中：N_l 表示线路总数；S_{mi} 表示第 i 条线路的最大负荷；r_i、l_i 分别表示第 i 条线路单位长度电阻和长度；τ 表示最大负荷利用小时数。

进一步有

$$c = \sum_{i \in N_l} \frac{\omega S_{\text{mi}}^2 r_i l_i \tau}{U}$$

当采用 110kV 供电时，假设功率因数为 0.9，则 $c = 153768.976/6 = 25628.16$。由此可得，最优电压等级为

$$U_0 = \sqrt{c/b} = 17.5746\text{kV}$$

采用 35kV 供电时，$c = 1352016.339/10 = 135201.6339$。由此可得，最优电压等级为

$$U_0 = \sqrt{c/b} = 40.366 \text{kV}$$

结合此地区所采用的标称电压等级，该地区采用 35kV 为高压配电电压等级。根据传统几何均值原则，满足 110kV 与 10kV 几何均值条件的电压等级为 33.317kV，标称电压 35kV 满足该原则；并且根据上海电网电压等级序列的要求，选定该居民区功能块降压等级标准为 35/10/0.4kV。

5.3 经济电流密度与输送容量及距离

5.3.1 经济电流密度

1. 基本概念

导线截面积是影响投资和运行成本的一个主要因素，电压等级与导线截面积的关系密切。如，220kV、400mm² 的导线，其总成本中与导线截面积成正比的部分为 55%，为导线本身金属费用的 2.4 倍。因此，一般要求在确定电压等级的同时确定导线截面积。

经济电流密度定义为

$$J_{\text{ec}} = \frac{I_{\text{m}}}{S_{\text{ec}}}$$

式中：S_{ec} 为对应经济电流密度的导线截面积；I_{m} 为导线中流过的最大电流。

经济电流密度是在选择导线截面积时用来校验其截面积是否在经济范围内的一项重要指标。经济电流密度是一个考虑了输电线路中导线的总投资额、折旧、线损等多个因素，使导线的年运行成本最省的综合性参数。各国根据有色金属资源及生产能力、电线电缆的生产水平、电力生产和能源的开发水平等诸多因素来确定经济电流密度。

单位长度导线的运行成本可以表示为

$$C_{\text{ope}} = \omega I_{\text{m}}^2 r\tau \times 10^{-3} = \omega I_{\text{m}}^2 \frac{\rho}{S}\tau \times 10^{-3}$$

式中：ω 为电价；ρ、S 分别为导线的电阻率和截面积；I_{m}、τ 分别为最大负荷电流及最大负荷利用小时。

同样，当以导线截面积为变量时，单位长度导线投资成本的年费用可以表示为

$$C_{\text{inv}} = a + bS$$

则总成本为

$$C_{\text{tot}} = a + bS + \omega I_{\text{m}}^2 \frac{\rho}{S}\tau \times 10^{-3}$$

对 S 求导，并令 $\text{d}C_{\text{tot}}/\text{d}S = 0$，即

$$b - \omega I_{\text{m}}^2 \frac{\rho}{S^2}\tau \times 10^{-3} = 0$$

得

$$S_{\text{ec}} = I_{\text{m}}\sqrt{\frac{\omega\rho\tau \times 10^{-3}}{b}} \tag{5-3}$$

则

$$J_{ec} = \frac{I_m}{S_{ec}} = \sqrt{\frac{b}{\omega\rho\tau \times 10^{-3}}} \qquad (5-4)$$

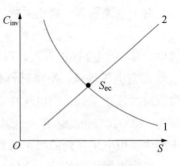

图 5-2　经济电流密度

由此可见，经济电流密度与导线的长度和负荷无关，而是与最大负荷利用小时数的关系密切。

如图 5-2 所示，横坐标为导线截面积，纵坐标为成本。其中，曲线 1 表示网损（运行成本）；曲线 2 表示投资成本，则其交叉点就是经济电流密度所对应的导线截面积。我国目前采用的经济电流密度见表 5-3。

表 5-3　　　　　　　　　输电线路的经济电流密度　　　　　　　　　（A/mm²）

电缆种类	最大负荷利用小时（h）		
	<3000（一班制）	3000～5000（二班制）	>5000（三班制）
铜芯及裸铝绞线	1.65	1.15	0.90
裸铜绞线	3.00	2.25	1.75
铝芯电缆	1.92	1.73	1.54
铜芯电缆	2.50	2.25	2.00

在实际应用中，并不是按照式（5-3）进行导线截面积的选择，而是首先确定最大负荷利用小时数。在确定了最大负荷利用小时数后按照式（5-4）计算经济电流密度，从而确定导线的截面积，计算式为

$$S = \frac{P_m}{\sqrt{3}U_N J_{ec}\cos\varphi} \qquad (5-5)$$

式中：P_m 线路的最大有功功率；U_N 为线路的额定电压。

2. 安全校验

根据导线型号选出不小于由式（5-5）确定的导线截面积，并按照下列条件进行安全校验。

（1）发热条件校验。选定导线截面积后，必须根据不同的运行方式及事故情况进行发热校验，即保证在不同的情况下使导线的输送容量不超过导线发热所允许的数值。

线路的极限输送容量计算为

$$S_{max} = \sqrt{3}U_N I_{max}$$

式中：S_{max} 为极限输送容量，MVA；I_{max}（kA）为导线持续允许电流，$I_{max} \leqslant KI_{al}$〔其中，$I_{al}$ 是额定环境温度为 +25℃时导体允许电流（kA），可查相关表格；K 是与实际环境温度和海拔有关的综合校正系数，可查相关表格〕。

对于裸导线而言，当导体允许最高温度为 +70℃且不计日照时，K 可计算为

$$K = \sqrt{\frac{\theta_{al} - \theta}{\theta_{al} - \theta_0}} \qquad (5-6)$$

式中：θ_{al} 为导线长期发热允许最高温度；θ 为导线安装地点的实际环境温度；$\theta_0 = +25℃$。

对于电缆而言，修正系数 K 可表述为

$$K = K_t K_1 K_2 \quad \text{或} \quad K = K_t K_3 K_4$$

式中：K_t 为温度修正系数，可由式（5-6）计算，但式中的电缆芯线长期发热最高允许温度 θ_{al} 与电压等级、绝缘材料和结构有关；K_1、K_2 分别为空气中多根电缆并列和穿管敷设时的修正系数，当电压在 10kV 及以下、截面积为 95mm² 及以下时 $K_2 = 0.9$，截面积为 120～185mm² 时 $K_2 = 0.85$ 时 K_3 为直埋电缆因土壤热阻不同的修正系数；K_4 为土壤中多根电缆并列的修正系数。K_t、K_1、K_2、K_3、K_4 和 θ_{al} 可查相关表。

（2）机械强度校验。为保证线路必要的安全机械强度，对于跨越铁路、通航河流、公路、居民区的线路，其导线截面积不得小于 35mm²。通过其他地区的导线截面积，按线路的类型区分，允许的最小截面积见表 5-4。

表 5-4　　　　　　　　　　机械强度要求的最小允许截面积　　　　　　　　　　（mm²）

导线构造	架空线路电压等级		
	35kV 以上线路	1～35kV 线路	1kV 以下线路
单股导线	不许使用	不许使用	不许使用
多股导线	25	16	16

（3）电晕条件校验。对 110kV 以上的导线，需要按晴天不发生全面电晕条件校验，即导线的临界电压 U_{cr} 应大于最高工作电压 U_{max}。可不进行电晕校验的最小导线型号及外径可从相关资料中获得。

（4）允许电压降落。只有当电压在 10kV 以下，而且导线截面积在 70mm² 以下的线路，才进行电压校验。因为截面积大于 70mm² 的导线，采用加大截面积的办法来降低电压损失的效果并不十分显著，反而会造成导线投资的大大增加，这时应该采用并联无功补偿的方式来减小电压降落。线路允许的电压降落应保证线路末端的电压不低于其额定电压的 5%。

5.3.2　各电压等级合理的输送容量及距离

当采用经济电流密度时，线路的损耗及输送功率可以表示为

$$\Delta P = 3J_{ec}^2 S \rho l$$

$$P = \sqrt{3} J_{ec} S U_N \cos\varphi$$

式中：ρ 为导线的电阻率；S 为线路长度；l 为导线截面积。

进一步得到线路的有功损失率为

$$\eta_p = \frac{\sqrt{3} J_{ec} S \rho l}{U_N \cos\varphi}$$

从而得到线路的输送距离为

$$l = \eta_p U_N \cos\varphi / (\sqrt{3} \rho J_{ec})$$

输送容量为

$$P = \frac{\eta_p S (U_N \cos\varphi)^2}{\rho l}$$

即线路的输送距离与电压成正比，输送容量与电压平方成正比。

影响输电经济性及电压选择的最关键因素是输送距离和容量。小容量、短距离输电宜采用低电压等级；随着输电容量的增加以及输送距离的增大，电压等级不断提高。各个电压等级合理的输送容量和距离见表 5-5。

表 5-5　　　　　　　　　　各级电压等级合理的输送容量和距离

额定电压 （kV）	输送容量 （MW）	输送距离 （km）	额定电压 （kV）	输送容量 （MW）	输送距离 （km）
6	0.1～1.2	4～15	110	10.0～50.0	50～150
10	0.2～2.0	6～20	220	100～500	100～300
35	2.0～10.0	20～50	330	200～1000	200～600
63	3.5～30.0	30～100	500	600～1500	400～1000

参考文献

［1］于永哲，黄家栋．基于混合智能算法的配电网络重构［J］．南方电网技术，2010（1）：76-79.

［2］余畅，刘皓明．配电网故障区间判断的改进型矩阵算法［J］．南方电网技术，2009，3（6）：100-103.

［3］范明天，张祖平，刘思革．城市电网电压等级的合理配置［J］．电网技术，2006，30（10）：32-35.

［4］施伟国．上海电网高压配电网络电压等级技术经济比较［J］．供用电，2003，20（4）：18-22.

第 6 章

输 电 网 规 划

输电网规划是电网规划的主要内容。本章在对输电网规划方法进行总结的基础上，介绍了输电网扩展规划的基本原理，包括多种因素分析以及灵敏度分析方法，并对新能源接入下网源协调规划的数学模型和计算方法进行了详细阐述。

6.1 概　　述

随着社会经济的发展，全社会的用电量越来越大，这需要更大、更坚强、更智能的电网来支撑。输电网规划是电力系统发展的决策性工作，关系电力系统运行的灵活性及经济性。输电网规划又称输电系统规划，主要是以负荷预测和电源规划为基础的，确定何时何地投建何种类型的输电线路及其回路数，以达到规划周期内所需要的输电能力，在满足各项技术指标的前提下使输电系统的成本最小。输电网规划的目标主要是提高电网的传输和供电能力，以高可靠性来满足社会对电力的需求，从而保障国民经济发展的基础能力。同时，在市场环境下，输电网规划还要考虑线路的综合利用效率和企业资产的保值问题。

6.1.1　输电网规划的分类和特点

1. 输电网规划分类

输电网规划按照时间的长短通常可以分为近期规划、中期规划和远期规划。近期规划侧重设计具体的输变电项目，中期规划侧重总体发展框架。远期规划则需要列举各种可能的输电网过渡需求，估计各种不确定因素的影响等，通过对各个水平年的重点分析，确定未来一段时期内输电网的总体发展框架，避免一些短视情况的出现。由于客观条件或环境的改变，远期规划方案也将不断变化。

根据规划期间处理的任务不同，输电网规划可分为单阶段规划和多阶段规划。单阶段规划是指根据某一水平年的负荷预测数据得到该水平年的最佳网络结构方案，由于单阶段规划只面向一个水平年，因而难以给出最终方案在各个阶段的过渡。多阶段输电网规划一般涉及较长的规划周期，需要对规划周期内的若干阶段进行综合考虑，以确定输电线路扩建的最佳时机和位置，获得一个渐近的建设方案。多阶段规划既可以采用动态规划方法来实现，也可以采用静态规划方法进行近似寻优。针对整个规划周期进行优化的规划方法称为动态规划方法；将多阶段中的每一阶段进行单阶段优化，并将上一个阶段的优化结果作为下个阶段输入的规划方法称为静态规划方法。

输电网规划根据所涉及的元件不同可分为网架规划和无功规划。网架规划主要以有功电量平衡为基础，对线路的建设与改造进行决策；无功规划通常在网架规划基础上，以有功网损和无功补偿设备投资成本最小等为目标，实现对无功补偿设备安装地点和容量的优化决策。近年来，随着电力电子技术的发展，交直流变换技术的日趋成熟，使得网架规划和无功规划的联系更为紧密，通常需要在规划过程中统一进行考虑。

此外，输电网规划还有很多的分类方式，如按照市场的竞争性，可以分为集中式规划和市场环境下的规划；按照输电网所涉及的频率特性，可分为交流输电网规划、交直流输电网规划、多端直流输电网规划等；按照规划决策者的需求，可分为单目标规划和多目标规划。

2. 输电网规划特点

从宏观上来说，输电网规划是一个系统性优化问题，通常具有以下特点：

（1）离散性。在输电网规划中，各条输电线路的待选回路数均为整数，所以最终规划结果的取值必须是离散的或整数的。

（2）动态性。网架规划不仅需要满足规划水平年的经济、技术等指标要求，还需要考虑未来网架的可拓展性及主要性能指标的实现问题。

（3）多目标性。一个规划合理的输电网不仅要在技术上先进可行，达到安全可靠、灵活方便的目标，也要在经济上实现合理投资、高产出效益的目标，同时还要满足社会效益、环境保护等方面的要求。

（4）非线性。描述线路功率、各节点电压及网损等物理量与电气参数之间的关系是非线性的。

（5）不确定性。由于国家政策与方针、人口迁移、地区经济进步、气象和地理变化以及新设备、新技术的出现，使得负荷预测和电力装备的价格存在一定的不确定性。近年来，风电、光伏的迅猛发展，也显著增加了输电网规划中的不确定性。

6.1.2　前期工作和主要导则、原则

1. 前期工作

输电网规划的最终效果主要取决于原始资料的搜集及规划方法的选取。没有充分可靠的原始资料，任何方法也不可能取得切合实际的规划方案。一个合理的输电网规划方案必须以坚实的前期工作为基础，包括搜集和整理电力负荷数据、当地的社会经济发展情况、电源点和输电线路方面的原始资料等。

通常而言，首先根据可持续发展原则对中远期输电网的发展规模进行规划；其次根据经济运行情况确定具体的项目，研究和确定电网最优的网络接线模式、投资水平以及投资时间安排；最后根据建设投资回收周期来决定具体规划项目的投资与设备选型等工作。

负荷预测是电网规划的基础，对确定的长中短期输电网规模、项目实施、规划方案的质量起到关键作用。此外，为了保证电网的投资效益与可实施性，输电网规划可以在现有负荷基础之上，进行分区、分节点、分电压等级的负荷预测，使变电站、线路等设备的规划及建设能够满足负荷增长的需要。

2. 主要技术导则

在输电网规划过程中，需要执行的主要标准有：GB 38755—2019《电力系统安全稳定导则》，GB/T 38969—2020《电力系统技术导则》，DL/T 1773—2017《电力系统电压和无功电力技术导则》，DL/T 5554—2019《电力系统无功补偿及调压设计技术导则》，DL/T 5429—2009《电力系统设计技术规程》，GB/T 31464—2022《电网运行准则》，GB/T 50293—2014《城市电力规划规范》。

3. 主要规划原则

对于一个实际工程来说，输电线路的规划是至关重要的。输电线路的规划通常需要考虑电压等级、传输容量、导线截面等多个因素。

（1）电压等级选择。电压等级选择是一个涉及众多因素的综合性问题，应根据现有的电压等级序列，未来 15～30 年的输电容量、输电距离、电压等级发展等因素进行全面的技术经济比较后确定。我国现阶段的交流电压体系为 3、6、10、35、66、110、220、330、500、750、1000kV，其中 3～220kV 为高压，330～750kV 为超高压，1000kV 及以上的电压为特高压。

交流输电网电压等级的选择，应根据线路输送容量和距离，参考国内外不同电压等级的使用范围，以及尽量低的损耗等因素，拟出几个包括被选电压等级的网络结构方案，进行技术经济比较后选定。而是否发展新的更高等级电压，应根据工程实际要求、目前输电网的基础、远景规划、国家战略布局等因素综合考虑。相邻两级电压级差不宜过小，以便实现输电网的分层分区经济运行、简化结构、减少重复降压，一般取降压比为 1.7～3.0。我国现有输电网的电压等级配置大致分为两类，即 110/220/500kV 与 110/330/750kV。目前，我国还在建设大量横跨省级电网的联络线，通常采用特高压直流或特高压交流的输电方式，实现大量电力的西电东送。

（2）传输容量。一般来说，线路的传输容量主要受以下几个因素的制约。

1）热极限。当线路流过电流时，会有一定的功率损失，这部分损失转化为热能引起线路发热。架空线路的温度要低于一定的极限值才不会造成杆塔之间的线路弧垂过大，不会造成线路无法恢复的延展或线路接头的熔化。这个热极限对应的传输功率称为线路热极限传输容量。对于电缆线路而言，热极限约束更为严格，过度发热会加速绝缘老化，导致线路损坏。

按导线允许发热条件确定的持续极限输送容量表达式为

$$W_{max} = \sqrt{3} U_N I_{max} \qquad (6-1)$$

式中：U_N 为线路的额定电压；I_{max} 为线路持续允许的电流；W_{max} 为热稳定极限功率。

导线载流量与导线型号、允许温度、周围环境温度、风速等密切相关。根据我国输电线路的有关规定，对钢芯铝绞线和钢芯铝合金绞线导线允许温度可设定为+70℃（大跨越可设定为+90℃）；钢芯铝包钢绞线（包括铝包钢绞线）可设定为+80℃（大跨越可设定为+100℃），或经试验决定；镀锌钢绞线可设定为+125℃。环境温度应采用温度最高月份的最高平均气温，风速应采用 0.5m/s（大跨越采用 0.6m/s），太阳辐射功率密度应采用 0.1W/cm²。

环境温度为+35℃时，几种常用钢芯铝绞线长期允许载流量见表6-1。

表6-1   钢芯铝绞线长期允许载流量（环境温度为+35℃时）

标称截面（mm²）	计算载流量（A）		
	+70℃	+80℃	+90℃
300/40	570	679	771
300/70	580	694	790
400/35	662	790	895
400/50	672	802	908
500/35	762	914	1035
500/45	755	902	1025
630/45	870	1047	1188
630/55	883	1063	1205
720/50	950	1152	1320
800/55	1014	1224	1392

2）稳定性约束。稳定性约束是指为了维持输电线两端的电力系统同步运行所必须遵守的条件。稳定性约束包括系统受到小扰动时的静态稳定约束和受到大扰动时的暂态稳定约束。如果电力系统的稳定性受到破坏，将会引起大面积停电，危害十分严重。线路的稳定极限传输容量随着输电距离的增加而迅速下降。对于远距离输电而言，稳定性约束更加重要。如果不采取一定的措施，则线路的稳定极限远小于热极限，使线路的利用率降低。

自然功率是反映线路传输能力的重要指标。一般来说，线路远距离传输功率为1.1~1.2倍的自然功率比较合理。对于距离小于100km的输电线路，输送能力可达4~5倍的自然功率，主要受热极限限制。自然功率 P_n 计算式为

$$P_n = \frac{U_N^2}{Z_c}$$

（6-2）

式中：U_N 为线路的额定电压；Z_c 为线路的波阻抗。

当线路输送的功率超过自然功率时，若首端电压恒定，由于此时单位长度线路上电感所消耗的无功功率大于电容产生的无功功率，出现无功功率不足的情况，由首端至末端的电压不断下降，电流相量滞后于电压相量。当线路输送功率小于自然功率时，线路末端电压上升，将对输电设备和用电设备的安全构成危害。因此，当线路输送功率接近于自然功率时，其运行特性较好。提高自然功率可以显著提高线路的输送能力。式（6-2）说明线路的自然功率与波阻抗成反比，减少波阻抗的有效方法主要有采用分裂导线和紧凑型输电。

相关研究表明，如果单根导线的自然功率为100%，则两分裂导线的自然功率为125%，三分裂导线的自然功率为140%，四分裂导线的自然功率为150%。紧凑型输电

线路的特点是取消了常规线路的相间接地构架，将三相输电线路置于同一塔窗中，相间距离显著减小，从而增大了电容，减小了电感，减小了线路的波阻抗，增大了自然功率。

自然功率还与线路的电压等级密切相关，由国际电工委员会推荐的自然功率标准值见表 6-2。

表 6-2　　　　　　　　　　　　　　自然功率标准值

额定电压（kV）	132/138	150/161	220/230	275/287	330/345	380/400	500	700/750
最大工作电压（kV）	145	170	245	300	363	420	525	765
自然功率（MW）	80	100	175	300	400	550	900	2000

远距离输电时线路的传输能力主要取决于发电机并列运行的稳定性，以及为提高稳定性所采取的措施。远距离输电一般不传输无功功率（或仅送极少无功），可在受端装设适当的调相、调压设备。若要提高线路输送能力，必须保证一定的技术经济性（包括输电成本、电能质量及正常和事故运行情况下电流系统的稳定性）。

需要通过稳定性计算来确定输电线路的传输能力，但在规划中可按照输电线路的极限传输角作为稳定性判据。根据功角特性 [式（6-3）]，并计及 $Z_c = Z_\lambda \sin\lambda$（$Z_c$ 为输电线路的阻抗），可得到传输功率 P 的近似估算，见式（6-4）。

$$P = P_n \frac{\sin\delta_y}{\sin\lambda} \tag{6-3}$$

$$P \approx (400 \sim 480)\frac{P_n}{l} \tag{6-4}$$

式中：λ 近似取 6°/100km；δ_y 为输电线路的允许传输角；P_n 为自然功率；l 为线路长度，km。

远距离输电有时需要通过串联电容器进行无功功率补充。若补偿度为 K，则补偿后有

$$P \approx \frac{(400 \sim 480)}{1-K}\frac{P_n}{l} \tag{6-5}$$

按静稳定条件确定的 100km 送电线路的输送能力，列于表 6-3 中。

表 6-3　　　　　　　　　按静稳定条件确定的输送能力

电压（kV）	输送能力（MW/100km）	电压（kV）	输送能力（MW/100km）
220	400～600	750	7200～7400
330	1400～1600	1000	20000～24000
500	3800～4000		

随着线路长度的增加，允许的输送功率均匀下降，如图 6-1 所示。因此，远距离输电时线路的输送功率极限主要受电力系统的稳定性限制。

（3）导线截面选择。在工程设计时，对输电距离较短的输电线路，首先采用经济电流密度法对导线截面进行初选，然后用发热条件及电晕条件进行校验。超高压和特高压长距离输电线路的导线截面，还要用无线电干扰条件和电晕条件进行校核。对于高海拔、330kV 及以上电压等级线路，实际上经常是以电晕条件或无线电干扰条件、电晕噪声条件确定导线截面。

根据经济电流密度选择导线截面所采用的输送容量，应考虑线路投入运行 5～10 年后的情况。在计算中必须采用正常运行方式下经常重复出现的最高负荷，但在电网发展前景还不明确的情况下，应注意勿使导线截面积定得过小。

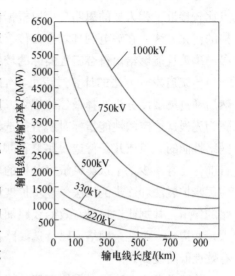

图 6-1　线路传输能力与长度的关系

6.1.3　输电网规划方法

输电网规划的传统方法是根据已掌握的数据和经验，人为地给出一些规划方案，再通过各种详细的计算分析，对各个方案进行安全性、经济性、可靠性和适用性的比较，从而确定合理的规划方案。随着数学优化理论的发展，分支定界法、奔德斯（Benders）分解等数学优化方法和遗传算法、模拟退火算法等现代启发式方法在输电网规划中得到了广泛应用，有助于得到更好的规划方案。目前，传统的规划方法和优化规划方法在我国都有一定的应用。

相对来说，第 3 章所介绍的电网规划模型和方法是简化的模型和方法，可以用来形成初始的待规划输电网，或者其中的一部分。但由于目前输电网的发展已具雏形，除了在一些特殊场合需要从零开始建立完整的输电体系，如海上风电联网工程，其他规划都是在原有输电网基础上根据电源及负荷的发展做相应拓展，这类规划通常被称为输电网扩展规划。

但是，即便在原有网架基础上进行改造和扩建，输电网规划应满足的约束条件也是非常复杂的，通常要涉及线性约束（简化潮流方程）、非线性约束（如电压水平限制等），甚至还有微分方程约束（如电力系统的稳定性问题）。因此，要构建一个完整的输电网规划数学模型是比较困难的，对这样的问题进行求解就更加困难了。为了解决上述困难，一般将输电网规划问题分为方案形成和方案校验两个阶段。

1. 方案形成

从数学上来说，输电网规划是一个十分复杂的动态多目标不确定非线性整数规划问题。计算机技术的飞速发展和广泛应用，以及系统工程、运筹学等科学领域的进步，为改进输电网络规划技术提供了坚实的基础，产生了众多各具特色的规划方法，主要可分为传统启发式方法、数学优化方法和现代启发式方法三大类。

（1）传统启发式方法。传统启发式方法是以直观分析为依据的算法。这种方法的特点比较接近工程人员的思路，可以根据经验和计算分析给出较好的规划方案，但不是严格的优化方法。在输电网规划中，传统启发式方法直观、灵活、计算时间短、便于人工参与决策且能够给出符合工程实际的较优解，因而得到了比较广泛的应用。

传统启发式方法的计算过程可归纳为先分析校验现有输电网的过负荷及薄弱环节，然后通过灵敏度分析选择最佳的规划方案，这是一种逐步扩展的方法。其具体的分析步骤为先根据给定的性能指标对所有待选线路进行灵敏度分析，然后排序，选择最能改善网络性能的一条或几条待选线路修正规划方案，逐步扩展网络直到满足预期要求为止。目前，已有不少基于这类灵敏度分析的启发式输电网规划方法。比较常用的启发式方法为逐步扩展法和逐步倒推法。逐步扩展法是以减轻其他线路过负荷的程度来衡量待选线路的作用，并据此选择最有效的线路加入网络；而逐步倒推法是首先将所有待选线路加入，并构成一个冗余网络，以待选线路在系统中载流量的大小来衡量其作用，逐步去除有效性低的线路。

传统启发式方法通过采用潮流计算、灵敏度分析以及经济性评估等技术手段，评价各种可行的规划方案。这类方法与传统的基于人工计算的规划方法相类似，通常以"交互"的方式进行，一部分决策功能由规划人员来完成，因而具有直观、灵活、快速的特点，便于人工参与决策，而且能给出符合工程实际的较优解。但缺点是仍过分依赖规划人员的实际工程经验，人为干预太多，往往会遗漏最优方案。

（2）数学优化方法。数学优化方法是将输电网规划问题用数学优化模型进行描述，并用一定的优化方法进行求解，从而获得满足要求的最优规划方案。输电网规划中经常采用的数学模型有线性规划、整数规划、混合整数规划、非线性规划及动态规划等。这类方法由于考虑了输电网规划问题的决策变量、运行变量和目标函数等之间的相互关系，并采用优化算法进行求解，因而在理论上更严格，有较强的理论基础。

然而，一方面实际的输电网规划问题非常复杂，需要考虑的因素很多，约束条件既要涵盖技术问题，又要考虑到经济、环境等各个因素的限制，属于大规模的组合数学问题，在实际求解过程中可能很难达到最优值；另一方面，实际中许多不确定性因素不能完全公式化，通常采用简化处理的方法获得相应的数学模型，在大量简化条件下得到的所谓最优解不一定是现实的最优方案。因此，规划工作者在进行决策时，必须对优化得到的方案进行技术和经济上的验证。

对于如上所述的传统启发式方法，主要是一种"经验最优"的规划。而对于数学优化方法，则是"客观最优"的规划。数学优化方法通过对输电网络进行等值建模，在计算机上进行优化规划。规划的数学模型一般包括分析模型和综合模型两部分。前者用来分析输电网络情况，检验输电网络是否满足要求；后者则用来产生输电系统扩建方案，并从中选取最佳方案。

分支定界法、单纯形法和内点法作为数学优化方法的基础，为求解更为复杂的输电网规划问题提供了工具支撑。下面简要地介绍一下这三种数学方法，便于更好地理解。

1）分支定界法。输电网规划的数学模型本质上是一个混合整数规划问题，而分支定界法作为一种求解混合整数规划问题的最常用算法，其主要思路是采用分支策略将优化问题的解空间反复地分割为越来越小的子集，并对每个子集内的解集计算一个目标下界（对于最小值问题）。在每次分支后，若某个已知可行解集的目标值不能达到当前的界限，则将这个子集舍去。因此许多子集不予考虑，这种策略称为剪枝。现有的大部分数学商业优化求解器，在求解混合整数规划问题时，其主体计算框架都采用了这一形式。

2) 单纯形法。当采用分支定界法时，在定界过程中通常需要求解一个线性规划问题，单纯形法是求解线性规划常用的一种算法，其主要数学理论建立在"一个线性规划问题有最优解，则必存在最优基本可行解"的基础上。从一个基本可行解出发，寻找能使目标函数有所改善的基本可行解，然后通过不断地改进基本可行解，找到最优的基本可行解。单纯形法包括许多变形，例如两阶段法、大 M 法、对偶单纯形法等。

3) 内点法。内点法作为另一种求解约束优化问题的方法，在线性规划和二次规划等凸优化领域显示出了相当好的性能。其主要思想是通过引入效用函数的方式将约束优化问题转换成无约束问题，再利用优化迭代过程不断地更新效用函数，以使得算法收敛。从本质上讲，当迭代解接近可行域边界时，目标函数指数性增大，将防止迭代解越界，如此便可在可行域内求得最优解。

(3) 现代启发式方法。近年来，随着智能技术领域研究的飞速发展，不断涌现出一些模拟类的智能化优化方法，其中以遗传算法、粒子群算法、模拟退火算法和蚁群算法为代表。这些新颖的优化算法为解决复杂问题提供了新的思路和手段。与数学优化算法及传统启发式算法不同，现代启发式算法在各种复杂模型的适应性和应用的简便性方面具有明显的优势，可通过评价函数很方便地处理各种复杂的目标与约束形式，并且一般对数学规划模型类型无特殊要求。但现代启发式方法收敛速度慢、局部搜索能力差等缺点也是在应用时值得注意的。

1) 遗传算法。遗传算法是一种根植于自然遗传学和计算机科学的优化方法，其实质是优胜劣汰，适者生存。遗传算法的计算过程是将实际的优化问题编码成符号串，也称为染色体，实际问题的目标函数则用染色体的适应度函数来表示。在最初随机产生一群染色体的基础上，根据各染色体的适应函数进行生殖、变异、交叉等遗传操作，产生下一代染色体。适应函数值的大小决定了该染色体被繁殖的概率，从而反映了适者生存的原理。交叉和变异操作是通过随机地和结构化地交换各染色体之间的信息，而产生更加优秀的染色体。随着遗传次数的增加，就会产生出一批适应函数值很高的染色体，将这些染色体还原，就得到原来优化问题的解。从理论上讲，当染色体域足够大和遗传代数足够多时，遗传算法可以得到原问题的最优解。遗传算法具有多路径搜索、自组织性、自适应性、自学习性以及隐并行性等特点，同时对数据的要求低，基本上不需要搜索空间的知识或其他辅助信息，因而在输电网规划得到广泛应用。

2) 粒子群算法。粒子群算法是基于群体的演化算法。该算法源于对鸟群捕食的行为研究，利用群体中的个体对信息的共享从而使得整个群体的运动在问题求解空间中产生从无序到有序的演化过程，从而获得问题的最优解。在求解优化问题过程中，问题的解对应于搜索空间中一只鸟的位置，称这些鸟为"粒子"或"主体"。每个粒子都有自己的位置和速度（速度决定飞行的方向和距离），还有一个由被优化函数决定的适应度值。各个粒子在搜索空间中移动，各自记录下自己曾找到的最优点，并记录下整个种群目前找到的全局最优点，粒子根据自身最优点及全局最优点来更新自己的速度和位置。粒子群算法通过记忆与反馈机制实现了高效的寻优搜索，在解决输电网优化问题时，具有很快的计算速度和较好的全局寻优能力。

3）模拟退火算法。模拟退火算法是一种随机搜索技术。该算法建立在马尔科夫遍历的理论基础上，其算法核心是对热力学中退火过程的模拟，在依据一定准则接受新解过程中，除了包含优化解之外，还在一个限定范围内接受恶化解，避免了优化问题陷入局部最优。

4）蚁群算法。研究人员发现蚁群在寻找食物时，通过分泌一种称为信息素的生物激素交流觅食信息从而能快速地找到目标，据此提出了基于信息正反馈原理的蚁群算法。蚁群算法具有分布计算、信息正反馈和启发式搜索的特征，本质上是进化算法中的一种启发式全局优化算法。蚁群算法缺点在于，当求解问题的规模很大时容易陷入局部最优解，计算时间较长且结果质量较差。蚁群算法已经应用在输电网规划问题的求解中。

2. 方案校核

当输电网规划方案形成之后，还需要通过详细的校核，从而对规划方案的适应性做出判断。此外，在进行输电网规划时，往往会产生若干个可行且较优的方案，这些方案通常只考虑了有功功率传输这一主要功能，而没有或难以考虑其他更加复杂的约束条件。因而需要进行全面的分析校核来综合考量，选择出综合指标最优的方案。输电系统规划时一般要考虑到安全稳定性、投资成本、可靠性、环保约束、生产成本和网损的限制。因此，输电网规划方案的校核工作主要包括：

(1) 安全性分析计算，包括交流潮流计算、$N-1$ 校验等；

(2) 短路电流计算，计算关键节点的短路电流水平，为断路器的选型提供支撑；

(3) 无功与电压水平分析计算；

(4) 可靠性分析计算；

(5) 稳定性分析计算（功角稳定、电压稳定）；

(6) 经济性分析计算。

保证电力系统安全稳定是规划方案安全校核最重要的一环。必须满足 GB 38755—2019《电力系统安全稳定导则》规定的三级稳定标准。

(1) 第一级安全稳定标准。正常运行方式下的电力系统受到下述单一故障扰动后，保护、开关及重合闸正确动作，不采取稳定控制措施，应能保持电力系统稳定运行和电网的正常供电，其他元件不超过规定的事故过负荷能力，不发生连锁跳闸：①任何线路单相瞬时接地故障重合成功；②同级电压的双回或多回线和环网，任一回线单相永久故障重合不成功及无故障三相断开不重合；③同级电压的双回或多回线和环网，任一回线三相故障断开；④任一发电机跳闸或失磁，任一新能源场站或储能电站脱网；⑤任一台变压器故障退出运行（辐射型结构的单台变压器除外）；⑥任一大负荷突然变化；⑦任一回交流系统间联络线故障或无故障断开不重合；⑧直流系统单极闭锁，或单换流器闭锁；⑨直流单级线路短路故障。对于电源（包括常规电厂和新能源场站）的交流送出线路三相故障，电源的送出直流单级故障，两级电压的电磁环网中单回高一级电压线路故障或无故障断开，必要时允许采用切机或快速降低电源出力等措施。

（2）第二级安全稳定标准。正常运行方式下的电力系统受到下述较严重的故障扰动后，保护、开关及重合闸正确动作，应能保持稳定运行，必要时采取切机和切负荷、直流紧急功率控制、抽水蓄能电站切泵等稳定控制措施：①单回线或单台变压器（辐射型结构）故障或无故障三相断开；②任一段母线故障；③同杆并架双回线的异名两相同时发生单相接地故障重合不成功，双回线三相同时跳开，或同杆并架双回线同时无故障断开；④直流系统双极闭锁，或两个及以上换流器闭锁（不含同一级的两个换流器）；⑤直流双极线路短路故障。在发电厂或变电站出线、进线同杆架设的杆塔基数合计不超过 20 基，且同杆架设的线路长度不超过该线路全长 10％的情况下，允许③规定的故障不作为第二级标准，而归入第三级标准。

（3）第三级安全稳定标准。电力系统因下列情况导致稳定破坏时，必须采取失步/快速解列、低频/低压减载、高频切机等措施，避免造成长时间大面积停电和对重要用户（包括厂用电）的灾害性停电，使负荷损失尽可能减少到最小，电力系统应该尽快恢复正常运行：a）故障时开关拒动；b）故障时继电保护、自动装置误动或拒动；c）自动调节装置失灵；d）多重故障；e）失去大容量发电厂；f）新能源大规模脱网；g）其他偶然因素。第三级安全稳定标准涉及的情况难以全部枚举，且故障设防的代价大，对各个故障可以不逐一采取稳定控制措施，而应在电力系统中预先设定统一的措施。

6.2 输电网扩展规划的基本理论

现阶段，绝大多数国家和地区的输电网络已形成规模，不再需要对输电网从零开始建设，而输电网扩展规划则是在原有电网规划基础上，根据负荷和电源增长预测结果，建设能够满足规划周期内输电能力的输电线路。本节从待选集、运行模拟、不确定性因素、多目标因素和电力市场五个方面分析和总结输电网扩展规划建模的特点。

6.2.1 待选集

确定待选集是输电网规划的基础。首先要根据恰当的输电类型和标准，进行地形勘测，考虑环保等多种约束，确定待选的输电走廊和线路回数。

输电网扩展规划待选集按类别可分为同电压等级交流输电线路、不同电压等级交流输电线路、输电网变电站、直流输电线路及其换流站、变电站无功补偿装置等。输电网各电压等级输电线路的参数主要包括技术性参数和成本性参数两种。技术性参数在一个地区或国家都有统一的标准，标准的制定是复杂的经济技术问题。而在成本性参数方面，近年来输电网规划使用全寿命周期成本管理，可以从系统性的角度出发，更加详细地考虑整个寿命周期的成本。输电网扩展规划是在确定的技术标准下确定扩展线路的待选集。输电网一般以特高压交流（UHV‐AC）、超高压交流（EHV‐AC）、高压交

（HV-AC）和直流（DC）等的输电线路、变电站构成，不同地区或国家所采用的电压等级不同，譬如中国西北地区以750、330kV作为超高压交流系统的电压等级，其他地区以500kV作为超高压交流系统的电压等级；法国以400kV作为超高压交流系统的电压等级。交流输电线路的电压等级及其适用范围已经有成熟的标准，待选集可以按照对应的标准进行选择。

对于特高压交流（1000kV及以上）、特高压直流输电（800kV及以上）电压等级的选择一般需要专门论证，其适用范围通常是超远距离大容量送电。

传统输电网扩展规划待选集一般是同类型和标准的交流输电线路，同时要考虑地理地形、环境保护等条件的制约。近年来，在输电网扩展规划待选集中加入了新的元素，具体有考虑无功因素的输电网和无功联合规划、考虑线路串补的输电网优化规划、考虑直流输电线路的输电网优化规划、考虑空间地理位置特征的输电网优化规划、区域互联多电压交直流系统优化规划等。

解决输电网扩展优化规划中的待选集确定问题，主要有两个方法：

（1）在优化模型中直接扩大待选集，譬如在待选线路中增加所有可能的输电走廊、在待选线路中增加待选无功补偿装置、串补和直流输电线路等。但是，扩大待选集增加了优化模型的决策变量维数。

（2）在规划中把待选集进行纵向分解，依次为走廊选择、输电技术选择、输电网投资优化、无功优化等过程，这也是目前实践中采用较多的方法。

6.2.2 运行模拟

电力系统运行模拟对输电网规划来说是必不可少的一个环节。在规划阶段，通过模拟实际系统的运行可以发现输电网的薄弱环节，得到相应的运行成本。电力系统运行模拟的重点主要体现在潮流模型、运行方式和安全分析三个层面。

1. 常用潮流模型

自20世纪90年代以来，输电网规划中的混合潮流模型应用非常广泛。在混合潮流模型中，待选线路以交通网络模型来描述，即只考虑线路的连接情况和线路功率上下限约束，不考虑该线路所需要满足的基尔霍夫第二定律；对已经存在的线路则以直流潮流模型来描述。混合潮流模型把非线性输电网优化规划问题的求解转化为混合整数线性规划问题进行求解，但待选线路的交通网络模型可能使得输电网规划问题得到的是次最优解。直流潮流的分离模型解决了直流潮流建模在输电网扩展优化中的线性化问题。在分离模型中，每条输电走廊的每条线路都需要构造一个0-1决策变量，还需要引入额外的不等式约束，增加了决策变量和不等式约束（尤其是同廊道待选线路数目较多的情况）的数量。现有大部分输电网扩展优化规划都使用直流潮流模型。早期直流潮流模型仅考虑线路的投资成本最小化，现在基于直流潮流模型的输电网扩展规划可以考虑全寿命周期成本、网络损耗、可靠性和$N-1$静态安全性等多种因素。

当涉及无功问题时，在输电网优化规划中也采用交流潮流模型，但所需要的数据更多，一般还需要同时进行的无功规划的数据。基于交流潮流模型的输电网优化规划问题求解是非常困难的，一般要采用线性松弛、凸松弛的数学简化方法，或者直接使用启发式算法求解。基于交流潮流模型的输电网优化规划只能在简单场景下（譬如最高负荷）进行有效应用，对于复杂情况下的应用还有待于进一步研究。

2. 运行方式建模

在输电网优化规划建模过程中考虑的运行方式主要有最高负荷运行方式、持续负荷曲线的多场景运行方式、时序负荷方式、不确定负荷方式、不同发电方式和特殊环境下的运行方式。大规模新能源接入下输电网扩展规划的重点在于运行方式的不确定性。最高负荷运行方式一直是输电网优化规划建模必须要考虑的，但是在最高负荷时能满足要求，不一定代表在低负荷时一定能满足要求。因为运行成本对输电网优化规划的影响，需要考虑基于持续负荷曲线和发电方式的多场景情况，尤其当风电在电力系统中的比例不断增加时（在考虑风电时应该使用时序负荷曲线）。近些年，负荷和发电方式的多样化在输电网优化规划中已有考虑，主要采用多场景法、区间数方法、基于概率的方法等。多场景法只是增加变量维数，算法结构基本没有变化；区间数方法改变了原有的算法结构，一般采用奔德斯（Benders）分解法进行处理；基于概率的方法主要采用蒙特卡洛法（Monte Carlo）法和点估计法。针对输电网扩展优化规划的运行方式模拟，可考虑电网控制手段（譬如输电线路开关动作）和更加细致的运行模拟（譬如运行中的预防和矫正环节）。输电网扩展优化规划也可考虑特殊环境下的运行模拟，如恐怖袭击和地震灾害等。

3. 安全分析建模

电力系统的安全分析从时间尺度上可分为基于潮流的静态安全分析和基于微分方程的动态安全分析，输电网优化规划中一般考虑的是静态安全分析。对于中长期的输电网扩展规划可以不用考虑详细的动态安全分析，对于短期的输电网规划或者设计可以采用动态安全校验的形式。输电网规划所采用的安全性标准可分为确定性的静态安全标准和可靠性标准两种。在实际应用中，输电网的安全性标准一般采用确定性的 $N-1$ 或 $N-2$ 标准。

输电网优化规划过程中进行确定性安全分析的方法有两种：

（1）遍历事故集；

（2）通过优化模型进行验证。

通过优化模型验证的缺点是所构建的输电网优化规划模型比较复杂。目前，在输电网优化规划中进行的确定性安全分析都是针对单一场景，并且缺少预防和校正控制措施。在未来的输电网扩展优化规划中，安全性量化分析要更加明确，安全措施也要更加符合实际。可靠性标准较多地应用于输电网扩展规划方案评估中，当应用于输电网扩展优化规划时，为有效求解需要对规划模型进行简化。

6.2.3 不确定因素

不确定性是相对确定性而言的。在传统的输电网规划中，主要考虑的是负荷水平的不确定性，既包括预期负荷水平的误差，也包括负荷的波动变化。同时，发电机输出功率的变化、元件（包括电源、线路等）故障都是重要的不确定因素。间歇性电源接入之后，尤其是当间歇性电源的穿透功率达到一定水平时，其输出功率成为一个不可忽视的不确定因素。目前，在输电网规划中针对不确定因素的处理主要有以下几种方法。

1. 多场景方法

多场景分析方法是最常见的不确定性处理方法。该方法的特点是通过一组场景来描述不确定情况下的输电网运行条件，每个场景都可以对应一个负荷、常规发电机输出功率、间歇性电源输出功率等要素的确切状态组合。多场景方法主要考虑两个方面的问题：一是如何通过合理的分析、预测和筛选得到一组合适的场景；二是如何利用这些场景得到输电网规划方案。多场景分析法所求得的最优规划方案仅是理论上的最优，有时难以用于实际；并且当不确定性因素过多时，则相应的场景会大幅增加，造成计算量的增大或求解的不可行。

2. 随机概率方法

随机规划方法通过引入随机变量，运用概率理论描述不确定性因素，比确定性方法更适用于输电网规划问题。对于电力系统中的负荷，通常采用正态分布来表示其不确定性；对于元件随机故障，通常采用 0 - 1 分布来表示其不确定性；对于系统中的间歇性电源，通常采用电源输出功率或能源相关的状态数值随机分布来处理其不确定性，如风电场的平均风速随机分布多通过威布尔分布模拟，光伏发电站的输出功率受到光照强度、温度、设备参数等多种因素的影响，在具体应用中可以用贝塔分布处理光照强度和光伏电站输出功率。通过随机方法可以获得较为准确详细的评价结果，从而提高规划结果的合理性和适应性，但其需要事先得到变量的随机分布类型和分布参数，因而对不确定信息获取的要求较高。除此之外，并不是所有的不确定因素都符合随机性特征，此时需要通过其他方法进行处理。

3. 模糊理论

许多信息的判断与界定不能用非此即彼的方式来进行，比如物体的大小判断、对决策的满意程度等。模糊理论以处理该类信息为目的，自 1965 年模糊集概念提出至今，模糊理论已经形成了一套类似概率论的理论体系。在输电网规划中，多种不确定性数据，如预测的分布参数、价格、目标满意度等，可以通过模糊化处理的方式来表示，形成模糊变量；一些复杂的、难以明确表达的关系可以通过模糊规则来表示。因为模糊理论有利于反映决策判断中的主观性因素，所以与多场景方法、随机方法相比，模糊理论被更多地应用于输电网优化规划中多目标向单目标的转化。

4. 盲数理论

盲数模型可以同时包含不确定因素的多种不确定性信息，能更加详尽地描述不确定信息的特征。盲数模型首先采用盲数对节点功率的变化进行描述，然后对含盲数的输电网规划模型进行求解，最后利用盲数计算得到较合理的输电网规划结果。基于盲数理论的输电网规划方法可以得到线路潮流的直观分布情况，能更加全面地反映实际情况。但是盲数规划模型也有一定的缺点，随着盲数维数的增加，主要会使计算量大大增加，这是制约盲数规划模型发展的很重要的原因。

5. 鲁棒优化方法

鲁棒优化方法是解决含随机变量线性规划问题的主要方法之一。鲁棒优化方法并不依赖于随机参数具体的分布形式或者主观的模糊函数，仅仅需要随机参数的极限变化范围即可构建不确定区间，所得到的决策方案具有鲁棒性，即优化方案对不确定因素具有抗干扰能力，能够在一定的扰动范围内保证优化问题可行。此外，基于鲁棒优化理论建立的鲁棒模型，是一个确定性的模型，甚至对于大中型计算系统而言都是易于求解的。当然，传统的鲁棒优化模型会导致规划方案过于保守，分布鲁棒优化、鲁棒优化与随机优化相结合等方法被用来解决这个问题。

6.2.4　多目标

目前，大多数输电网规划问题都同时考虑了一个以上的规划目标，属于多目标规划问题。与单目标规划问题不同，多目标规划问题一般并不存在绝对意义上的最优解，其各个目标之间常存在一定的冲突关系，导致难以同时实现最优。对于输电网规划问题而言，多目标规划模型常用以获得一系列备选解，这些解充分反映了其各个目标之间的权衡信息，以供后续的规划决策阶段使用。针对多目标的处理，目前主要采用的方法有加权系数法、分层优化法、模糊评价法、帕雷托（Pareto）优化法等。

（1）加权系数法。加权系数法是多目标优化问题变形为单目标优化问题的最常用方法，其本质是依据多个目标在优化问题中的重要程度，人为或依据实际经验取各个目标的权重系数；各目标乘以对应权重后求和，这样多目标优化问题就变形为单目标优化问题。加权系数法因为原理清晰、计算简单，因而应用广泛；但由于权重系数的选取主观因素较大，不能完全反映客观实际情况，所以该方法存在明显的缺点。

（2）分层优化方法。分层优化方法先对多个目标按照优化层次顺序进行分层，然后在模型的可行域上优化第一层目标函数，再在第一层优化所求解集上优化第二层的目标函数，以此类推，连续分层优化，直到最后一层。若在某一中间层得到唯一的最优解，其以后各层的目标函数就无法起作用。为了避免出现这种情况，可以将每一层的解适当放宽，从而使下一层次的可行域得到适度的放宽。分层优化法由于不用设定权重系数，操作性好于加权系数法，但对于某些实际问题，各目标之间优先层次并不明确，分层优化并不适用。

（3）模糊评价法。模糊评价法是运用隶属度函数获得每个优化目标的模糊满意度，再使用模糊满意度综合评价每个优化目标。常用的隶属度函数包括三角形隶属度函数和梯形隶属度函数等。模糊评价法的缺陷主要为主观性较强，隶属度函数选择不当会严重影响优化结果。

（4）帕雷托优化法。帕雷托优化法基于帕雷托最优变换。帕雷托最优变换表示在没有使任何人境况变坏的前提下，使得至少一个人变得更好。严格来讲，帕雷托优化法是真正的多目标优化方法。与单目标优化方法不同，帕雷托优化方法按照帕雷托多目标最优理论，运用向量实现多目标优化，因而避免了所得到的多目标优化方案相互近似问题。

6.2.5　电力市场

电力市场因素也会影响输电网的扩展方案。市场环境下的输电网扩展规划研究主要集中在输电投资和输电阻塞方面。输电投资主体是输电网投资者，以输电投资所获得的利润最高为目标。输电阻塞则与发电有关，当发生阻塞时，说明更加便宜的电力因为输电网限制无法输送到受端，通过输电阻塞可以释放输电投资的信号。电力市场下的输电网规划模型涉及发电厂商、独立系统调度员和社会盈余，所需要的数据较多，目前这方面研究很难在规划实践中应用。市场环境下输电网扩展规划未来需要研究有效的输电投资机制，该机制需要确保输电网以安全、经济的方式进行扩展。

维持可持续发展是现代企业财务管理的一个基本要点。电网企业要从自己的产品，即电，尤其是电价入手做好自己的财务分析工作。不仅要围绕电价进行财务分析，而且还要对电价的变化进行预测，进而精打细算收入与支出，为电网建设定下目标，为设备的选型定下标准，为输电网的规划工作定下基调。在一个供电企业正常经营的条件下，由目前电价水平引起的企业收益状况将是影响输电网规划工作总体思路的一个重要方面；同时，电价的变化趋势也会对输电网规划产生影响。

按照市场营销理论，任何市场都是可细分的。在目前的电价下，供电企业必须分析用户对供电能力、供电质量、供电可靠性方面的满意度，以此电价水平确定一个供电标准，了解用户高于或低于这个标准的各类需求，为今后供电市场的细分提供参考。

供电企业首先要服务好社会，从社会发展与用户需求的角度出发，主要是完成好供电能力、供电质量、供电可靠性三个工作内容。其实质就是使用户能用上满意的电。供电企业首先要根据财务状况合理安排资金进行输电网规划；其次根据用户对供电能力、供电质量、供电可靠性的需求差异及对电价的承受能力，按照定制电价的思路来确定其具体的规划工作。

在财务方面应着重考虑建设投资的回报率、电网经济运行情况、可持续发展三方面。利用回报率可以评判电网建设投资是否合理，是否满足电网经济运行要求。建设投资的回报率与电网经济运行情况是针对具体工程项目而言的，而可持续发展问题是从供电企业整体发展的角度来确定一定时期内或某个财政周期内对输电网规划的要求，确定输电网规划工作的整体规模与水平。

6.3 输电网扩展规划的灵敏度分析法

在过去一般是根据实际经验、设计规程和对未来的预测，人为拟定几个输电网络扩展方案，然后对这些方案进行技术经济比较，选择推荐的方案。随着电力系统规模的扩大、规划年限的增长，人为提出待选方案的困难很大，这种规划方法已经越来越不能满足现代规划工作的需要。基于灵敏度分析的方法由于其简单、实用，在实际输电网规划中发挥着重要的作用。

在输电网规划的数学模型中，由于主要关注有功功率的传输问题，而且规划方案比较的计算量巨大，因而通常采用简化的潮流计算模型——直流潮流模型。这种模型是针对高压输电系统的特点对交流电力系统进行了简化，可以用直流电路的计算方法来分析输电系统的潮流分布，显著减少了计算量，同时也非常适用于加减线路的灵敏度分析。交流潮流模型主要用于后期的方案校核中，不仅可以分析线路过负荷，还可以校验电压是否越界、无功分布是否合理，进而用于稳定性分析、短路校验等，使得规划方案更加合理、真实。

如前所述，在输电网规划中，方案形成阶段的关键问题是分析增加新输电线路对减轻系统过负荷及改善网络潮流分布的作用。因此，目前出现了不少基于这类灵敏度分析的启发式输电网规划方法。下面主要介绍两种常用的方法，即逐步扩展法和逐步倒推法。

6.3.1　直流潮流模型及断线修正模型

1. 直流潮流模型

直流潮流模型把非线性电力系统潮流问题简化为线性电路问题，从而使分析计算非常方便。虽然直流潮流模型精确度差，只能校验过负荷，不能校验电压越界的情况，但直流潮流模型是线性模型，计算速度快，适合处理断线分析，便于形成用线性规划求解的问题，可以用来做初步的输电线路规划。

在进行电力系统潮流计算时，节点 i 的交流潮流方程为

$$P_i = U_i \sum_{j \in i} U_j (G_{ij} \cos\theta_{ij} + B_{ij} \sin\theta_{ij}) \qquad (i = 1, 2, \cdots, n) \tag{6-6}$$

支路有功潮流表达式为

$$P_{ij} = U_i U_j (G_{ij} \cos\theta_{ij} + B_{ij} \sin\theta_{ij}) - t_{ij} G_{ij} U_i^2 \tag{6-7}$$

式中：P_i 为节点 i 的净注入功率；U_i 为节点 i 的电压；t_{ij} 为支路 ij 的变压器非标准变比；θ_{ij} 为支路 ij 两端节点电压的相角差，见式（6-8）；G_{ij} 和 B_{ij} 为节点导纳矩阵元素的实部和虚部，可表达为式（6-9）。

$$\theta_{ij} = \theta_i - \theta_j \tag{6-8}$$

$$G_{ij} + \mathrm{j}B_{ij} = -\frac{1}{r_{ij} + \mathrm{j}x_{ij}} = \frac{-r_{ij}}{r_{ij}^2 + x_{ij}^2} + \mathrm{j}\frac{x_{ij}}{r_{ij}^2 + x_{ij}^2} \tag{6-9}$$

根据高压网络及电力系统自身的运行特性，可以作出以下假设：

（1）电力系统通常运行在额定电压附近，假定电力系统中各节点电压的标幺值都等于 1，即

$$U_i \approx 1 \tag{6-10}$$

（2）一般输电线路两端电压的相角差不大，可取

$$\cos\theta_{ij} \approx 1 \tag{6-11}$$

$$\sin\theta_{ij} \approx \theta_{ij} \tag{6-12}$$

（3）不考虑接地支路，并忽略变压器的非标准变比对有功功率的影响，即

$$t_{ij} = 1 \tag{6-13}$$

（4）高压输电线路的电阻一般远小于其电抗，可以忽略不计，即

$$r_{ij} \approx 0 \tag{6-14}$$

通过以上假设，式（6-6）变为

$$P_i = \sum_{j \in i} B_{ij} \theta_{ij} \qquad (i = 1, 2, \cdots, n) \tag{6-15}$$

将式（6-15）进一步改写为

$$P_i = \sum_{j \in i} B_{ij}\theta_i - \sum_{j \in i} B_{ij}\theta_j \qquad (i = 1, 2, \cdots, n) \qquad (6\text{-}16)$$

式（6-16）右端第一项为 0。为了避免出现负号，对 B_{ij} 进行重新定义，得

$$B_{ij} = -\frac{1}{x_{ij}} \qquad (6\text{-}17)$$

因此

$$B_{ii} = \sum_{\substack{j \in i \\ j \neq i}} \frac{1}{x_{ij}} \qquad (6\text{-}18)$$

最后，得到直流方程为

$$P_i = \sum_{j \in i} B_{ij}\theta_j \qquad (i = 1, 2, \cdots, n) \qquad (6\text{-}19)$$

将式（6-19）写成矩阵形式，为

$$\boldsymbol{P} = \boldsymbol{B}\boldsymbol{\theta} \qquad (6\text{-}20)$$

式中：$\boldsymbol{P}$ 为节点注入功率向量，其中元素 $P_i = P_i^G - P_i^D$，此处，P_i^G 和 P_i^D 分别为节点 i 的发电机功率和负荷；$\boldsymbol{\theta}$ 为节点电压相角向量；$\boldsymbol{B}$ 的元素由式（6-17）和式（6-18）组成。

式（6-20）也可写成另一种形式为

$$\boldsymbol{\theta} = \boldsymbol{X}\boldsymbol{P} \qquad (6\text{-}21)$$

式中：$\boldsymbol{X}$ 为 $\boldsymbol{B}$ 的逆矩阵，为阻抗矩阵，即

$$\boldsymbol{X} = \boldsymbol{B}^{-1} \qquad (6\text{-}22)$$

此时，可以得到直流潮流模型的支路潮流方程

$$P_{ij} = -B_{ij}\theta_{ij} = \frac{\theta_i - \theta_j}{x_{ij}} \qquad (6\text{-}23)$$

将式（6-23）写成矩阵形式，为

$$\boldsymbol{P}_l = \boldsymbol{B}_l\boldsymbol{\Phi} \qquad (6\text{-}24)$$

式中：$\boldsymbol{P}_l$ 为各支路有功功率潮流构成的向量；$\boldsymbol{B}_l$ 为各支路导纳组成的对角矩阵；$\boldsymbol{\Phi}$ 为各支路两端电压相角差向量。

2. 断线修正模型

规划的输电网络必须满足一定的安全运行要求。最基本的安全运行要求是满足 $N-1$ 标准，即在全部 N 条线路中任意开断一条线路后，各项指标仍能满足运行要求。应用直流潮流模型求解输电系统的状态和支路有功潮流非常简单，由于模型是线性的，可以快速进行开断线路后的潮流估算。

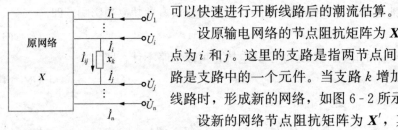

图 6-2　追加支路示意图

设原输电网络的节点阻抗矩阵为 $\boldsymbol{X}$，支路 k 两端的节点为 i 和 j。这里的支路是指两节点间各线路的并联，线路是支路中的一个元件。当支路 k 增加一条电抗为 x_k 的线路时，形成新的网络，如图 6-2 所示。

设新的网络节点阻抗矩阵为 $\boldsymbol{X}'$，其节点注入电流列向量和节点电压列向量分别为 $\boldsymbol{I}$ 和 $\boldsymbol{U}$，$\boldsymbol{I} = [\dot{I}_1, \cdots, \dot{I}_i, \cdots,$

$\dot{I}_j , \cdots , \dot{I}_n]^\mathrm{T} , \boldsymbol{U} = [\dot{U}_1 , \cdots , \dot{U}_i , \cdots , \dot{U}_j , \cdots , \dot{U}_n]^\mathrm{T}$，满足关系

$$\boldsymbol{U} = \boldsymbol{X}' \boldsymbol{I} \tag{6-25}$$

此时，注入原网络的节点电流应为

$$\boldsymbol{I}' = \begin{bmatrix} \dot{I}_1 \\ \vdots \\ \dot{I}_i - \dot{I}_{ij} \\ \vdots \\ \dot{I}_j + \dot{I}_{ij} \\ \vdots \\ \dot{I}_n \end{bmatrix} = \boldsymbol{I} - \boldsymbol{e}_k \dot{I}_{ij} \tag{6-26}$$

式中：$\boldsymbol{e}_k$ 为关联矩阵 $\boldsymbol{A}$ 的第 k 行的转置，$\boldsymbol{e}_k = [0, \cdots , 1, \cdots , -1, \cdots , 0]^\mathrm{T}$。

由原网络的节点方程可知

$$\boldsymbol{U} = \boldsymbol{X} \boldsymbol{I}' = \boldsymbol{X} \boldsymbol{I} - \boldsymbol{X} \boldsymbol{e}_k \dot{I}_{ij} \tag{6-27}$$

节点 i 和节点 j 之间的电压差为

$$\dot{U}_i - \dot{U}_j = x_k \dot{I}_{ij} = \boldsymbol{e}_k^\mathrm{T} \boldsymbol{U} \tag{6-28}$$

将式（6-28）代入式（6-29）得

$$x_k \dot{I}_{ij} = \boldsymbol{e}_k^\mathrm{T} \boldsymbol{X} \boldsymbol{I} - \boldsymbol{e}_k^\mathrm{T} \boldsymbol{X} \boldsymbol{e}_k \dot{I}_{ij} \tag{6-29}$$

由此，可以得到 $\dot{I}_{ij}$

$$I_{ij} = \frac{\boldsymbol{e}_k^\mathrm{T} \boldsymbol{X} \boldsymbol{I}}{x_k + \boldsymbol{e}_k^\mathrm{T} \boldsymbol{X} \boldsymbol{e}_k} \tag{6-30}$$

将式（6-30）代入式（6-27），得

$$\boldsymbol{U} = \left(\boldsymbol{X} - \frac{\boldsymbol{X} \boldsymbol{e}_k \boldsymbol{e}_k^\mathrm{T} \boldsymbol{X}}{x_k + \boldsymbol{e}_k^\mathrm{T} \boldsymbol{X} \boldsymbol{e}_k} \right) \boldsymbol{I} \tag{6-31}$$

比较式（6-31）和式（6-25），可得

$$\boldsymbol{X}' = \boldsymbol{X} - \frac{\boldsymbol{X} \boldsymbol{e}_k \boldsymbol{e}_k^\mathrm{T} \boldsymbol{X}}{x_k + \boldsymbol{e}_k^\mathrm{T} \boldsymbol{X} \boldsymbol{e}_k} \tag{6-32}$$

式（6-32）可以简写为

$$\boldsymbol{X}' = \boldsymbol{X} + \beta_k \boldsymbol{X} \boldsymbol{e}_k \boldsymbol{e}_k^\mathrm{T} \boldsymbol{X} \tag{6-33}$$

式（6-33）中

$$\beta_k = \frac{-1}{x_k + \chi_k} \tag{6-34}$$

式（6-34）中

$$\chi_k = \boldsymbol{e}_k^\mathrm{T} \boldsymbol{X} \boldsymbol{e}_k = X_{ii} + X_{jj} - 2X_{ij} \tag{6-35}$$

式中：X_{ii}、X_{jj} 和 X_{ij} 均为矩阵 $\boldsymbol{X}$ 中的元素。

由式（6-33）可知，节点阻抗矩阵的修正量为

$$\Delta \boldsymbol{X} = \boldsymbol{X}' - \boldsymbol{X} = \beta_k \boldsymbol{X} \boldsymbol{e}_k \boldsymbol{e}_k^\mathrm{T} \boldsymbol{X} \tag{6-36}$$

根据式（6-21）和式（6-36），在节点注入功率不变的情况下，可以直接得到追加线路 k 后的状态向量的增量为

$$\Delta\boldsymbol{\theta} = \Delta\boldsymbol{XP} = \beta_k\boldsymbol{Xe}_k\varphi_k \qquad (6-37)$$

式中：$\varphi_k = \boldsymbol{e}_k^{\mathrm{T}}\boldsymbol{\theta}$，为追加线路前支路 k 两端电压的相角差。新网络的状态向量为

$$\boldsymbol{\theta}' = \boldsymbol{\theta} + \Delta\boldsymbol{\theta} = \boldsymbol{\theta} + \beta_k\boldsymbol{Xe}_k\varphi_k \qquad (6-38)$$

当网络中支路 k 上断开一条电抗为 x_k 的线路，可以看作在此支路上追加了一条电抗为 $-x_k$ 的线路，根据式（6-38）就可以计算出网络中任意一条线路断开后，各个节点的相角 θ_i。然后依据式（6-23）可以求出网络中各条线路上的潮流，据此就可以判断断线后网络是否运行正常。值得注意的是，当某条线路断开后，用式（6-38）进行计算时，若有 $x_k + \chi_k = 0$，则说明此条线路的断开导致了网络的解列。此时无法直接计算潮流，必须人为处理后方可继续用模型计算。

6.3.2　逐步扩展法

以减轻其他支路过负荷的多少衡量待选线路的作用，并据此选择最有效的线路加入系统，逐步扩展网络，称之为逐步扩展法。

设网络中线路 k 出现了过负荷，由直流潮流模型（6-23）可知，线路上的潮流与其两端电压相角差成正比，即

$$P_k = \frac{\phi_k}{x_k} \qquad (6-39)$$

因此只要减小线路 k 两端的相角差就可以减轻或消除其过负荷。我们的任务是通过灵敏度分析寻找待选线路 l，使得该线路加入系统后能够最有效地降低相角差 ϕ_k。

由式（6-37）可知，线路 l 加入系统后，各节点的相角修正量为

$$\Delta\boldsymbol{\theta} = \beta_l\boldsymbol{Xe}_l\phi_l \qquad (6-40)$$

这时支路 k 的相角差改变量为

$$\Delta\phi_{kl} = \boldsymbol{e}_k^{\mathrm{T}}\Delta\boldsymbol{\theta} = \beta_l\boldsymbol{e}_k^{\mathrm{T}}\boldsymbol{Xe}_l\phi_l \qquad (6-41)$$

式中：$\Delta\phi_{kl}$ 为增加线路 l 后线路 k 相角差的改变量；$\boldsymbol{X}$ 和 ϕ_l 分别为增加线路前的节点阻抗矩阵和线路 l 两端的相角差。

$$\beta_l = \frac{-1}{x_l + \chi_l} \qquad (6-42)$$

式（6-41）直接反映了线路 l 对降低线路 k 相角差（潮流）的作用。设线路 l 的建设投资为 C_l，考虑投资因素后，待选线路的有效性指标可定义为

$$E_{kl} = \frac{-\Delta\phi_{kl}}{C_l} = -\beta_l\boldsymbol{e}_k^{\mathrm{T}}\boldsymbol{Xe}_l\phi_l/C_l \qquad (6-43)$$

这样对所有待选线路而言，E_{kl} 最大的线路就是最有效的线路。

当系统中存在多条过负荷支路时，应当计算增加一条新线路对所有过负荷支路产生的综合效益，为此定义综合有效性指标为

$$E_l = \sum_{k\in s_c}E_{kl} = -\beta_l\phi_l/C_l\sum_{k\in s_c}\boldsymbol{e}_k^{\mathrm{T}}\boldsymbol{Xe}_l \qquad (l\in s_e) \qquad (6-44)$$

式中：s_c 为过负荷线路集；s_e 为待选线路集。

根据综合有效性指标定义式（6-44）和逐步选择最有效线路扩展网络的方案形成策略，可以给出逐步扩展法网络规划模型的计算流程，如图6-3所示。

将图6-3各环节意义简述如下：

（1）规划水平年的原始数据主要包括该水平年各节点的负荷分布、发电机输出功率、待选线路的各项参数、现有电网结构及参数、线路传输容量等。

（2）初始网络的节点阻抗矩阵可以通过导纳矩阵求逆或支路追加等方法求得。然后根据式（6-21）可直接求出网络状态向量 $\boldsymbol{\theta}$。

（3）根据 $\boldsymbol{\theta}$，进而由式（6-24）计算各支路潮流。

（4）检验线路过负荷的公式为

$$| P_k | \leqslant \overline{P}_k \qquad (6-45)$$

式中：P_k 为线路 k 的潮流计算值；$\overline{P}_k$ 为线路 k 的传输容量。

$\overline{P}_k$ 值取决于线路发热约束、稳定约束和电压损耗约束。在方案形成阶段，针对线路传输容量的稳定约束和电压损耗约束很难给出。因此，在实际应用中往往根据线路的型号、长

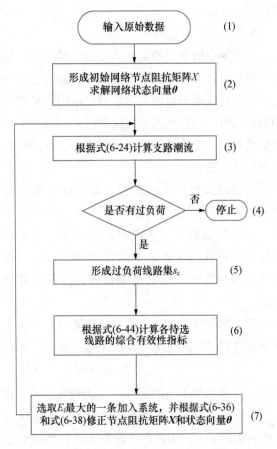

图6-3 逐步扩展法网络规划模型的计算流程图

度由经验曲线给出传输容量，也可以根据线路两端允许的最大相角差来确定传输容量。

（5）将不满足式（6-45）的线路记录于过负荷线路集 s_c 中。

（6）根据式（6-44）计算各待选线路的综合有效性指标。在式（6-44）中，设线路 k 两端节点为 ij，线路 l 两端节点为 mn，则

$$\boldsymbol{e}_k^{\mathrm{T}} \boldsymbol{X} \boldsymbol{e}_l = x_{im} + x_{jn} - x_{jm} - x_{in} \qquad (6-46)$$

式中：x_{im}、x_{jn}、x_{jm}、x_{in} 均为 $\boldsymbol{X}$ 中的相应元素。

（7）在所有待选线路中选取 E_l 最大的线路加入系统。该线加入系统后，网络节点阻抗矩阵和状态向量都要发生相应变化，这时使用式（6-33）和式（6-38）的直接修正公式修正节点阻抗矩阵 $\boldsymbol{X}$ 和状态向量 $\boldsymbol{\theta}$ 非常方便，而且可以减少计算工作量，提高计算速度。

从整个规划流程可以看出，这是一个循环迭代，逐步扩展网络的过程，直到系统没有过负荷为止。应该指出，这种方法以系统节点阻抗矩阵为基础进行灵敏度分析，

当网络中有孤立节点或不联通现象时，阻抗矩阵不存在，因而使其应用受到一定限制。为了解决这个问题，可以先用阻抗值很高的虚拟线路将系统联通，然后再进行分析计算。

6.3.3 逐步倒推法

尽管输电网规划的启发式方法比较灵活，但线路有效性指标和方案形成策略都有其一定的局限性和适用场合。例如，前面介绍的逐步扩展法适合于现有网络相对较强的情况，其选择线路的目的是有针对性地消除某些支路上的过负荷。当规划水平年与起始年相隔较远时，现有电网相对比较薄弱，系统中可能存在很多孤立节点，包括新的电源点和负荷中心。在这种情况下使用逐步扩展法将有一定的困难，而用下面介绍的逐步倒推法则比较合适。

利用逐步倒推法的规划方案形成策略，首先根据水平年的原始数据构建一个虚拟网络，该网络包含系统现有网络、所有孤立节点和所有待选线路，这样的虚拟网络一般是连通的、冗余度很高的但不经济的网络。然后对虚拟网络进行潮流分析，比较各待选线路在系统中的作用和有效性，逐步去除有效性低的线路，直到网络没有冗余线路为止，也就是说直到去掉任何新增线路都会引起系统过负荷或系统解列为止。

逐步倒推法以线路在系统中载流的大小衡量其作用。考虑线路投资影响后，认为投资小并且载流多的线路为有效线路。因此，定义线路有效性指标为

$$E_l = \mid P_l \mid /C_l^2 \qquad (l \in s_e) \tag{6-47}$$

式中：P_l 为线路 l 上的潮流；C_l 为线路 l 的建设投资；s_e 为待选线路集。

在逐步去除有效性低的线路时，有些线路的有效性指标虽然较低，但对系统或其他线路的影响较大，因此应当保留。这些线路主要有以下两类：

(1) 去除后会引起系统解列的线路；

(2) 去除后会引起其他线路过负荷的线路。

以上选择有效线路只是针对待选线路而言的，系统中的原有线路一律保留。图 6-4 给出了逐步倒推法输电网络规划模型的计算流程。

在图 6-4 中，环节 (5) 对待选线路按其有效性指标从小到大排序是为了首先分析和去除有效性最低的线路；环节 (6) 去掉线路 l 是试探性的，因而可不必修改节点阻抗矩阵而直接修改状态向量 $\boldsymbol{\theta}$，这一环节的计算为环节 (7) 提供了基础。在修改过程中，如果按式 (6-34) 计算的 β_l 为无穷大，即 $x_l + \chi_l = 0$，则该线去掉会引起系统解列，否则可在修正 $\boldsymbol{\theta}$ 后按式 (6-24) 计算各线路潮流，并用式 (6-45) 检验是否有过负荷。当环节 (7) 确定线路 l 应该去除时，因为新的状态向量和线路潮流已经求出，所以此时只需要修正节点阻抗矩阵 $\boldsymbol{X}$，见环节 (10)；如果线路 l 应该保留，则无须修正节点阻抗矩阵 $\boldsymbol{X}$，只要将状态向量恢复为开断线路 l 前的值即可，见环节 (8)，并进而分析其他待选线路的情况。图 6-4 中其他各环节的意义比较明确，这里不再赘述。

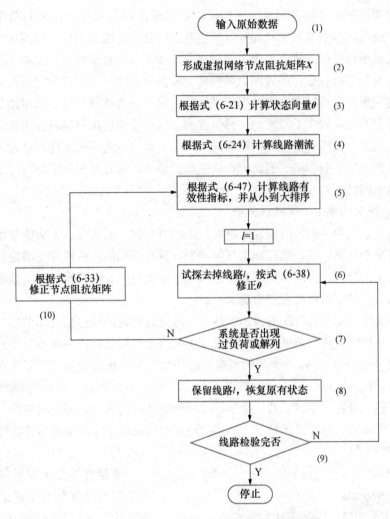

图 6-4　逐步倒推法网络规划模型的计算流程图

6.4　含大规模风电的源网协调规划

能源是国民经济发展的重要物质基础，也是人类生活必需的物质保证，以煤炭、石油、天然气等化石燃料为基础的能源体系极大地推动了人类社会的发展。全球经济快速增长的同时，能源短缺和环境恶化已经成为全球性的两大难题，传统的能源发展结构已不能适应经济、社会和环境可持续发展的需要。随着人类对环境保护的意识不断加强，利用新能源进行发电引起了广泛的关注，即通过开发和利用新能源作为解决能源短缺和环保问题的重要战略举措。其中风力发电发展技术较为成熟，投资建设势头不减。2020年我国风电新增装机容量 7167 万 kW，累计装机容量为 28172 万 kW，占全国电力总装机容量的 12.8%，风电已成为电力系统中重要的组成部分。

我国陆地风电资源主要集中于三北（东北、华北和西北）地区，而负荷中心多位于东部，通过架设输电线路将三北地区的风电资源送至东部及东南沿海负荷中心势在必行。但是，就我国风电发展现状而言，风电基地的建设速度远远快于同期输电项目的建设，使得风电难以外送，从而出现大面积弃风的现象。与常规可控电源功率相比，风电功率主要具有两方面特征：一方面，风电功率取决于自然风速，具有较强的波动性和随机性，可能在负荷高峰时期风电功率出现缺额，而在负荷低谷时风电功率增加，这种不确定性需要在实际规划中予以考虑；另一方面，同一或相近地理区域处于相同的风资源区和天气状况下，风电功率趋向同时增大或减小，具有一定正相关性，这种增强效应对电网运行可能产生不利影响。因此，在这一新形势下，有必要充分了解风电的特性，构建风电与输电网的协调规划。

6.4.1 风电的输出功率特性分析

以火电、水电为主的传统能源发电有较强的可控性，而风电、太阳能等可再生能源发电主要取决于自然资源、地理和天气等因素，具有很强的随机性和不确定性。研究可再生能源在不同时间、空间尺度下的特征对可再生能源的合理开发利用、输电网规划和电力系统的安全稳定运行具有重要意义。

风电场发电功率具有时序的自相关性，地理位置相近的风电场之间发电功率也具有互相关性。从输电网规划角度来看，还应考虑风力发电的日规律性和季节性。在风电集群尺度以内（100~500km），大规模风电波动特性主要体现为相关性与平滑性两个对立统一的方面，相关性越强、平滑效果越差，反之则平滑性越好。根据待研究的时间尺度，可分为秒、分钟、小时、日、季节等。按照空间尺度划分，可分为单机、风场、风电集群、系统区域、跨时区区域等。不同时间和空间尺度下风电呈现出的特性如图 6-5 所示。

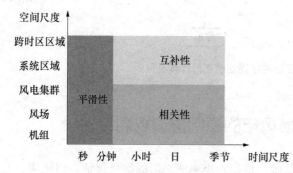

图 6-5 不同时间和空间尺度下风电呈现出的特性

平滑性是指大规模风电总体输出功率波动性相对于将个体波动性按比例扩大有削弱趋势的这一现象，主要体现在秒、分钟时间尺度层面。平滑效应主要有两方面原因：一方面，考虑到风电机组叶片的惯性，风电功率无法跟随风速快速变化；另一方面，区域规模的扩张增加了区域个体间的距离变化和区域个体的数目，区域内不同位置风电功率相互抵消、平衡、互补，使得区域内风电功率总体对外显示的波动性减弱。平滑性指标 E 定义为

$$E = \frac{1}{N-1} \sum_{t=1}^{N-1} |\delta_t| \tag{6-48}$$

$$\delta_t = \frac{P_{t+1} - P_t}{\Delta t} \tag{6-49}$$

式中：t 为采样时间点；Δt 为采样时间间隔；N 为采样数量。

平滑性指标 $E \in [0, +\infty)$，当 $E=0$ 时，风电输出功率保持不变，平滑性最好；E

越大平滑性越差，风电波动性越强。随着风电规模的提升和风电区域的扩大，风电集群的功率曲线渐趋于平滑，波动性减小。

在小时及以上的时间尺度层面，风电的随机性体现明显。随机性也称不确定性，指随时间发展，风电输出功率（风速数值）上的不确定性和弱规律性。但整个风电集群由于处于同一"风源"下，各风电机组和风电场输出功率具有一定相关性，且时间尺度越大，相关性越强，通常由相关系数 C 量化体现，其表达为

$$C = \frac{\mathrm{Cov}(Y_1, Y_2)}{\sqrt{DY_1}\sqrt{DY_2}} \tag{6-50}$$

式中：Y_1 和 Y_2 为两个风电场（风电机组）的输出功率序列（变量）；$\mathrm{Cov}(Y_1, Y_2)$ 为两变量的协方差；DY_1 和 DY_2 为两变量的方差。

相关性指标 $C \in [-1, 1]$，$C=1$ 表示两个变量完全正相关，$C=-1$ 表示两个变量完全负相关，$0<C<1$ 表示两个变量正相关，$-1<C<0$ 表示两个变量负相关，$C=0$ 表示两个变量无线性相关性。影响风电场间功率相关性的因素很多，其中地理距离的影响最大，区域距离较近的风电场，相关性较强。相关性也反映各风电场功率对风电集群功率的影响程度。通常，风电场功率与风电集群功率之间的相关系数大于 0，说明风电场功率对风电集群功率有正面积极的影响；相关系数越接近 1，则影响程度越大。反之亦然，相关系数小于 0，则表明风电场功率对风电集群功率的影响为负面消极的，相关系数越接近 -1，则风电场功率对风电集群功率平抑作用越大。

风电场功率的空间相关性体现出以下三方面趋势：①风电机组（风电场）的连线越趋近于风向，风电机组（风电场）间的相关性越显著；②时间尺度越大，风电机组（风电场）之间的风电功率相关性越显著；③风电机组高度越高，其风速的相关性越强。

6.4.2　考虑相关性的概率风电功率模型

1. 基于核密度估计的风速模型

风速的概率分布体现了风能资源特性，对风电场建模首先需要研究风速的分布。风速的概率分布主要可分为参数估计和非参数估计两种拟合方法。参数估计是假定风速服从某种已知的分布形式，根据样本数据估计总体分布中的未知参数；非参数估计是一种对先验知识要求最少，完全依靠训练数据进行估计，而且可以用于任意形状密度估计的方法。

参数估计方法是根据风速历史数据估计事先假定的分布模型中的参数，常用的风速拟合概率分布包括威布尔分布、对数正态分布、瑞利分布、高斯分布、伽玛分布等，其中威布尔分布应用最广泛。这些风速分布模型可有效简化风速的分布，最大似然法是目前较为有效的估计方法。但参数估计存在一定局限，经常无法取得满意的拟合结果，主要有两方面原因：①模型选择不具有普适性，某一参数分布模型仅适用于特定风电场的风速特征，无法描述其他风电场的风速，在模型和理论参数选取方面都没有规律，具有一定困难；②风电功率取决于风资源情况，具有强随机性和波动性，假定的分布可能无法描述风速的历史数据分布特征，因此参数估计方法失灵。

非参数估计不需要知道风速分布的先验知识和任何概率分布形式的假设，仅从数据样本出发，研究数据的分布特征，不存在参数估计易形成的误差。非参数估计方法通常有直方图、核密度估计和 k 邻近估计。在此采用常用非参数估计中的核密度估计，假设实际风速的概率密度函数为 $f(z)$，则概率密度函数的核密度估计为

$$f_h(z) = \frac{1}{N} \sum_{j=1}^{N} K_h(z - z_j) \qquad (6-51)$$

式中：下标 h 为平滑系数，h 越大，估计的密度函数就越平滑，但偏差可能会比较大；z 为随机变量；N 为样本总数；$K_h(\cdot)$ 为核密度函数；z_j 为随机变量 z 的样本。

可以看出核密度函数是一种权函数，该估计利用样本点 z_j 到随机变量 z 的距离来决定 z_j 在估计点 z 的密度时所起的作用，距离 z 越近的样本点所起的作用就越大，其权值也就越大。

核密度函数 $K_h(\cdot)$ 通常是以坐标原点为中心的对称单峰概率密度函数，且具有如下三条性质

$$\int K(u)\mathrm{d}u = 1 \qquad (6-52)$$

$$\int uK(u)\mathrm{d}u = 0 \qquad (6-53)$$

$$\int u^2 K(u)\mathrm{d}u = \sigma^2 \qquad (6-54)$$

式中：u 为随机变量。

核密度估计法的准确性可通过经验分布验证。在此基于西北某风电基地两相邻风电场 2013 年的历史风速数据，分别采用核密度估计法和经验函数法模拟风速边缘分布，图 6-6 有效验证了核密度估计法的准确性。

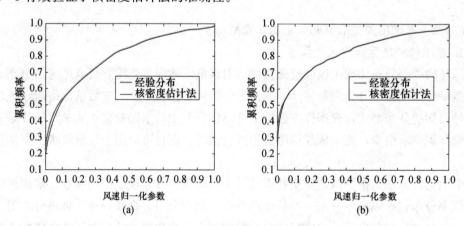

图 6-6 两风电场风速边缘分布的核密度估计法与经验分布法比较
(a) 风电场 1；(b) 风电场 2

2. 基于 Copula 理论的风电相关性模型

在得到风电场风速边缘概率密度的基础上，本节给出建立 Copula 函数刻画两风电场功率相关性的具体步骤，如需拓展至多风电场功率，可采用二元 Copula 函数，原理

相同，不再赘述。

（1）Copula 理论。Copula 理论是用 Copula 函数描述随机变量相互关系的理论。最早于 1959 年由斯克拉（Sklar）提出，1998 年纳尔逊（Nelson）深入分析了 Copula 函数的定义和构建方法。多元 Copula 函数需满足以下条件：

1）函数 C 定义域为 $[0,1]^n$；

2）函数 C 有界定增；

3）函数 C 的边缘分布满足

$$C_i(u_i) = C(1,\cdots,1,u_i,1,\cdots,1) = u_i \tag{6-55}$$

$$u_i \in [0,1] \quad i = 1,2,\cdots,n \tag{6-56}$$

多元分布的 Sklar 定理，可以描述如下：

$x_1,x_2,\cdots,x_n$ 为随机变量，令 $F(x_1,x_2,\cdots,x_n)$ 为边缘分布函数 $F_1(x_1),F_2(x_2),\cdots,F_n(x_n)$ 的联合分布函数，则存在 Copula 函数 C，使得

$$F(x_1,x_2,\cdots,x_n) = C[F_1(x_1),F_2(x_2),\cdots,F_n(x_n)] \tag{6-57}$$

若 $F_1(x_1),F_2(x_2),\cdots,F_n(x_n)$ 为连续函数，则 Copula 函数 C 唯一确定。反之，若 C 为 Copula 函数，$F_1(x_1),F_2(x_2),\cdots,F_n(x_n)$ 为一元分布函数，则可确定联合分布函数。

同理，分布函数 $F(x_1,x_2,\cdots,x_n)$ 的密度函数可由 Copula 函数 C 的密度函数 c 和边缘分布 $F_1(x_1),F_2(x_2),\cdots,F_n(x_n)$ 的密度函数 $f_1(x_1),f_2(x_2),\cdots,f_n(x_n)$ 表示

$$f(x_1,x_2,\cdots,x_n) = c[F_1(x_1),F_2(x_2),\cdots,F_n(x_n)]\prod f_n(x_n) \tag{6-58}$$

$$c(u_1,u_2,\cdots,u_n) = \frac{\partial C(u_1,u_2,\cdots,u_n)}{\partial u_1 \partial u_2 \cdots \partial u_n} \tag{6-59}$$

由此可见，对于多元分布函数来说，其各边缘密度函数和变量间的相关结构可以分离，Copula 函数就可以用来描述相关结构。Copula 理论提供了一种根据边缘分布计算联合分布的有效方法，在描述非线性、非对称性、尾部相关性等方面有良好的性能，且不限于正态或均匀分布。

Copula 函数的相关性指标是严格单调递增变换下的，主要包括表示一致性和相关性度量的 Kendall 秩相关系数 τ 和 Spearman 秩相关系数 ρ，以及尾部相关性度量尾部相关系数 λ。

Kendall 秩相关系数 τ 定义为

$$\tau = P\{(X_1-X_2)(Y_1-Y_2)>0\} - P\{(X_1-X_2)(Y_1-Y_2)<0\} \tag{6-60}$$

式中：(X_1,Y_1)、(X_2,Y_2) 为独立同分布的随机变量。

$P\{(X_1-X_2)(Y_1-Y_2)>0\}$ 表示了两组随机变量变化一致的概率，即变量和谐的概率；$P\{(X_1-X_2)(Y_1-Y_2)>0\}$ 表示了变化不一致的概率，即变量不和谐的概率。因此，$\tau \in [-1,1]$。Kendall 秩相关系数度量了随机变量变化一致性的程度，具有诸多良好的性质，例如，单调增变换不变性，相关关系描述广泛性等。

Spearman 秩相关系数 ρ 定义为

$$\rho = 3\{P[(X_1-X_2)(Y_1-Y_3)>0] - P[(X_1-X_2)(Y_1-Y_3)<0]\} \tag{6-61}$$

式中：(X_1,Y_1)、(X_2,Y_2)、(X_3,Y_3) 为独立同分布的随机变量。

Spearman 秩相关系数表示了 (X_1, Y_1) 和 (X_2, Y_3) 是否和谐的概率之差的倍数，而且在对随机变量进行严格单调的变化情况下，Spearman 秩相关系数保持不变。

尾部相关系数 λ 定义为

$$\lambda^{\text{up}} = \lim_{u \to 1^-} P\{Y > G^{-1}(u) \mid X > F^{-1}(u)\} \tag{6-62}$$

$$\lambda^{\text{down}} = \lim_{u \to 0^+} P\{Y < G^{-1}(u) \mid X < F^{-1}(u)\} \tag{6-63}$$

式中：X 和 Y 为随机变量；F 和 G 分别为 X 和 Y 的边缘概率分布函数。

若 $\lambda^{\text{up}} \in (0, 1]$ 或 $\lambda^{\text{down}} \in (0, 1]$，则随机变量 X 和 Y 上尾或下尾相关；若 $\lambda^{\text{up}} = 0$ 或 $\lambda^{\text{down}} = 0$，则 X 和 Y 是上尾或下尾渐近独立的。尾部相关系数表征了一个随机变量取较大值或较小值时，另一个变量是否会受到影响。

(2) 风电相关性建模。Copula 函数的选择和参数的确定是描述相关性的重要步骤。通过对比待选 Copula 函数与经验 Copula 函数的契合程度选择合适类型的 Copula 函数，经验 Copula 函数 $C_e(\cdot)$ 为

$$C_e(u, v) = \frac{1}{N} \sum_{i=1}^{N} I_{[F_n(x_i) \leqslant u]} I_{[G_n(y_i) \leqslant v]} \tag{6-64}$$

式中：$u, v \in [0, 1]$；N 为样本数量；$F_n(x_i)$ 和 $G_n(y_i)$ 分别为 x 和 y 的边缘分布函数；$I_{[\cdot]}$ 为示性函数，$F_n(x_i) \leqslant u$ 时，$I_{[F_n(x_i) \leqslant u]}$ 为 1，其他情况为 0。

以待选 Copula 函数与经验 Copula 函数在各样本点的欧氏距离的平方和 d_x^2 为选择标准

$$d_x^2 = \sum_{i=1}^{N} |C_e(u_i, v_i) - C_x(u_i, v_i)|^2 \tag{6-65}$$

式中：N 为样本数量；$C_e(\cdot)$ 为经验 Copula 函数；$C_x(\cdot)$ 为待选 Copula 函数。

表 6-4 给出了常用 Copula 函数的参数、Kendall 秩相关系数和欧氏距离。

表 6-4   **Copula 函数参数对比**

函数类型	Spearman 秩相关系数 ρ	Kendall 秩相关系数 τ	欧氏距离
Gaussian	2.9010	0.6556	0.2652
Student	0.8985	0.7106	0.2072
Clayton	4.9815	0.7135	0.4590
Frank	12.0273	0.7129	0.1036
Gumbel	2.9010	0.6553	0.3965
Empirical	—	0.6966	—

以欧氏距离最小为选择标准，Frank Copula 函数能更好地描述所选数据的相关性。Frank Copula 函数为

$$F_{\text{Copula}} = -\frac{1}{\rho} \log \left\{ 1 + \frac{[(\exp(-\rho u) - 1)][(\exp(-\rho v) - 1)]}{\exp(-\rho) - 1} \right\} \tag{6-66}$$

其中，ρ 为 Frank Copula 函数参数。Frank Copula 函数的 Kendall 秩相关系数 τ 为 0.7129，表明两风电场风速有较好的一致性。

图 6-7 为风速的频数分布直方图和采用 Frank Copula 函数模拟的风速分布图。可以看出风速分布集中在对角线上，即一个风电场风速极大，而另一风电场风速极小的情况几乎不存在，说明两风电场的风速具有较强相关性，Frank Copula 函数较好地描述了实际风速的数据特征和风电相关性。

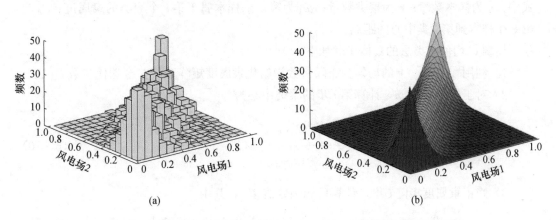

图 6-7　风速频数分布直方图和 Frank Copula 函数模拟风速分布图

（a）风速的频数分布直方图；（b）Frank Copula 函数模拟风速分布图

风电功率主要取决于实际风速和风机特性。由于本节主要关注规划问题，在此采用典型的风机功率模型将历史风速数据转化为风电功率。假定在相同风速下，风电功率相同，不考虑桨距角对风电功率的影响，风机特性由切入风速、额定风速和切出风速三个参数定义为

$$
P = \begin{cases}
0 & (V < V_{ci} \text{ 或 } V > V_{co}) \\
\dfrac{P_r}{V_r^3 - V_{ci}^3}V^3 - \dfrac{P_r}{V_r^3 - V_{ci}^3}V_{ci}^3 & (V_{ci} \leqslant V < V_r) \\
P_r & (V_r \leqslant V \leqslant V_{co})
\end{cases}
\tag{6-67}
$$

式中：P 为风机实际功率；P_r 为风机额定功率；V 为实际风速；V_r 为额定风速；V_{ci} 为切入风速；V_{co} 为切出风速。

当实际风速小于切入风速时，风机输出风电功率为 0；当实际风速大于切入风速而小于额定风速时，风机输出风电功率与实际风速的三次方成正比；当实际风速介于额定风速和切出风速之间时，风电输出功率为风机额定功率；当实际风速大于切出风速时，风机输出风电功率也为 0。

3. 基于模糊聚类的风电功率多场景模型

以上得到的风电功率联合分布可以描述风电的相关性，下面寻求建立可以体现风电功率强随机性的数学模型。概率技术可将不确定性的风电功率离散为对应一定发生概率的确定功率场景，在此采用基于模糊 C 均值聚类法的风电功率多场景划分模型。

（1）模糊 C 均值聚类法。模糊聚类法可以较好体现风电功率的波动性和随机性，在此采用模糊 C 均值聚类法划分风电功率场景。采用隶属度矩阵 $\boldsymbol{W} = (w_{ik})_{c \times n}$ 表示风电功率 $\boldsymbol{E} = \{e_1, \cdots, e_n\}$ 归属于各聚类中心 $\boldsymbol{B} = \{b_1, \cdots, b_c\}$ 的程度，通过最小化目标函数 J 优

化聚类，即最小化样品到聚类中心的加权平方距离之和为

$$\min J = \sum_{k=1}^{n} \sum_{i=1}^{c} w_{ik}^{m} d_{ik}^{2} \qquad (6-68)$$

$$d_{ik} = \| \boldsymbol{e}_k - \boldsymbol{b}_i \| \qquad (6-69)$$

式中：n 为样本数量；c 为聚类数量；w_{ik} 为第 k 个样本属于第 i 个聚类的隶属度；d_{ik} 为第 k 个样本到第 i 类中心的距离。

模糊 C 均值聚类法的具体步骤如下：

1）利用 $[0,1]$ 上的均匀分布随机数初始化隶属度矩阵 $W^{(0)}$，令迭代步数 $l=1$；

2）对于给定阶数 m，计算第 l 步的聚类中心为

$$\boldsymbol{b}_i^{(l)} = \frac{\sum\limits_{k=1}^{n} (w_{ik}^{(k-1)})^m \boldsymbol{e}_k}{\sum\limits_{k=1}^{n} (w_{ik}^{(k-1)})^m} \qquad (i=1,2,\cdots,c) \qquad (6-70)$$

3）修正隶属度矩阵 $\boldsymbol{U}^{(l)}$，计算目标函数值 $J^{(l)}$，其中

$$u_{ik}^{(l)} = \frac{1}{\sum\limits_{j=1}^{c} (d_{ik}^{(l)}/d_{jk}^{(l)})^{\frac{2}{m-1}}} \qquad (i=1,2,\cdots,c;k=1,2,\cdots,n) \qquad (6-71)$$

$$J^{(l)} = \sum_{k=1}^{n} \sum_{i=1}^{c} (u_{ik}^{(l)})^m (d_{ik}^{(l)})^2 \qquad (6-72)$$

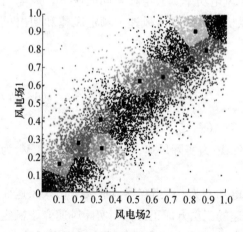

图 6-8　基于模糊 C 均值的风电功率聚类

4）判断目标函数 $| J^{(l)} - J^{(l-1)} | < \varepsilon$ 是否满足终止条件或是否达到最大迭代步数，满足终止条件停止迭代。否则，$l=l+1$，返回步骤 2。

（2）风电功率场景划分。根据 Frank Copula 函数随机生成 10000 个风电功率样本点，通过模糊 C 均值聚类法离散为 16 个风电功率场景，综合考虑了风电的随机性、波动性和相关性。图 6-8 为考虑相关性的风电功率聚类结果，离散点为风电功率样本点，分类结果以不同颜色区分，16 个实心黑方块表示聚类中心。

表 6-5 为 16 个风电功率场景下两个风电场的功率及场景发生概率，其中风电功率以额定功率为标准转化为标幺值。

表 6-5　　　　　　　　　　　　　　　　　风电功率场景及概率

场景	风电场 1 实际功率占比	风电场 2 实际功率占比	场景概率
1	0.453	0.351	0.061
2	0.702	0.815	0.0638
3	0.954	0.949	0.0766

场景	风电场 1 实际功率占比	风电场 2 实际功率占比	场景概率
4	0.053	0.047	0.0761
5	0.892	0.801	0.0578
6	0.196	0.279	0.062
7	0.659	0.651	0.0652
8	0.530	0.627	0.0569
9	0.326	0.248	0.0598
10	0.832	0.908	0.0564
11	0.095	0.161	0.0568
12	0.320	0.410	0.0642
13	0.783	0.691	0.0572
14	0.593	0.495	0.0635
15	0.211	0.113	0.0634
16	0.445	0.499	0.0593

6.4.3 源网协调规划模型

本节建立的模型以最小化总费用为目标，优化风电场与输电线路建设决策变量。总费用考虑总投资费用、总运行费用、失负荷费用和排放费用

$$\min C_{\text{tot}} = C_{\text{inv}} + C_{\text{ope}} + C_{\text{cur}} + C_{\text{emi}} \tag{6-73}$$

式中：C_{tot} 为总费用；C_{inv} 为电源电网总投资费用；C_{ope} 为总运行费用；C_{cur} 为失负荷费用；C_{emi} 为排放费用。

1. 规划模型建立

（1）目标函数。电源电网总投资费用采用等年值折算，表达式为

$$C_{\text{inv}} = \sum_{n=1}^{N_G} \frac{i(1+i)^{d_{G,n}}}{(1+i)^{d_{G,n}}-1} \text{GI}_n g_n + \sum_{n=1}^{N_T} \frac{i(1+i)^{d_{T,n}}}{(1+i)^{d_{T,n}}-1} TI_n t_n \tag{6-74}$$

式中：N_G 为待建风电电源的数目；i 为贴现率；$d_{G,n}$ 第 n 个电源的使用寿命；GI_n 为待建风电电源的投资费用；g_n 为第 n 个风电场建设与否的 0 - 1 决策变量；N_T 为待建输电线路的数目；$d_{T,n}$ 第 n 条输电线路的使用寿命；TI_n 为待建输电线路的投资费用；t_n 为第 n 条输电线路建设与否的 0 - 1 决策变量。

电源电网总运行费用为各概率场景下运行费用的加权和，表达式为

$$C_{\text{ope}} = \sum_{i=1}^{S} p_i \sum_{l=1}^{L} \left(\sum_{n=1}^{N} \text{GO}_n P_{i,l,n} T_l + \sum_{n=1}^{N_T} \text{TO}_n f_{i,l,n} T_l \right) \tag{6-75}$$

式中：S 为风电功率的场景数；p_i 为第 i 个风电场景的概率；L 为负荷的状态数；N 为系统的电源数目；GO_n 为第 n 个电源的运行费用；$P_{i,l,n}$ 为第 i 个场景中在第 l 个负荷状态下第 n 个电源的有功功率；T_l 为第 l 个负荷状态持续时间；TO_n 为第 n 条输电线路的

运行费用；$f_{i,l,n}$ 为第 i 个场景中在第 l 个负荷状态下第 n 条线路的有功潮流。

失负荷费用也为各概率场景下失负荷费用的加权和，表达式为

$$C_{\text{cur}} = \Big(\sum_{i=1}^{S} p_i \sum_{l=1}^{L} \text{RC} \Big) \text{cl}_{i,l} T_l \qquad (6-76)$$

式中：RC 为单位失负荷费用，为一给定值；$\text{cl}_{i,l}$ 为第 i 个场景中在第 l 个负荷状态下的失负荷量。

排放费用同样为各概率场景下排放费用的加权和，表达式为

$$C_{\text{emi}} = \Big(\sum_{i=1}^{S} p_i \sum_{l=1}^{L} \sum_{n=1}^{N} \text{EC} \Big) \text{em}_{i,l,n} T_l \qquad (6-77)$$

式中：EC 为单位排放费用；$\text{em}_{i,l,n}$ 为第 i 个场景中在第 l 个负荷状态下第 n 个电源的排污量。

（2）约束条件。源网协调规划模型考虑如下约束条件：直流潮流约束、有功功率上下限约束、风电功率约束、线路传输功率约束和线路拓建数量限制约束，其中风电功率通过上一节建立的考虑相关性的多场景概率风电功率模型描述，可表达为

$$\boldsymbol{P} - \boldsymbol{D} = \boldsymbol{B\theta} \qquad (6-78)$$

$$P_n^{\min} \leqslant P_{i,l,n} \leqslant P_n^{\max} \qquad (\forall n \in N) \qquad (6-79)$$

$$P_i^{\text{wind}} = C_i^{\text{wind}} \eta_i \qquad (\forall i \in N_{\text{G}}) \qquad (6-80)$$

$$| f_{i,l,n} | \leqslant f_n^{\max} \qquad (\forall n \in N_{\text{T}}) \qquad (6-81)$$

$$0 \leqslant t_n \leqslant t_n^{\max} \qquad (\forall n \in N_{\text{T}}) \qquad (6-82)$$

式中：$\boldsymbol{P}$ 为节点有功功率向量；$\boldsymbol{D}$ 为节点负荷向量；$\boldsymbol{B}$ 为节点导纳矩阵；$\boldsymbol{\theta}$ 为节点电压相角向量；$P_n^{\min}$ 为第 n 个传统电源的有功功率的功率下限；$P_n^{\max}$ 为第 n 个传统电源的有功功率的功率上限；P_i^{wind} 为第 i 个风电电源的有功功率；C_i^{wind} 为第 i 个风电电源的额定装机容量；η_i 为第 i 个风电电源的实际功率占比；$f_n^{\max}$ 为第 n 条输电线路的最大传输容量；$t_n^{\max}$ 为第 n 条输电通道的输电线路拓建上限。

2. 规划模型求解

网源协调规划模型的求解流程如图 6-9 所示，分为风电功率相关性模型、概率风电功率模型和源网协调规划模型三部分。

（1）风电功率相关性模型。首先通过核密度估计法求解风速的边缘分布函数，选取合适的 Copula 连接函数得到风速联合概率分布函数，并通过风速—功率模型得到风功率联合概率分布函数。

（2）概率风电功率模型。在风电功率相关模型基础上，采用模糊 C 均值聚类法，划分风电功率概率场景。

（3）源网协调规划模型。采用遗传算法求解优化问题，首先以电源、电网扩建变量为决策变量产生初始种群，求解包含直流潮流的线性规划模型，得到初始种群下电源功率和电网潮流，从而计算适应度函数；根据适应度进行选择操作，然后对染色体进行交叉和变异操作，生成新种群，往复循环直至得到最优源网规划方案。

对于其中的遗传算法，在此将染色体编码分为两段，第一段分别为表示风电电源建

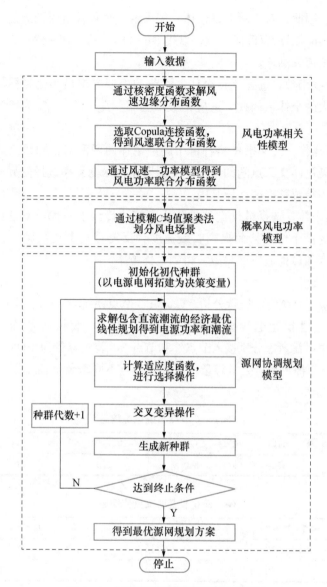

图 6-9 网源协调规划模型求解流程图

设规划 0-1 变量，0 表示该风电场未投建，1 表示投建该风电场，第二段为表示各输电通道输电线路数量的整数变量，这样可以同时协调电源、电网规划。遗传算法具体计算步骤如下：

1）产生初始种群。由于初始种群基因的优良程度影响后代基因，也影响遗传算法的收敛速度，随机生成的初始种群可能无法保证网络的连通性，因此，本节采用拓扑随机搜索技术产生保证系统连通性的初始种群。需注意，这里只产生了电源、电网拓建决策变量。

2）求解经济最优线性规划。适应度函数不仅仅是电源投建和电网拓建决策变量的函数，即投资费用部分，适应度函数的运行费用、可靠性费用、排放费用部分还与电源功率和潮流有关。因此，对每一个染色体，需求解一个包含直流潮流的经济最优线性规划问题，即以式（6-73）为目标函数，以式（6-78）～式（6-82）为约束条件的线性规划，求得电源功率和潮流。

3）计算适应度函数，选择优良个体。本节的模型寻求最小化目标函数，遗传算法为寻找适应度最大的个体，因此，适应函数取为 $f=f_0-C_{tot}$，f_0 为给定数值，从而得到其适应度函数。

4）进行遗传操作。交叉操作将种群中的染色体两两配对，随机生成交叉点，根据交叉率交换一对染色体交叉点间的基因。变异操作根据变异率选择变异染色体，再随机选择变异基因，用等位基因替换原基因。

5）保留优良个体。选择最优良的染色体直接遗传到下一代，不进行遗传操作，这种做法可以保留优良个体，从而提高收敛速度。反复重复上述步骤，直至满足结束条件，即平均适应度和最优适应度收敛，得到最优方案。

6.4.4 算例分析

以 Garver 6 节点系统为例进行分析。Garver 6 节点系统含有已投运传统电源共三处，待建风电场两处。已投运电源分别接在节点 1、3、6，装机容量为 150、360MW 和 720MW。待建风电电源考虑分别接入节点 2 和节点 3，装机容量为 100MW 和 50MW。负荷考虑冬季、夏季两种水平。装机容量信息及各节点不同季节负荷水平见表 6-6 和表 6-7。

表 6-6　　　　　　　　　　Garver 6 节点系统电源信息

电源信息	G1	G2	G3	W4	W5
装机容量（MW）	150	360	720	100	50

表 6-7　　　　　　　　　　Garver 6 节点系统负荷信息

节点	1	2	3	4	5	6
夏季负荷（MW）	80	240	40	160	240	0
冬季负荷（MW）	160	160	40	240	160	0

遗传算法的种群数量和遗传代数皆取为 100，交叉率和变异率分别为 0.9 和 0.1，每代保留 10% 的优良个体，f_0 取为 3×10^9。

在不考虑相关性的方案中，采用标准系统数据，假设两风电场功率相互独立；在考虑相关性方案中，风电功率特性采用如上所述的考虑相关性的多场景风电功率模型，功率服从 Frank Copula 函数，具有强相关性，根据模糊 C 均值聚类法分为 16 个场景。

图 6-10 对比了不考虑和考虑风电场功率相关性的源网协调规划方案。其中实线表示已建设线路，虚线表示规划建设线路。在电源规划方面，为了以最优的经济性满足负荷需求，两种方案中待建风电场全部接入。在输电线路规划方面，在考虑风电场功率相关性方案中，不建设连接节点 2 和节点 3 的线路，从而避免风电功率同时增大或减小给电网带来的不利影响。节点 3 冗余的风电通过传输线路送往节点 1 和节点 4，避开有风

电场接入的节点 2；不考虑相关性时，节点 4 主要受节点 6 的电力支援，考虑相关性时由于节点 3 向节点 4 的传输功率增加，因此节点 6 向节点 4 的传输功率减小，其冗余功率改为向节点 2 传输。

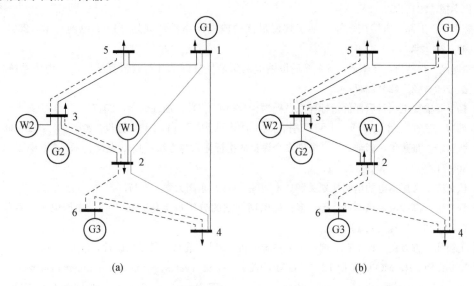

图 6-10　不考虑和考虑相关性的 Garver 6 节点系统源网规划方案
（a）不考虑相关性；（b）考虑相关性

表 6-8 对比了 Garver 6 节点系统两种方案的经济性，表格中最后一行的"成本变化率"表示考虑相关性方案相对于不考虑相关性方案的成本变化百分比。在该系统中，当考虑风电相关性方案时，由于规划建设线路增多，投资成本明显增加，但同时由于减少了邻近节点相关风电输出功率对电网运行带来的负面影响，运行成本和其他成本（失负荷成本和排放成本）降低，总成本变化不显著。

表 6-8　　　　　　　　　　　Garver 6 节点系统规划方案经济性对比

方案	总成本（亿元）	投资场成本（亿元）	运行成本（亿元）	其他成本（亿元）
不考虑相关性	24.059	0.76	23.281	0.018
考虑相关性	24.067	0.954	23.097	0.016
成本变化率（%）	0.03	25.53	−0.79	−11.10

参考文献

[1] 程浩忠，张焰．电力网络规划的方法与应用［M］．上海：上海科学技术出版社，2002.

[2] 陈宝林．最优化理论与方法［M］．北京：清华大学出版社，2015.

[3] 刘丽．遗传算法在输电网规划中的应用［D］．华北电力大学，2012.

[4] 王秀丽，李淑慧，陈皓勇，等．基于非支配遗传法及协同进化算法的多目标多区域电网规划［J］．中国电机工程学报，2006，12：16-15.

[5] 金义雄，程浩忠，严健勇，等．改进粒子群法及其在输电网规划中的应用［J］．中国电机工程

学报，2005，25（4）：46-50.

[6] 倪瑞君.基于改进粒子群算法的输电网扩展规划研究［D］.浙江大学，2013.

[7] 刘学智，袁荣湘，刘涤尘.模拟退火算法在输电网络扩展规划中的应用［J］.电力系统及其自动化学报，2010，22（2）：16-14.

[8] 陈根军，王磊，唐国庆，等.基于蚁群最优的输电网络扩展规划［J］.电网技术，2001，25（6）：26-24.

[9] 翟海保，程浩忠，吕干云，等.多阶段输电网络最优规划的并行蚁群算法［J］.电力系统自动化，2004，28（20）：37-42.

[10] 杨星.输变电项目后评价指标体系及模型构建研究［D］.浙江大学，2017.

[11] 韩柳，彭冬，王智冬，等.电网评估指标体系的构建及应用［J］.电力建设，2010（11）：28-33.

[12] 张国华，张建华，彭谦，等.电网安全评价的指标体系与方法［J］.电网技术，2009，33（8）：30-34.

[13] 谈天夫.考虑风电的电网规划关键技术研究［D］.东南大学，2017.

[14] 程浩忠，高赐威，马则良，等.多目标电网规划的分层最优化方法［J］.中国电机工程学报，2003，23（10）：16-16.

[15] 王锡凡，方万良，杜正春.现代电力系统分析［M］.北京：科学出版社，2003.

[16] ROMERO R，MONTICELLI A，GARCIA A，et al. Test systems and mathematical models for transmission network expansion planning［J］.IEE Proc Gen Transm and Distrib，2002，149（1）：27-36.

第 **7** 章

配 电 网 规 划

本章首先介绍了配电网的相关概念，包括配电网的分类、变压器类型、线路类型及典型接线模式；重点阐述了变电站规划和馈线规划的概念和方法，包括变电站的选址定容、供电范围确定及规划具体步骤。

7.1 概　　述

7.1.1 基本假设

我国配电网可以分为高压配电网、中压配电网和低压配电网。除了包含高压配电线路、中压配电线路和低压配电线路之外，还涉及高压变电站、变电站和配电变压器等不同的层级。由此可见，配电网的规划范围和内容是非常广泛的。

为了降低规划问题的复杂程度，经常将规划问题分解成若干个子问题，一般分解为高压配电网规划、中压配电网规划和低压配电网规划。而每一类型配电网规划又可以分解为变电站规划和线路规划两部分。因此，配电网的规划可以分解为高压变电站规划、高压配电线路规划、变电站规划、中压馈线规划、配电变压器规划和低压馈线规划等内容。

在规划问题分解的基础上，配电网规划一般采取以下假设：

（1）在进行高电压等级变电站和线路规划时，低电压等级的变电站只能作为负荷点对待。例如，在进行变电站和中压馈线规划时，配电变压器是作为负荷看待的，可以等值为点负荷或者面负荷；而在进行高压变电站和高压配电线路规划时，变电站则作为负荷点，也可以等值为点负荷或者面负荷。

（2）相对于输电网而言，配电网设备的数量要多得多，而且所面临的负荷需求也是千差万别的。配电网电压等级越低，设备的数量越庞大。因此，同输电网规划不同的是，配电网的规划一般是基于原则（导则）的规划，理论和计算分析只能作为制定规划导则或者原则的手段和依据。具体的配电网规划根据规划导则和原则而展开。

（3）从原则上来讲，变电站和线路的规划可以采取如第 3 章所述的模型和方法，即在整个供电区域进行变电站和线路规划。本章主要针对变电站和馈线进行规划，是基于单个变电站和单条馈线的最佳供电范围展开的，即首先确定单个变电站和单条馈线的最佳供电范围，然后确定供电区域内所需要的变电站数量和馈线数量，并进行变电站布点规划以及线路组网规划。其方法也适用于高压变电站、高压配电线路，以及低压配电线路的规划。

（4）除了变电站和线路规划之外，配电网的规划还包括无功规划和配电自动化规划，在后面作为单独的章节进行阐述。

7.1.2 变压器

变压器基本功能是改变电压和电流大小，同时保持总功率不变（不考虑变压器的电能损耗）。变压器有不同的型号、尺寸和容量，大容量变压器一般为三相的，这种变压器常是定制的或是需要符合特别的规范，因此成本较高；容量较小的变压器（特别是配电变压器）是单相的，这种变压器一般都按标准规范制造并被批量采购。

对于大规模长距离的电力输送而言，采用高电压等级更为经济，所以变压器可以改变输电的规模经济性，这也在前面的章节进行了阐述。

1. 变压器类型

变压器有很多类型，每种类型还可以进一步细分。

（1）按应用场合可分为用于架空线的柱上式变压器和用于地下配电系统的预装式或地埋式变压器。

（2）按相数可分为三相变压器和单相变压器，通常三相变压器效率较高，单相变压器比较适合偏远地区的小型变电站，三相变压器太大，不利于运输的情况。

（3）按绝缘方式可分为油浸式变压器和干式变压器。油的作用是绝缘和冷却；为了加快冷却，有些变压器配置了散热器，还有些变压器配置油泵强制油循环以进一步加速冷却。与油浸式不同，干式变压器采用在铁芯周围包裹或者浇铸某种固体绝缘材料（如环氧树脂）的方式来进行绝缘，没有油就意味着减小发生火灾的可能，因此干式变压器通常作为室内配电变压器使用。与干式变压器相比，油浸式变压器能够更好地承受负荷波动，能够在较短时间内高负荷运行，因此应用场合更为广泛。

（4）按变压器所处配电系统中的不同层级可分为配电变压器和电力变压器。配电变压器专指将配电电压等级从中压转变为低压的变压器，是电力到达终端用电设备之前最后进行变压的设备，大多采用小型的、成本较低的变压器。三相地下配电系统中通常采用箱式变压器和地埋式变压器。我国的10kV架空式配电变压器标准额定容量在30～400kVA的一般为单相变压器。除配电变压器之外的变压器统称为"电力变压器"，通常是大型的、成本较高的三相变压器，我国35/10kV电力变压器的标准额定容量一般为2～31.5MVA，110/10kV电力变压器的标准额定容量一般为6.3～63MVA。

除了上述类型之外，在实际应用中还有减小故障电流的高阻抗变压器，采用特殊金属材料（如非晶合金）的低损耗（主要指铁芯损耗）变压器，适合输出两个电压等级的三绕组变压器，适合特殊需要（如整流）的多相变压器，配置了内部断路器的完全自保护变压器等。

2. 变压器型号选择

在对变压器进行选型时，首先要明确其额定电压等级是否满足应用场合的需要。考虑变压器内部压降和线路压降，通常将变压器允许的运行电压设计成略高于系统额定电压。对于三相变压器来说，还要考虑其绕组连接方式，一般接为△/Y或△/△。

除了额定电压等级，在对变压器选型时还应明确其容量。根据具体的环境条件、负荷条件和运行时间限制，变压器通常有三个额定值，分别对应正常、事故和紧急情况。例如，一台 25/30/36MVA 的变压器，其含义是：

(1) 正常条件。标准环境温度（温升低于 55℃）下可连续带 25MVA 的负荷运行。

(2) 事故情况。平均绕组温升达到 60℃时，可带 30MVA 的负荷运行 6h。

(3) 紧急情况。平均绕组温升达到 65℃时，可带 36MVA 的负荷运行 4h。

以上温度值、负荷大小和运行时间可能因不同国家导则或标准的不同而不同，但最重要的是理解这些条件的含义。

对变压器选型时要进行经济性分析。变压器的成本包括设备初始投资成本和安装费用、运行成本（检修和维护费用）以及电力损耗成本，其中固定成本不仅包括变压器的设备、人力成本以及运维成本，还包括一些辅助设备（如母线、断路器以及该设备投入运行时所需要的测量和控制系统）成本。另外，变压器的损耗也较为复杂，不仅有空载损耗（也称为铁损），还有负载损耗（也称为铜损）。其中负载损耗与负荷电流的平方成正比；空载损耗是由变压器内部铁芯磁场引起，只要铁芯不饱和就基本是一个常数，所以变压器的空载损耗是一项新增的固定成本。

变压器选型基本以寿命周期内成本最小化为原则，但因为还要考虑空间、短路容量、维护需求及负荷增长等问题，所以通常比线路选型更加复杂。

3. 变压器损耗

变压器中的功率损耗可以表示为

$$\Delta P_{Tj} = \frac{P_{Tj}^2 + Q_{Tj}^2}{S_{Nj}^2} \Delta P_{kj} + \Delta P_{0j} = \frac{S_{Tj}^2}{S_{Nj}^2} \Delta P_{kj} + \Delta P_{0j}$$

$$\Delta Q_{Tj} = \frac{P_{Tj}^2 + Q_{Tj}^2}{S_{Nj}^2} \Delta Q_{kj} + \Delta Q_{0j} = \frac{S_{Tj}^2}{S_{Nj}^2} \Delta Q_{kj} + \Delta Q_{0j}$$

式中：P_{Tj}、Q_{Tj}、S_{Tj} 分别为变压器 j 的负荷；S_{Nj} 为变压器 j 的额定视在功率；ΔP_{kj}、ΔP_{0j}、ΔQ_{kj}、ΔQ_{0j} 分别为变压器 j 短路、空载的有功损耗和无功损耗，并且有

$$\Delta Q_{0j} = \frac{I_{0j}\% S_{Nj}}{100} \times 10^3$$

$$\Delta Q_{kj} = \frac{U_{kj}\% S_{Nj}}{100} \times 10^3$$

式中：$I_{0j}\%$、$U_{kj}\%$ 分别为变压器 j 的空载电流百分数和短路电压百分数。

由此，变压器的电能损失可以表示为

$$\Delta W_j = \Delta P_{kj} \left(\frac{S_{mj}}{S_{Nj}}\right)^2 \tau + \Delta P_{0j} \tau$$

式中：S_{mj} 为变压器 j 运行时的最大视在功率；τ 为变压器的年运行时间；S_{Nj} 为额定视在功率。

7.1.3 线路

线路将电力从一端传输到另一端，除去一小部分损耗，流进和流出的功率基本相等；如果不计及压降，沿线电压也基本恒定。因此，配电系统可以看作是很多线路连接在一起，配置多台可根据需求改变电压的变压器，将电力按照需求分配给用户的系统。

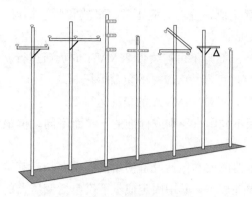

图 7-1 架空配电线路部分架设方式

1. 架空线路和电缆线路

线路有很多类型，特别是配电线路，有上百种，以满足不同的要求。线路主要可以分为架空线路和电缆线路两大类。

（1）架空线路。由于线路走廊限制或者其他原因，架空线路总会有一些特殊设计。图 7-1 所示为架空配电线路的部分架设方式。许多导线只是在设计上有一些细微差别，但这些差别对于特殊情况来说却非常重要。

对于规划来说，最重要的不是线路的架设型式，而是线路的容量和成本。无论是架空线路还是地下电缆，可供选择的至少有十几种标准类型，主要类型见表 7-1。这些标准类型由各电压等级的线路容量（导线截面积）所决定。

表 7-1　　　　　　　　　　　　配电线路标准类型

10kV 架空线（主干线）	10kV 地下电缆	10kV 架空线（主干线）	10kV 地下电缆
70mm² 铝线	120mm² 铜线	150mm² 铝线	240mm² 铜线
95mm² 铝线	150mm² 铜线	185mm² 铝线	300mm² 铜线
120mm² 铝线	185mm² 铜线	240mm² 铝线	400mm² 铜线

（2）电缆线路。架空线路可能会因树枝折断而造成短时停运，或因天气等导致架空线路的故障率较高停运，采用电缆线路则可以避免这些问题。此外，在人口密集的城区或者郊区，采用地下配电设施不仅可以使环境美观，还可以提高供电可靠性。

电缆一般是由导线、接地中性线、铠装等部分组成，通常有三相和单相两种形式，电缆截面和电压等级各不相同。

电缆敷设有排管式和直埋式两种。电缆排管通常由混凝土（也可以是纤维玻璃、树脂或者塑料）制成，可以排放不同数量和截面的电缆；也可以使用由金属、混凝土或者其他材料管道制成的"单通道"槽管，即每根电缆单独穿入一根管内。每隔一定距离还要设置一个电缆竖井，用于牵拉电缆、维护以及安置电缆接头。采用这种方式首先要敷设好电缆排管和竖井，因此初期的建设成本很高，但可以给电缆提供很好的电气和机械保护。

直埋式是将电缆直接埋进土里，没有排管或槽管的保护，但通常可以在电缆周围镶入易弯曲的塑料护套或者乙烯套管。直埋敷设可以流水作业，即一边挖电缆沟，一边将单相或者三相电缆埋入，随即盖上土，这一过程用专用机器可以一次性完成，因此单位长度的敷设费用低，和架空线路差不多，而且施工速度快；其缺点是电缆容易受到外力的破坏。和架空线路相比，地下电缆不易受自然条件（例如树枝折断）的影响，也不易受冰冻或大风气候的影响。总体而言，每年每公里电缆线路的失效率要比架空线路低得多，但一旦发生失效，由于较难进行故障定位，修复时间较长。

2. 导线选型

导线选型时通常从以下五个方面来评估。

(1) 适用性:主要考虑线路走廊大小、环境条件、土壤条件、美观等要求。

(2) 容量:导线允许流过的最大电流称为热稳定极限电流,必须保证线路在所有载荷水平(正常、峰荷、事故)下都在此限值以内运行。

(3) 压降:在传送电力时,每条线路都会因为自身阻抗而产生一定的电压降落;如果供电距离超过允许范围,必须保证相应的压降在规定的限值以内。

(4) 可靠性:一般而言,地下电缆的供电可靠性略高一些。在恶劣天气(如暴风雪)下,全铝导线比钢芯铝线更容易断裂和坠落。

(5) 成本:不仅包括初始设备投资成本、建设成本,还包括后续成本,如检修和维修成本以及电能损耗成本等,其中由线路压降和损耗所造成的成本占比最高,而这两者都取决于线路阻抗和所带的负荷。

导线选型就是评估线路整个寿命周期内的总成本,从给定的标准导线截面积系列中选择满足准则并使总成本最低的截面。线路总成本包括固定成本和可变成本,固定成本为线路设备和劳动力的投资成本与固定运行成本之和,可变成本为线路传输电力过程中的损耗成本。固定运行成本和损耗成本均以"年"计,并按寿命周期进行折现。

导线选型受到负荷变化的影响。一般而言,负荷增长时安装较大截面积的导线更经济。所谓导线的"经济负荷范围",是指在此范围内该截面导线的成本低于其他所有可选导线的成本。另外需要注意的是,升级现有线路通常在经济上是不合理的,因为更换较大容量线路的成本往往会超过新建较大容量线路的成本。

地下电缆的成本要比相同电压和容量的架空线路高得多,主要差别在于安装电缆管道需要的开沟、管道铺设、重新铺路等极高的固定建设成本。因此,针对地下电缆应关心的不是如何选型的问题,而是建设与否的问题。

设计合理的配电系统必须在不同情况下既能保证供电距离内的压降在允许范围内,又能保证设备在寿命周期内的成本最低,即不仅要满足"负荷经济性"(传送单位长度所需的电力成本最低),而且要满足"电压经济性"或"负荷供电距离经济性",即在满足供电准则限定的压降条件下以最少的成本将电力传输到最远的距离。

在配电系统中,决定电力传输距离最主要的因素是变电站之间的距离。对配电系统规划来说,最重要的是三种供电距离,分别为热稳定负荷供电距离、紧急或事故负荷供电距离、经济负荷供电距离。

(1) 热稳定负荷供电距离。导线发热不超过允许温度时所能通过的最大电流称为热稳定极限电流,导线截面积越大,其载流量越高,相应的热稳定极限电流也越高。导线的热稳定负荷供电距离是指在其热稳定负荷极限下所能达到的最远电力传输距离。较小截面导线的热稳定负荷供电距离近似为一个常数,这是因为在此截面范围内导线的阻抗与其载流量成反比;较大截面积导线的热稳定负荷供电距离取决于 X/R 值的变化情况。

(2) 紧急或事故载荷供电距离。紧急或事故载荷供电距离是指某一具体截面导线在紧急或者事故情况下的电力传送距离。尽管可以根据热稳定载荷容量设定紧急负荷,但大多数的电压导则允许在紧急情况下有较大的压降，所以紧急载荷距离比热稳定载荷距离更远。

（3）经济负荷供电距离。前已述及，每种截面的导线都有一个经济负荷范围，在此范围内导线寿命周期内的总成本（包含导线的初始成本及未来损耗成本的现值）最低。在经济负荷范围内，任何导线的峰值电流都要远小于其热稳定极限电流。导线的经济负荷供电距离是指，在经济负荷范围内满足供电准则压降限值时所能达到的最远电力传输距离。与热稳定负荷供电距离类似，配电导线的经济负荷供电距离也基本相等，一般在±10%范围内波动。但由于需求的负荷率和功率因数都会影响损耗成本，截面相同的线路在不同系统中的经济负荷范围和经济负荷供电距离都可能会不一样。导线的经济负荷供电距离与所在系统的电压等级成正比，若电压等级翻倍，则导线的经济负荷供电距离也增加接近两倍，这是因为电压等级升高，横担间距增大，电抗和单位长度的压降增加，从而使得负荷供电距离稍微减少。

一个良好的中压馈线层规划是，优化选择中压电压等级、导线截面系列以及整个配电系统的布局方式（包括与供电区域配电要求相匹配的变电站间距）。如果没有最大限度地利用设备的能力，配电系统的效率和性能就会受到影响。

理想的导线截面系列选用导则，通常包括选择3~6种截面的架空线路和2~4种截面的电缆线路，还包括考虑使用单相还是两相线路，可以同时实现以下三个目标：

1）经济性能良好，即传送单位长度电力的成本较低；

2）负荷供电距离合理，能满足系统必要的电压质量要求；

3）规划方法简易，很少出现偏离导则而需要进一步分析的情况。

导线截面的选择可用于指导线路选型，如图7-2所示。该模型y轴表示固定成本（架设馈线的单位长度最低成本），x轴表示负荷水平。在负荷的线性变化范围内，随负荷水平的增长所对应的成本可线性增长至固定成本的3~5倍（即可变成本）；在负荷的指数变化范围（线性变化范围之外）内，随载荷水平的增长所需成本增长迅速。

中压电压等级对导线截面选择（固定成本、线性变化范围和可变成本斜率）的影响有：固定成本（y轴）大致与电压等级的立方根成正比，线性范围的宽度和经济负荷供电距离与中压电压等级近似成正比，可变成本（负荷线性范内）的斜率与电压等级大致成反比。

实际的导线截面选择包括以下几个重要方面，按重要性排序为：

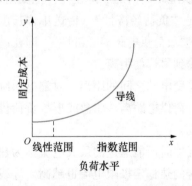

图7-2 导线截面的经济性示意图

1）采用较少种类的架空导线截面（3~6种），尽可能覆盖所需的负荷水平范围；

2）同样道理，采用较少种类的地下电缆截面；

3）采用足够的经济负荷供电距离；

4）在满足1）和2）的条件下，使传送单位长度电力的成本最低；

5）负荷水平优化有时也要考虑单相和两相导线的截面，以使低负荷水平时的成本较低；

6）采用较低的固定成本，特别是对于单相线路和低负荷线路；

7）最大截面导线热稳定极限容量的设定需远高于其负荷线性范围；

8）需权衡大截面导线的容量优势和小截面导线的经济优势。

3. 线路属性

线路属性包括阻抗、压降和损耗等。线路压降和线路损耗通常在配电层电力传送的总成本中占据很高的比例，这两者都是由线路阻抗和所带负荷决定的。线路阻抗是相数、导线电阻和导线间距的函数，可以采用较大截面积的导线，虽然增加成本，但是可以明显地改善线路属性。

如果线路的阻抗不准确，将会导致在电能质量（压降）和经济性（损耗）评估中产生较大的偏差。卡松方程是计算线路阻抗的最经典方法，还可以基于对称分量法来计算线路的正序、负序阻抗和零序阻抗。

线路的功率损耗可以表示为

$$\Delta P_i = \frac{P_i^2 + Q_i^2}{U_N^2} r_i l_i \times 10^3 = \frac{S_i^2}{U_N^2} r_i l_i \times 10^{-3} (\mathrm{kW})$$

$$\Delta Q_i = \frac{P_i^2 + Q_i^2}{U_N^2} x_i l_i \times 10^3 = \frac{S_i^2}{U_N^2} x_i l_i \times 10^{-3} (\mathrm{kvar})$$

式中：P_i、Q_i、S_i、U_N 分别为线路 i 的有功功率（kW）、无功功率（kvar）、视在功率（kVA）和额定电压（kV）；r_i、x_i、l_i 分别为线路 i 的单位长度电阻（Ω/km）、电抗（Ω/km）和线路长度（km）。

在功率损耗计算的基础上，线路的电能损失可以表示为

$$\Delta W_i = \frac{P_{mi}^2}{U_N^2 \cos\varphi_i^2} r_i l_i \tau \times 10^{-3} = \frac{S_{mi}^2}{U_N^2} r_i l_i \tau \times 10^{-3}$$

式中：P_{mi} 为第 i 段线路的最大负荷，kW；τ 为最大功率损耗时间，h。

如果已知有功功率损耗的最大值，也可以采用如下的简化计算方法

$$\Delta W_i = \Delta P_{mi} \tau$$

7.1.4 配电网的类型

电力系统的主要元件（例如线路和变压器、发电机等）都是三相制的，但是很大比例负荷是单相的。因此，大多数电力系统都是三相、单相线路和设备所组成的混合系统，可以采用星（Y）接或者角（△）接。从配电系统规划的角度来看，虽然三相线路的初期投资成本比单相线路高，但三相平衡电路的损耗和压降比单相电路低。一般而言，高压输电部分采取三相△形连接，而配电部分采取三相 Y 形连接。

配电网络根据馈线布置方式以及馈线与变电站的连接方式不同可分为辐射状、环状和网状三种典型模式，如图 7-3 所示。

1. 辐射状

辐射状接线模式中，每个用户和电源（变电站或配电变压器）之间至少有一条通路，每条馈线为特定供电区域内的所有用户供电。需要注意的是，实际应用中许多辐射

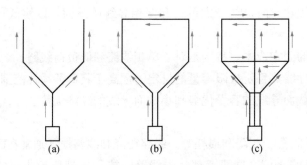

图 7 - 3　三种典型配电网接线模式（箭头表示潮流方向）

（a）辐射状；（b）环状；（c）网状

状馈线系统都被设计和构建成网状模式，只需通过断开位于开环点的开关即可使系统以辐射状模式运行。因此，在规划时需要确定网状模式的整体布局方案、网络中每段馈线的长度以及开环点的位置。

　　辐射状网络中的馈线有"主干线"和"多分支线"两种供电方式，如图 7 - 4（a）、（b）所示，它们均是向 108 台配电变压器供电。如果从可靠性、成本、保护配置的难易程度以及供电质量的角度分别来看，两种方式各有优点。通常只将其中一种作为标准或导则中的推荐方式，但这样会因为缺少灵活性而无法进一步减少成本和提高可靠性。

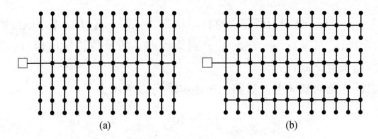

图 7 - 4　辐射状网络中馈线的两种供电方式

（a）主干线布局；（b）多分支布局

　　目前在配电网规划中，辐射状是应用较广泛的一类，其突出的优点是：结构简单，成本较低；潮流方向明确，负荷易于确定，因而不必进行复杂的网络分析计算就能得到精确的电压分布情况和设备容量需求；故障电流大小可准确预测，因而可准确配置断路器、继电器、熔断器等各种保护设备；除此之外，确定电压调节器以及电容器的容量和位置也相对简单。然而，从用户的角度来看，由于辐射状系统在变电站和用户之间只有一条通路，此通路上任何元件的失效都会导致停电，因此这种模式的供电可靠性低于环状模式或网状模式。

　　2. 环状

　　相对于纯粹的辐射状系统，在环状系统结构中，每个用户和电源（变电站或者配电变压器）之间有两条通路。环状系统的设备容量和环路，必须保证无论哪里断开都能维持供电。出于这种要求，无论运行于开环还是闭环状态，环状系统的基本设备容量都是一样的。

另外，还有多级环状系统的，即一条环状的高压配电线路向几个变电站供电，再从变电站敷设出几条环状的馈线向配电变压器供电，每台配电变压器再将电力通过低压环状电网送出。

就复杂性而言，环状系统比辐射状系统复杂一些。环状系统潮流通常从两侧流向中间，因此在设备选择和继电保护配置方面会复杂一些，但环状电网比辐射状电网的供电可靠性更高。

环状电网的主要缺点是，所需要的设备容量较大。一个合理的规划方案必须保证环状系统无论是开环运行还是闭环运行，环路上任何点断开都不会中断供电，这就意味着变电容量和供电线路截面都要设计得足够大，从而保证在任一端供电时都能满足整条馈线上的电力需求和电压质量要求。因此，虽然环状系统比辐射状系统具有更高的可靠性，但成本也比后者要高。

3. 网状

在这类模式中，每个用户和电源之间有多条通路，供电可靠性比辐射状系统和环状系统都要高得多，当然其结构也较复杂，成本也较高。

由于在运行中可能会产生不可预料的环流和负荷转供问题，中压配电系统很少采用复杂的网状模式。目前在实际工程中，常采用所谓的"双 T"设计，中压馈线呈辐射状交错布置，低压配电线路呈网状，从而保证任何供电区域都由至少两条馈线供电。如图 7-5 所示，沿街排布的两条馈线交替为配电变压器供电，其引出部分始终平行排列，每条馈线的输电路径处处不重叠。

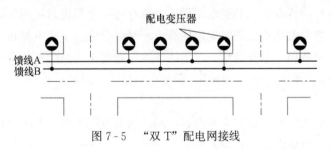

图 7-5　"双 T"配电网接线

这种模式的特点（也是设计难点）是将馈线"混合"起来，使得每条馈线都有一部分与其他馈线平行排列，从而当任意一条馈线失效时，其负荷都可以转移到其他馈线而不会出现过负荷。如图 7-5 所示，任意一个供电区域都由两条馈线供电，每条馈线分别为不同的配电变压器供电且互为备用，称此系统具有 $N-1$ 的冗余度。

网状系统的主要缺点是结构复杂，从而增加了负荷预测、潮流分析和保护配置的难度。值得一提的是，由于节点数量多，大型配电网的潮流计算可能比输电网的更复杂。

比较以上三种模式可知，辐射状配电系统的成本较低，但可靠性也较低；环状、网状配电系统可靠性较高，但成本也较高。对于负荷密度不大、可靠性要求不高的城乡地区比较适合采用辐射状模式；但对于负荷密度大、供电可靠性要求较高的重要负荷的中心城镇地区，则更加适合采用环状或网状模式。

7.2 变电站规划

7.2.1 变电站

1. 选址和定容

变电站规划是配电网规划的核心环节，如图 7-6 所示。

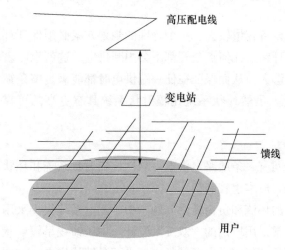

图 7-6 变电站在系统中的位置

变电站规划的主要内容包括变电站的选址和定容两部分。所谓变电站的选址，是指确定变电站站址的具体位置。为了使电能传输更经济，通常要求变电站站址应位于其所供区域负荷的中心，但由于实际的地理条件及已有建筑等情况，通常可在负荷中心附近选一适当位置作为其站址。所谓变电站的定容是指确定变电站的主变压器容量及台数，其中还要考虑适当的变压器负荷率。确定变电站的位置及容量是配电网规划工作的一个重要环节，而且是相辅相成的，其结果直接影响未来配电网的结构、供电电能质量和运行的经济性。

对于任何现有的或者规划的变电站而言，都存在一个最优站址的问题。所谓的"最优站址"并不是指变电站本身的占地最便宜，而是综合考虑了变电站相关的多种成本的折中结果，如征地费用、平整费用、进出线成本以及配电线路的长短等。同样道理，每一座变电站都存在所谓的"最优规模"（即变电容量、出线数量）。

2. 供电范围

选址和定容是变电站规划的主要内容，同时供电范围也是变电站规划中必须要考虑的一个重要问题，与变电站的选址和定容关系密切。

如图 7-7 所示，供电区域被变电站分割成多块供电范围，每个变电站的供电范围都是整个供电区域的一部分，被变电站低压侧母线所引出的馈线所覆盖。通常，变电站的供电范围是连续的（即没有分成两个或者多个分离的区域）、独立的（彼此没有重叠），基本上是以变电站为中心的一个圆形区域。由此，变电站的供电范围也可以用供电半

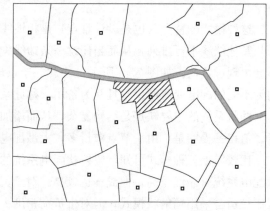

图 7-7 变电站的供电范围

径来表示。

与变电站的既定站址和容量相对应，存在一个最佳供电范围，在该范围内的负荷相对其他变电站而言，最适合从该变电站供电。而不同站址和容量的变电站，其最佳的供电范围是不同的。毫无疑问，变电站的容量越大，其最佳供电范围也越大。

因此，任何一座变电站都存在一个最佳的站址、容量和供电范围。而变电站最佳的站址和容量也决定了变电站的最佳供电范围。也就是说，变电站的最佳供电范围是相对于变电站的站址和容量而言的。

7.2.2 成本分析

1. 成本构成

如图 7-6 所示，变电站规划涉及三个层级。如表 7-2 所示，一般情况下，变电站自身成本实际上只占整体成本的 5%～20%。因此，变电站规划必须考虑三个层级的设备及其成本。

表 7-2 变电站的总成本

设备	初值比例（%）	现值比例（%）	设备	初值比例（%）	现值比例（%）
高压配电线	8	8	馈线	76	70
变电站（包括占地费用）	16	22	合计	100	100

因此，从规划的角度来看，无论是新建变电站还是变电站增容，都需要考虑高压配电层、变电站层和馈线层的成本。有些成本如变电站本身的成本，与变电站的位置关系不大，而另外一些成本则与变电站的位置密切相关，如馈线成本。

表 7-3 按照重要性顺序，列出了在变电站选址和定容中对规划成本影响的主要因素。

表 7-3 影响规划总成本的主要因素

主要因素	影响程度
馈线	馈线对变电站选址和定容影响最大，也是变电站选址需要考虑的主要成本
高压配电线路	有些地方有可用的高压配电线路，或者可以通过以较低的成本实现高压配电线路，有些地方则需要较长距离的高压配电线路或者电缆线路，增加了规划成本
馈线通道	将馈线引出变电站，需要足够的通道。在一些用地紧张的地区，馈线只能入地，这些都造成了规划成本的增加
地形	在对馈线布局有约束的地带或者在公共设施附近建设变电站会使规划成本增加
土地平整	斜坡、管道、土壤、岩石等地表环境决定了变电站建设的土地准备成本；此外，运输成本也随着场地的不同而有很大的差别
征地	征地成本也是其中的一个主要因素，有的地块要比其他地块价格高
环境	在小山顶或者其他一些地方建设变电站更容易受到雷电等恶劣天气的影响，同时增加了运行成本和检修成本

2. 投资成本

(1) 变电站的投资成本。假设变压器的台数为 M，单台变压器的容量为 S_T，则变电站的投资成本可以表示为

$$C_{inv}^{T} = a_{T0} + (a_T + b_T S_T)M$$

式中：a_{T0} 为与站址有关的固定成本，不同的站址固定成本是不同的；a_T 为单台变压器的固定成本，主要体现了进出线间隔的费用；b_T 为与变压器容量相关的成本系数，变压器的容量越大，投资成本越高。

(2) 高压配电线路的投资成本。假设每台变压器有一条高压进线，那么变电站的进线数量就是变压器的台数 M。设变电站的供电范围以圆的形式来表示，此圆的半径为 l，圆的面积为 πl^2，又假设供电区域的负荷密度为 σ，则供电区域的总负荷为

$$P = \pi l^2 \sigma$$

此负荷由 M 条进线均分，每条线路的负荷为 $\dfrac{\pi l^2 \sigma}{M}$。因为进线是由上级变电站引出，长度可以取变电站供电半径的两倍。那么，在电压等级确定的情况下，按照上述负荷可以确定线路的经济负荷密度以及截面积，也就确定了进线的投资成本。一般也可以表示为进线数量的线性函数

$$C_{inv}^{HI} = (a_l^H + 2b_l^H l)M$$

式中：a_l^H 为每条进线的固定投资成本，一般与线路走廊和进线间隔密切相关；b_l^H 为每条进线单位长度的投资。

(3) 馈线的投资成本。假设每台变压器的馈线数量是相同的，以 N 来表示，则馈线的总数量为 MN。同样，供电区域的总负荷 $P = \pi l^2 \sigma$ 由 MN 条线路均分，每条线路的负荷为 $\dfrac{\pi l^2 \sigma}{NM}$。在电压等级确定的情况下，按照上述负荷可以确定线路的经济负荷密度以及截面积，也就确定了出线的投资成本，一般也可以表示为出线数量的线性函数

$$C_{inv}^{LI} = (a_l^L + b_l^L l)NM$$

式中：a_l^L 为每条线路的固定投资成本，一般与线路走廊等因素密切相关；b_l^L 为每条出线单位长度的投资，也包含分支线的投资。

在变电站的规划当中，馈线的投资成本是估算的，具体成本还要在线路规划中进一步细化，则变电站的总投资成本为

$$C_{inv} = a_{T0} + (a_T + b_T S_T)M + (a_l^H + 2b_l^H l)M + (a_l^L + b_l^L l)NM$$

3. 运行成本

变电站的运行成本由两部分组成，一部分为变压器的运行成本，而另一部分为线路（包括高压配电线路和馈线）的运行成本。

(1) 变压器的运行成本。供电区域内的负荷由 M 台变压器均分，每台变压器的负荷为 $\dfrac{\pi l^2 \sigma}{M}$，则变压器的运行成本可以表示为

$$C_{ope}^{b} = \omega M \left(\frac{\Delta P_k \pi^2 l^4 \sigma^2 \tau}{M^2 S_T^2 \cos\varphi_T^2} + \Delta P_0 \tau \right)$$

式中：$\cos\varphi_T$ 为变压器的功率因数；ΔP_k、ΔP_0 分别为变压器的短路损耗和空载损耗；τ 为变压器年运行小时数。

（2）线路的运行成本。高压配电线路的运行成本可以表示为

$$C_{ope}^{Hl} = \frac{2\omega\pi^2 l^5 \sigma^2 r^H \tau}{M(U_N^H \cos\varphi_l^H)^2} \times 10^{-3}$$

式中：r^H 为高压配电线路的单位电阻。

馈线的运行成本可以表示为

$$C_{ope}^{Ll} = \frac{\omega\pi^2 l^5 \sigma^2 r^L \tau}{NM(U_N^L \cos\varphi_l^L)^2} \times 10^{-3}$$

式中：r^L 为馈线的单位等值电阻；U_N^H、U_N^L 分别为高压配电线路和馈线的电压等级；$\cos\varphi_l^H$、$\cos\varphi_l^L$ 分别为高压配电线路和馈线的功率因数，假设高压配电线路和馈线的功率因数相同，取为 $\cos\varphi_l$。

总的运行成本为

$$C_{ope} = \omega M \left(\frac{\Delta P_k \pi^2 l^4 \sigma^2 \tau}{M^2 S_T^2 \cos\varphi_b^2} + \Delta P_0 \tau\right) + \frac{(2Nr^H + r^L)\omega\pi^2 l^5 \sigma^2 \tau \times 10^{-3}}{NMU_N^2 \cos\varphi_l^2}$$

则变电站的总成本为

$$C_{tot} = a_{T0} + (a_T + b_T S)M + (a_l^H + 2b_l^H l)M + (a_l^L + b_l^L l)NM +$$

$$\omega M \left(\frac{\Delta P_k \pi^2 l^4 \sigma^2 \tau}{M^2 S_T^2 \cos\varphi_T^2} + \Delta P_0 \tau\right) + \frac{(2Nr^H + r^L)\omega\pi^2 l^5 \sigma^2 \tau \times 10^{-3}}{NMU_N^2 \cos\varphi_l^2} \tag{7-1}$$

7.2.3 最佳供电范围

1. 优化模型

以式（7-1）为目标函数

$$C_{tot} = \min\left[a_{T0} + (a_T + b_T S_T)M + (a_l^H + 2b_l^H l)M + (a_l^L + b_l^L l)NM + \right.$$

$$\left. \omega M \left(\frac{\Delta P_k \pi^2 l^4 \sigma^2 \tau}{M^2 S_T^2 \cos\varphi_T^2} + \Delta P_0 \tau\right) + \frac{(2Nr^H + r^L)\omega\pi^2 l^5 \sigma^2 \tau \times 10^{-3}}{NMU_N^2 \cos\varphi_l^2}\right] \tag{7-2}$$

此外，还需要考虑安全和可靠性方面的约束。为了满足 $N-1$ 准则，切除一台变压器，剩余的变压器承担全部负荷而不过负荷，则有

$$\frac{\pi l^2 \sigma}{(M-1)\cos\varphi_T} \leqslant S_T \tag{7-3}$$

对于线路来说，要求线路不能过负荷，因为在选择导线截面时已经考虑了上述因素，所以式（7-3）中可以忽略。

2. 变压器容量

变电站的供电半径与电压等级、变压器台数、供电区的负荷密度、变压器负荷率、二次出线的投资和数量等因素密切相关。确定变电站的供电范围是变电站规划的基础。对式（7-2）中单台变压器的容量 S_T 求导，得到

$$A_1 M^2 S_T^3 - 2A_0 l^4 = 0$$

其中 A_0、A_1 为中间变量，表达式分别为

$$A_0 = \omega\Delta P_k \pi^2 \sigma^2 \tau$$

$$A_1 = b_\mathrm{T}\cos^2\varphi_\mathrm{T}$$

由此可见，变压器的台数、单台容量、供电半径等是相互关联的，确定了其中的两个则可以决定另外一个。当变压器的台数一定时，得到变压器容量与供电半径的关系式

$$S_\mathrm{T} = \sqrt[3]{\frac{2A_0 l^4}{A_1 M^2}}$$

由此说明，在变压器台数一定的情况下，供电范围越大，需要的变压器容量也越大；反之，在变压器台数一定的情况下，变压器的容量越大，供电范围也越大。所计算出来的变压器最优容量也要满足式（7-3），如果不满足，那么就取式（7-3）左侧的数值作为最佳容量。

3. 变压器台数

对于目标函数（7-2）中的变压器台数 M 求偏导数，并令其为 0，有

$$B_0 M^2 S_\mathrm{T}^2 + A_1 M^2 S_\mathrm{T}^3 + B_1 M^2 S_\mathrm{T}^2 l - A_0 l^4 - B_2 S_\mathrm{T}^2 l^5 = 0$$

其中

$$B_0 = (a_\mathrm{T} + a_l^\mathrm{L} N + a_l^\mathrm{H})\cos^2\varphi_\mathrm{T} + \cos^2\varphi_\mathrm{T}\omega\Delta P_0 \tau$$

$$B_1 = \cos^2\varphi_\mathrm{T}(2b_l^\mathrm{H} + b_l^\mathrm{L} N)$$

$$B_2 = \frac{\cos\varphi_\mathrm{b}^2(2Nr^\mathrm{H} + r^\mathrm{L})\omega\pi^2\sigma^2\tau \times 10^{-3}}{NU_\mathrm{N}^2\cos^2\varphi_l}$$

得到

$$M = \sqrt{\frac{A_0 l^4 + B_2 S_\mathrm{T}^2 l^5}{B_0 S_\mathrm{T}^2 + A_1 S_\mathrm{T}^3 + B_1 S_\mathrm{T}^2 l}}$$

由此说明，在变压器单台容量一定的情况下，供电范围越大，需要的变压器台数越多；而在供电范围确定的情况下，单台变压器容量越小，需要的变压器数量越多。

同样道理，变压器的最佳台数与变压器容量和供电范围等参数之间的关系也应该满足式（7-3）的约束，如果不满足，则变压器容量取其最小的下限值，式（7-3）的等式成立，有

$$M = \frac{\pi l^2 \sigma}{S_\mathrm{T}\cos\varphi_\mathrm{T}} + 1$$

此为保证供电可靠性的变压器最小台数限制。

4. 变电站供电范围

假设规划区的面积为 A，规划的变电站数量为 X 个，则每个变电站的供电区域面积为

$$\frac{A}{\lambda X} = \pi l^2$$

式中：λ 为负荷差异系数，是所有变电站最大负荷之和与供电区最大负荷的比值，近似计算时可以认为其等于 1。

由上得到变电站的供电半径为

$$l = \sqrt{\frac{A}{\pi X}}$$

因此，变电站规划总成本最小的目标函数为

$$C_{\text{tot}} = \min X \left[\begin{array}{l} a_{\text{T0}} + (a_{\text{T}} + b_{\text{T}} S_{\text{T}})M + (a_l^H + 2b_l^H l)M + (a_l^L + b_l^L l)NM \\ + \omega M \left(\dfrac{\Delta P_k \pi^2 l^4 \sigma^2 \tau}{M^2 S_{\text{T}}^2 \cos^2 \varphi_{\text{T}}} + \Delta P_0 \tau \right) + \dfrac{(2Nr^H + r^L)\omega\pi^2 l^5 \sigma^2 \tau \times 10^{-3}}{NMU_{\text{N}}^2 \cos^2 \varphi_l} \end{array} \right]$$

将 $X = \dfrac{A}{\pi l^2}$ 代入，并令 $\dfrac{\partial C_{\text{tot}}}{\partial l} = 0$，有

$$A_3 M^2 S_{\text{T}}^2 l + 2B_2 l^4 + 3B_3 S_{\text{T}}^2 l^5 - A_2 M S_{\text{T}}^2 - 2B_0 M^2 S_{\text{T}}^2 - 2A_1 M^2 S_{\text{T}}^3 = 0$$

其中

$$A_2 = 2a_{\text{T0}} \cos^2 \varphi_{\text{T}}$$
$$A_3 = (b_l^H - b_l^L N) \cos^2 \varphi_l$$

由此可以确定变电站的最佳供电半径以及变电站的供电范围。

7.2.4 降压变压器的负荷率

1. 变压器的负荷率与容载比

变压器负荷率又称运行率，是影响变压器容量、台数和配电网结构的重要参数，计算式为

$$T = \frac{\text{变压器实际最大负荷(kVA)}}{\text{变压器额定容量(kVA)}} \times 100\%$$

变压器实际最大负荷是一年中该变压器在正常运行方式下出现的最高负荷，非正常运行方式下出现的数据（如站内有一台变压器检修或故障停役，系统进行转移负荷操作等）应该剔除。

与负荷率不同，容载比是某一供电区内变电设备总容量与供电区最大负荷（网供负荷）之比，它表明该地区、该站或该变压器的安装容量与最高实际运行容量的关系，反映容量备用情况。

我国规定城市配电网必须满足 $N-1$ 准则。对于变电站而言，具体是指高压变电站中失去任一组降压变压器时，必须满足向下一级配电网正常供电的要求；但在低压配电网中，当一台变压器发生故障时，允许部分负荷停电。这里高压变电站是指 35kV 及以上电压等级的变电站，而低压变电站是指 10kV 变电站。因此，在进行变电站定容时首先要讨论变电站的负荷率取值问题。

国内外对 T 的取值大小有两种观点和做法，一种认为 T 值应该取得高一些，被称为高负荷率；另一种则相反，被称为低负荷率。下面对这两种观点分别进行讨论分析。

2. 高负荷率

T 的具体取值和变电站中变压器台数 M 的关系是：当 $M=2$ 时，$T=65\%$（1.3/2），即有两台容量为 S_{T} 的变电站，其供电能力 $P=2 \times 65\% \times S_{\text{T}} \cos\varphi$；$M=3$ 时，$T=87\%$（近似值）；$M=4$ 时，$T=100\%$（近似值），即容载比取值为 $K=1.3(M-1)/M$。

根据变压器负荷能力中的绝缘老化理论，允许变压器短时间过负荷而不会影响变压器的使用寿命。因此，当过负荷率取 1.3 时，允许的过负荷持续时间为 2h。按 $N-1$ 准则，当变电站中有一台变压器因故障停运时，剩余变压器必须承担全部负荷，过负荷率可以取 1.3。因此，不同变压器台数所对应的 T 值不同，台数增多，T 值也增大。

提高 T 值能充分发挥配电网中设备的利用率，减少配电网建设投资，降低变压器损耗。

当变压器取高负荷率时，为了保证可靠供电，在变电站的低压侧应有足够容量的联络线，在 2h 之内通过倒闸操作将变压器过负荷部分通过联络线转移至相邻变电站。联络线路的容量为

$$S_L = (K-1)S_T(M-1)$$

式中：K 为变压器短时过负荷率；S_T 为单台变压器额定容量；M 为变电站中变压器台数。

如果取高负荷率，则式（7-3）变化为

$$\frac{\pi l^2 \sigma}{(M-1)\cos\varphi_T} \leqslant 1.3 S_T$$

3. 低负荷率

当取低负荷率时，变压器负荷率 T 的取值和变电站中变压器台数 M 的关系是：$M=2$ 时，$T=50\%$，即有两台容量为 S_T 的变电站其供电能力 $P=2\times50\%\times S_T\cos\varphi_T$；$M=3$ 时，$T=67\%$（近似值）；$M=4$ 时，$T=75\%$。即容载比取值为 $K=(M-1)/M$。

低负荷率与高负荷率显然不同，当变电站中有一台变压器因故障停运时，剩余变压器承担全部负荷而不过负荷，因此无需在相邻变电站的低压侧建立联络线，负荷倒闸操作都在本变电站内完成。

4. 高负荷率与低负荷率对比

（1）尽管低负荷率时的电网网损比高负荷率时低 5%～15%，但相对来说高负荷率时经济性更好，因为高负荷率时电网的投资成本要低很多。然而，高负荷密度城市取高负荷率时在经济性方面的优势会减弱，这说明高密度负荷区宜建大容量变电站，取低负荷率。

（2）低负荷率时的供电可靠性高于高负荷率时的供电可靠性。例如，当一台变压器故障时，只要在本变电站内进行转移负荷操作，无需求助于邻近变电站，故称为纵向备用，也不会因外部转移负荷有困难而延长停电时间。

（3）高负荷率时，需要在变电站之间建立联络线，以备必要时转移负荷。而很多时候联络线的通道要比征用一个变电站站址困难得多。所以城市规划部门大部分赞成变压器的低负荷率取值。

（4）低负荷率时，配电网具有更强的适应性和灵活性，对于经济发展迅速、人口密度大和用电标准高的城市是可以考虑的。

（5）变压器取低负荷率是简化网络接线的必要条件，对城市电网的配电自动化建设有利。

针对以上两种负荷率的分析都是静态的，没有考虑负荷的发展、负荷同时率等因素。当总负荷一定时，负荷同时率也会对变压器容载比产生较大的影响。假设有两个负荷，一个负荷最大值为 20MW，出现在上午 9 时，一个负荷最大值为 50MW，出现在 15 时，两个负荷之和的最大值为 60MW，出现在 13 时；假定这两个负荷由一个变电站

供电,那么可考虑变电站所带最大负荷为 60MW,这两个负荷同时率不为 1。而如果这两个负荷分别由两个变电站供电,假设两个变电站所带的最大负荷分别为 20MW 和 50MW,对这两个变电站来说,负荷的同时率分别为 1,也就是说在确定变压器容量时要考虑总的负荷最大值为 70MW。所以变电站所带负荷的同时率将对变压器容载比的确定产生重要影响。另外,在负荷率的定义中,负荷取值为视在功率,而实际在规划时采用的负荷预测值为有功功率。因此,这里隐含了一个条件,即默认的功率因数值。按照《电力系统电压质量和无功电力管理规定》(国家电网生〔2004〕203 号):变电站应配置足够容量的无功补偿及必要的调压手段,在最大负荷时,一次侧功率因数不低于 0.95;在最小负荷时,相应一次侧功率因数不宜高于 0.95(110 kV 及以下变电站不高于 0.98),即默认的功率因数为 0.95~0.98。而在变电站实际运行时,由于不同地区负荷的分布和实际无功补偿装置的安装和使用情况不同,各变电站的实际功率因数可能并不处于这一默认区间,因而需对当地实际运行的变电站平均功率因数进行调查和预测,以便获得更准确的变压器容载比。

7.2.5 规划方法与步骤

简而言之,变电站规划是确定变电站的站址和容量,并将所有负荷划分给各个规划变电站,从而形成变电站供电范围的过程。

在变电站规划中,首先要考虑变压器台数和容量的问题。配电系统变压器系列的容量变化不大,在综合考虑投资成本、系统短路容量、安装环境等条件之后,可以确定变压器的容量。而变压器台数的一般选择 2~4 台,大多数变电站都配置 2 台变压器,三四台变压器的配置相对较少,大部分配置在负荷较集中的地区。在变压器的台数和容量确定以后,根据负荷密度可以得到最佳的供电半径,按照整个规划区域进行变电站的分布,使规划的变电站能够覆盖整个规划区域。

上述规划方法是以负荷密度为参量的,也有的变电站规划方法采用点负荷的形式,如第 3 章所述,以整个规划区域的变电站投资成本和运行成本最小化为目标函数,且满足电力电量约束、可靠性约束等条件,采用标准的线性和非线性优化方法进行求解,这相对来说要复杂一些。

综上所述,变电站规划方法通常有两种。一种是根据经验事先给出变电站的可能位置,再根据一些算法选择其中较好的位置作为站址。由于这类方法在规划前已经综合了运行人员和专家对站址的实际因素考虑,因而取得的站址具有较好的适应性。但该方法需要经验丰富的规划人员和专家对变电站的备选站址进行分析考察,工作量较大,增大了规划所耗时间。第二种是无备选站址的计算方法,这类方法通过优化算法的大范围搜索自动优化得到站址,工作量相对较小,因而更受青睐。该类方法通常考虑的优化目标函数是投资成本和运行成本最小,而诸如地理信息等因素,由于建模较为困难而未予考虑,从而导致所选的站址可能位于湖泊、繁华地段等不宜建站的区域。因此,通常情况下两种方法应结合使用,第二种方法一般应在优化选址完成后,再根据地理限制条件对站址进行适当调整,以达到建成后运行成本最小的目标。

7.2.6 案例分析

某地区总面积约 $14.43km^2$，负荷密度约为 $35.73MW/km^2$，区内 35kV 变电站远期规划主变压器容量均为 $3×31.5MVA$，35kV 变电站进线全部选用 YJV22 - 1×630 电缆，10kV 出线采用 YJV22 - 3×400 电缆，各部分投资成本及设备参数见表 7 - 4。

表 7 - 4 投资成本及设备参数

类型	设备参数	单位造价
主变压器	$3×31.5MVA$ $\Delta P_k=145kW$ $\Delta P_0=28kW$	16 万元/MVA
35kV 进线	YJV22 - 1×630 $(r=0.028\Omega/km)$	220 万元/km
10kV 出线	YJV22 - 3×400 $(r=0.047\Omega/km)$	120 万元/km

取电价 $\omega=0.646$ 元/kWh，变压器功率因数、线路功率因数均为 0.95，出线回数 $N=6$，$\tau=5000h$，根据式（7 - 2）、式（7 - 3）及以上数据建立优化模型，目标函数为

$$\min C_{tot} = \frac{14.43}{\pi l^2}(169.13l^5 + 219.66l^4 + 47.53)$$

满足以下约束条件

$$43000 \leqslant \frac{14.43}{\pi l^2} \times (3480l + 1512) \leqslant 50000$$

$$0 \leqslant l \leqslant 0.73$$

对该最优化问题进行求解，可得该地区变电站的最佳供电半径为 $l=0.598km$。

7.3 馈 线 规 划

电力在输配电线路上传输，经过变压器升压和降压，以合适的电压供给用户。其中线路和变压器是构成输配电系统的基本"元素"，而其他设备，如调压器和电容器，与继电保护装置和断路器一样，主要起着支持、保护和控制的作用。因此，线路规划是配电网规划的另一项主要内容。

对于配电网来说，线路规划包括高压配电线路规划和馈线规划两部分。在我国，馈线一般为 10kV 线路，是由变电站向配电变压器送电的线路，通常包含很多分支线。因此，相对于高压配电线路来说，馈线规划相对较复杂一些。本节主要阐述馈线规划的基本原理和方法，也同样适用于高压配电线路的规划。

7.3.1 基本概念

1. 供电范围

馈线规划一般是指中压配电网络的规划，中压配电网络实际上是由众多馈线所组成的馈线系统。馈线的任务是将电力由变电站送到配电变压器，为了完成此目标，馈线规

划应该同时满足以下三个方面的要求：

（1）经济性。馈线的总成本（包括投资成本和运行成本）应该尽可能的低；

（2）输电能力。馈线系统必须能够满足所有用户的电力需求；

（3）电能质量。必须保证较高的供电可靠性和电能质量。

实际上，上述要求也是所有输配电系统规划的基本要求。同变电站规划相同，馈线也存在供电范围，是将电力送到指定变电站的部分供电区域，如图 7 - 8 所示。

在图 7 - 8 中，假设馈线的供电范围是矩形的，此矩形的长度为 l，与变电站的供电半径相同，宽为 d，馈线的供电区域面积为 ld。此外，馈线包括干线和分支线，干线一般只有一条，而分支线有多条。假设有 n 条分支线，在馈线上均匀分布，如图 7-8 所示的 4 条分支线的示意图。l 已知，只要求得 d 就可以得到线路的供电范围。

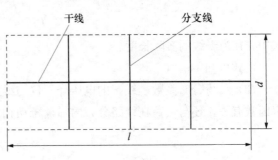

图 7 - 8　馈线的供电范围

不难看出，变电站的供电范围是其所有馈线供电范围的叠加。由此对馈线规划提出的要求是：

（1）馈线必须能够达到变电站间的任何位置。在满足一定的输电能力和电压降的情况下，馈线系统应该能够将电力可靠、经济地分配到变电站间的所有负荷点。因此，在馈线规划中，所规划的变电站数目越少，站间的距离就越远，馈线的载荷供电距离就越长。

（2）馈线供电范围之间不能相互重叠。每条馈线的供电区域都是相互独立的，在该供电区域内，有唯一的电源。对于大多数的配电网规划来说，其规划的目标是通过馈线的合理分布，使其具有相邻且不相重合的供电区域。

2. 基本概念

（1）负荷矩。干线通常被分支线分割成数段，线路的电压降可以表示为

$$\Delta U = \sum_{i=1}^{n} \frac{P_i R_i + Q_i X_i}{U_N} = \sum_{i=1}^{n} \frac{S_i L_i (r\cos\varphi + x\sin\varphi)}{U_N} = \frac{(r\cos\varphi + x\sin\varphi)}{U_N} \sum_{i=1}^{n} S_i L_i$$

式中：P_i、Q_i、S_i 为线段 i 负荷；r、x 为单位长度阻抗；L_i 为线段 i 的长度；φ、U_N 分别为线路的功率因数角和额定电压；n 为线路的段数，也就是分支数。

当以百分数表示时，有

$$\Delta U(\%) = \frac{r\cos\varphi + x\sin\varphi}{U_N^2} \times \frac{100}{1000} \sum_{i=1}^{n} S_i L_i \tag{7-4}$$

定义线路电压降为 1% 时的负荷矩 H

$$H = \frac{\sum_{i=1}^{n} S_i L_i}{\Delta U(\%)}$$

将式（7-4）代入，得

$$H = \frac{10U_{\mathrm{N}}^2}{r\cos\varphi + x\sin\varphi}$$

负荷矩 H 实际上是单位电压调整系数。

（2）地形系数。在变电站规划中，说明线路的长度不可能超出变电站的供电范围。也就是说，线路的长度为 l。但是，由于受地形和线路走廊的限制，线路不可能是直线的形式。例如，对于干线可以定义地形系数为

$$\eta = \frac{L}{l}$$

式中：L 为干线的实际长度。

由式可知，$\eta \geqslant 1$。

（3）负荷分布系数。线路的电压降不仅与线路的长度、负荷大小、线路参数以及功率因数有关，还与负荷在线路分布的稀疏密切相关。定义负荷分布系数如下

$$\mu = \frac{PL}{\sum\limits_{i=1}^{n} S_i L_i} = \frac{PL}{H\Delta U(\%)}$$

负荷分布系数的大小反映了负荷的分布情况。负荷的沿线分布包括以下几种情况：

1）沿线均匀分布

$$\mu = \frac{2n}{n+1}$$

2）首端负荷密，末端负荷稀，从首端至末端递减

$$\mu = \frac{3n}{2n+1}$$

3）首端负荷稀，末端负荷密，首端至末端负荷递增

$$\mu = \frac{n^2(n+1)}{2\sum\limits_{i=1}^{n}[i(n-i+1)]}$$

7.3.2 最佳供电范围

1. 投资成本

（1）干线的投资成本。干线的投资成本可以表示为

$$C_{\mathrm{inv}}^{\mathrm{M}} = a_l^{\mathrm{M}} + b_l^{\mathrm{M}} S^{\mathrm{M}} \eta l$$

式中：S^{M} 为干线的导线截面积；a_l^{M} 为每条进线的固定投资成本，一般与线路走廊密切相关；b_l^{M} 为干线单位长度、单位截面积的投资。

（2）分支线的投资成本。对于 n 条分支线，不考虑分支线的地形系数，其投资成本可以表示为

$$C_{\mathrm{inv}}^{\mathrm{B}} = n(a_l^{\mathrm{B}} + b_l^{\mathrm{B}} d)$$

式中：a_l^{B} 为每条分支线的固定投资成本，一般与线路走廊密切相关；b_l^{B} 为分支线单位长度的投资。

2. 运行成本

（1）干线的运行成本。当供电范围内的负荷密度为 σ 时，则供电区的总负荷为 $ld\sigma$，

每条分支线所承担的负荷为 $\dfrac{ld\sigma}{n}$，也就是说，干线每经过一个分支，负荷递减 $\dfrac{ld\sigma}{n}$。负荷分布系数可以表示为

$$\mu = \sum_{i=1}^{n} \frac{n^2 \cos\varphi_M}{n-i+1}$$

则干线的运行成本可以表示为

$$C_{ope}^M = \omega \sum_{i=1}^{n} \frac{(ld\sigma)^2 (n-i+1)^2 \rho^M l\eta\tau \times 10^{-3}}{S^M n^3 \cos^2\varphi_M U_N^2} = \frac{\omega (ld\sigma)^2 n\rho^M l\eta\tau \times 10^{-3}}{\mu^2 S^M U_N^2}$$

式中：ρ^M、$\cos\varphi_M$ 分别为干线的电阻率和功率因数。

第 i 段干线的负荷为

$$P_i = \frac{ld\sigma(n-i+1)}{n}$$

（2）分支线的运行成本。每条分支线所承担的负荷为 $\dfrac{ld\sigma}{n}$，根据此负荷确定分支线的经济电流及导线截面积。在不考虑分支线地形系数的情况下，运行成本可以表示为

$$C_{ope}^B = \frac{\omega (ld\sigma)^2 r^B d\tau \times 10^{-3}}{n^2 \cos^2\varphi_B U_N^2}$$

式中：r^B、$\cos\varphi_B$ 分别为分支线的单位长度电阻和功率因数。

3. 线路截面积

在此以线路的投资和运行成本最小为目标，对干线的截面积进行优化选择。以总成本年费用最小为目标函数，有

$$C_{tot} = \min \left[\begin{matrix} a_l^M + b_l^M S^M \eta l + n(a_l^B + b_l^B d) + \\ \dfrac{\omega (ld\sigma)^2 n\rho^M l\eta\tau \times 10^{-3}}{\mu^2 S^M U_N^2} + \dfrac{\omega (ld\sigma)^2 r^B d\tau \times 10^{-3}}{n\cos^2\varphi_B U_N^2} \end{matrix} \right] \tag{7-5}$$

对式（7-5）求偏导，并令 $\dfrac{\partial C_{tot}}{\partial S^M} = 0$，有

$$B_3 (S^M)^2 - B_4 d^2 = 0$$

其中

$$B_3 = b_l^M \eta l$$

$$B_4 = \frac{\omega(l\sigma)^2 n\rho^M l\eta\tau \times 10^{-3}}{\mu^2 U_N^2}$$

则有

$$S^M = d \sqrt{\frac{B_4}{B_3}}$$

上式说明干线的截面积和供电范围是密切相关的，供电范围越大，则要求导线的截面积越大。

4. 最佳供电半径

在一个变电站供电范围内，需要的干线数量为 $\dfrac{\pi l^2}{ld}$。以变电站供电范围内的干线的

总成本最小为目标函数，则有

$$C_{\text{tot}} = \min \frac{\pi l}{d} \begin{bmatrix} a_l^{\text{M}} + b_l^{\text{M}} S^{\text{M}} \eta l + n(a_l^{\text{B}} + b_l^{\text{B}} d) + \\ \dfrac{\omega (ld\sigma)^2 n\rho^{\text{M}} l\eta\tau \times 10^{-3}}{\mu^2 S^{\text{M}} U_{\text{N}}^2} + \dfrac{\omega (ld\sigma)^2 r^{\text{B}} d\tau \times 10^{-3}}{n\cos^2\varphi_{\text{B}} U_{\text{N}}^2} \end{bmatrix} \quad (7\text{-}6)$$

满足线路的电压降约束

$$\frac{(r^{\text{M}}\cos\varphi_{\text{M}} + x^{\text{M}}\sin\varphi_{\text{M}})l^2 d\sigma}{\mu U_{\text{N}}} \leqslant \Delta U^{\max} \quad (7\text{-}7)$$

其中，$\Delta U^{\max}$ 为最大电压降。对式（7-6）求偏导，并令 $\dfrac{\partial C_{\text{tot}}}{\partial d} = 0$，得到

$$A_5 d^2 + 2A_4 d^3 S^{\text{M}} - A_6 (S^{\text{M}})^2 - A_7 S^{\text{M}} = 0$$

其中

$$A_4 = \frac{\omega(l\sigma)^2 r^{\text{B}}\tau \times 10^{-3}}{n\cos^2\varphi_{\text{B}} U_{\text{N}}^2}$$

$$A_5 = \frac{\omega(l\sigma)^2 n\rho^{\text{M}} l\eta\tau \times 10^{-3}}{\mu^2 U_{\text{N}}^2}$$

$$A_6 = b_l^{\text{M}} \eta l$$

$$A_7 = a_l^{\text{M}} + na_l^{\text{B}}$$

由此可以求出线路的最佳供电范围。所求得的最佳供电范围还要满足式（7-7）的不等式约束，即

$$d \leqslant \frac{\Delta U^{\max} \mu U_{\text{N}}}{(r^{\text{M}}\cos\varphi_{\text{M}} + x^{\text{M}}\sin\varphi_{\text{M}})l^2\sigma}$$

如果不能满足，则取最佳的供电范围为上式的右侧值。

确定了馈线的最佳供电半径之后，就能够确定其供电范围，从而在变电站的供电区域内进行馈线规划，原则上只要保证所有馈线的供电范围能够覆盖变电站的供电范围即可。

7.3.3　馈线单元规划

1. 馈线单元

如上所述，在确定单条馈线最佳供电范围基础上所进行的馈线规划有一定的局限性，主要是因为其没有考虑负荷转供及相关的可靠性问题。

在现代的配电系统中，由于自动化装置被普遍采用，单条馈线本身并不是一个严格定义的设备。实际上，馈线是变电站某一馈电点（通常位于低压侧母线的断路器处）的下游设备，而馈线的结构是由线路上的联络开关状态确定的。任一馈线的路径、供电范围和负荷都可以通过闭合或者打开数个联络开关来改变。

因此，考虑馈线系统的规划更加合理。接线模式是通过多条馈线相互连接而组成的一个标准化馈线系统体现出来的，此馈线系统称作馈线单元。针对接线模式的规划比单条馈线的规划要更加合理，其中辐射状的接线模式由单条馈线构成，也是最基本的馈线单元，其规划也与单条馈线的规划过程相同。

进行馈线单元规划应该考虑以下基本原则和假设：

（1）负荷密度。配电网的规划，特别是中压配电网的规划一般采取面负荷的表示方式，那么负荷密度就是很重要的一项指标。并且，假设在规划区域内的负荷密度是相同的。

（2）电源点。出于提高供电可靠性的需要，馈线单元中每条馈线的电源尽量来自不同的变电站，或者是同一变电站的不同母线。对于同一变电站的不同母线一般来说是比较容易实现的，因为变电站规划中都考虑多台变压器，而且变电站母线也大部分采用多分段的形式。

（3）馈线数量与容量。每一馈线单元都是由多条馈线组成的，这些馈线的组合与互联是为了负荷转供。在考虑满足 $N-1$ 准则的情况下，每条馈线的容量应该是原容量的 $(N-1)/N$ 倍。也就是说，不考虑馈线分段及部分负荷转移，只是考虑整条馈线的负荷转移。

馈线单元包括架空线单元和电缆单元。

2. 架空线单元

（1）辐射状接线。如图 7-9 所示，辐射状接线是配电网最简单的接线模式，适用于城市架空线、非重要用户和郊区。干线可以分段，其原则是一般主干线分为 2～3 段，负荷较密地区 1km 分 1 段，远郊区按所接配电变压器容量每 2～3MVA 分 1 段，以缩小事故和检修停电范围。

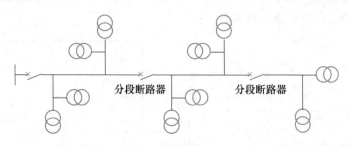

图 7-9　辐射状接线

针对辐射状接线，因为馈线之间没有联络，所以也不存在单元规划，只是按照单条馈线进行规划即可。

（2）N 供一备接线。N 供一备接线也是配电网所采用的一种主要接线模式。图 7-10 所示为三供一备接线。其中包含 4 条线路，1 条为备用线路。在 3 条供电馈线中，出于供电可靠性的要求，最好来自 3 个不同的变电站，其次是来自同一变电站的不同母线。

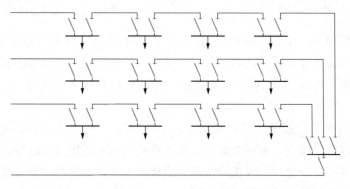

图 7-10　三供一备接线

如果 3 条供电馈线的电源来自同一变电站，则馈线单元规划就是 3 条线路一起进行，馈线单元的供电范围是 3 条线路供电范围的 3 倍；如果 3 条供电馈线的电源来自不同的变电站，则只需要进行单条馈线布局规划，然后将 3 条馈线组合成一个单元即可。

3. 电缆单元

（1）单环形接线。电缆线路普遍采用环形结构开环运行的方式。这种接线方式简单清晰。当环形网络中任一段电缆故障时，可以转移负荷。环形网络中的断路器、电缆备用容量应为 50%，正常时最大负荷只能达到该电缆安全载流量的 1/2。电源可以取自两个不同变电站的母线，那样可靠性更高，没有条件时也可取自同一段母线，可靠性也相应降低。

因为环状接线模式在正常情况下是开环运行的，常开节点应该在线路的中间。也就是说，单环形接线（见图 7-11）可以看作是两条馈线的组合，也可以按照两条馈线单独进行规划。但是，因为事故情况下一条馈线的负荷需要转移另外一条馈线，所以在馈线容量的选择上需要考虑冗余，即选择规划容量的 2 倍。

（2）双环形接线。双环形接线如图 7-12 所示，每台配电变压器可从两个独立环取得电源，使电网运行更灵活、更可靠。

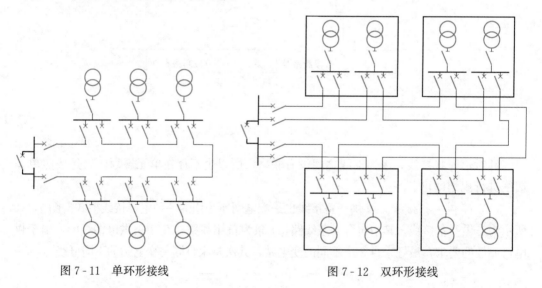

图 7-11　单环形接线　　　　　　　　图 7-12　双环形接线

双环形接线可以看作是 4 条馈线的规划，4 个电源点可以来自两个不同的变电站。同样道理，因为需要考虑转供问题，所以每条馈线的规划容量需要考虑冗余。因为 1 条线路故障，其负荷可以转供其他 3 条线路，所以馈线的实际容量最少是规划容量的1.33 倍。

（3）双电源双 T 形接线。双电源双 T 形接线如图 7-13 所示。在市区，电缆沿街道并行敷设，可以沿线落点，每一个配电变压器可从两回电缆线取得电源，其中一回为备用。电缆发生故障时，允许有较长的时间寻找故障点和处理故障。也可以看作是两条馈线的规划，与双环形接线的规划思路相同。

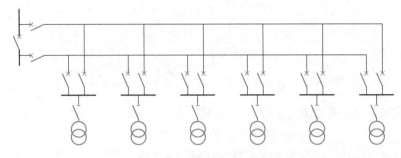

图 7-13　双电源双 T 形接线

需要说明的是，如上所述的规划是按照馈线的经济载荷供电范围进行的，但因为存在负荷转供，使问题变得复杂。在正常情况下，一条馈线按照经济载荷确定其供电范围是合理的，因为需要转供负荷的事故情况毕竟是不常发生的，而线路的事故载荷供电范围也肯定比经济载荷供电范围要大。因此，如果按照如上所述经济载荷确定的馈线最佳供电范围及负荷水平，还需要根据所需转供的负荷进行事故载荷水平的校验。如果校验通过，则可以按照经济载荷进行馈线规划、选型等；如果校验不通过，则必须增加导线截面积。

由此可见，越复杂的接线模式，负荷可转供的路径越多，则每条馈线所承担的转供负荷也越低，事故载荷校验越容易通过。

7.3.4　案例分析

某居住区功能块占地面积 6.75km^2，负荷密度 $\sigma = 15.59\text{MW/km}^2$，最大负荷利用小时数 $\tau = 5200\text{h}$。该区域拟由 35kV 变电站供电，主变容量均为 $3 \times 20\text{MVA}$，供电半径 $l = 0.90\text{km}$。假定干线带三条分支线（$n = 3$），取 $\omega = 0.646$ 元/kWh，$\lambda = 2.5\%$，$\cos\varphi_\text{M} = \cos\varphi_\text{B} = 0.95$，$\eta = 1.2$，该区域内中压线路型号及参数见表 7-5。

表 7-5　　　　　　　　　　某功能块内中压线路型号及参数

设备	造价（万元/km）	参数（Ω/km）
YJV22-400mm²	100	$r^\text{M} = 0.0778$
YJV22-185mm²	80	$r^\text{B} = 0.164$

根据以上数据可得负荷分布系数

$$\mu = \sum_{i=1}^{n} \frac{n\cos\varphi_\text{M}}{n-i+1} = 5.225$$

干线投资成本

$$C_\text{inv}^\text{M} + C_\text{inv}^\text{B} = na_l^\text{M} + b_l^\text{M}S^\text{M}\eta l + n(a_l^\text{B} + b_l^\text{B}d) = 6.00d + 2.70$$

线路截面积

$$S^\text{M} = d\sqrt{\frac{\omega(l\sigma)^2 n\eta^\text{M}l\eta\tau \times 10^{-3}}{\dfrac{\mu^2 U_\text{N}^2}{b_l^\text{M}\eta l}}}$$

建立优化模型，目标函数为

$$C_{tot} = \min \frac{\pi l}{d} \left[\begin{array}{l} a_l^M + b_l^M S^M \eta l + n(a_l^B + b_l^B d) + \\ \dfrac{\omega(ld\sigma)^2 n\rho^M l\eta\tau \times 10^{-3}}{\mu^2 S^M U_N^2} + \dfrac{\omega(ld\sigma)^2 r^B d\tau \times 10^{-3}}{n\cos^2\varphi_B U_N^2} \end{array} \right]$$

$$= \frac{2.8274}{d} \times (40.056d^3 + 0.6785d^2 + 6.00d + 2.70)$$

对该式求偏导，并令 $\partial C_{tot}/\partial d = 0$，得到

$$226.51d^3 + 1.9184d^2 - 7.634 = 0$$

可以求得 $d = 0.32$km，并满足线路电压降约束条件

$$\frac{(r^M\cos\varphi_M + x^M\sin\varphi_M)l^2 d\sigma}{\mu U_N} = \frac{0.95 \times 0.0778 \times 4.041}{5.225 \times 35} \leqslant \Delta U_{max}$$

此时该区内中压配电线路年费用最小，有

$$\min C_{tot} = 53.034（万元）$$

下面分别取 $d = 0.3$km，$d = 0.32$km，$d = 0.35$km 三种方案，与求得的最佳供电范围进行比较，结果见表 7-6 所示。

表 7-6　　　　　　　　　　　　三种方案比较结果

d(km)	0.3	0.32	0.35
C_{tot}(万元)	53.179	53.034	53.321

该 35kV 变电站中 10kV 线路出线间隔需要 $8.8 \approx 9$ 个。该变电站供电区域内总负荷为 39.67MW，容载比为 1.512，满足变电站主变压器 $N-1$ 原则。

参考文献

[1] 佘楚云，王承民，连鸿波. 计及设备寿命折损的配电变压器经济运行方式效用分析 [J]. 电力系统自动化，2009，33 (15)：47-50.

[2] 牛卫平，刘自发，张建华，等. 基于 GIS 和微分进化算法的变电站选址及定容 [J]. 电力系统自动化，2007，18：82-86.

[3] 王成山，魏海洋，肖峻，等. 变电站选址定容两阶段优化规划方法 [J]. 电力系统自动化，2005，4：62-66.

[4] 曹炳元. 几何规划和含 Fuzzy 系数的几何规划在城市变电所供电半径选择中的应用 [J]. 系统工程理论与实践，2001，7：92-95.

[5] 田漪，孙志明，陈西海. 导线经济截面及经济电流密度的优化 [J]. 电力建设，2008，29 (2)：27-29.

[6] 王成山，王赛一，葛少云，等. 中压配电网不同接线模式经济性和可靠性分析 [J]. 电力系统自动化，2002，26 (24)：34-39.

[7] 葛少云，张国良，申刚，等. 中压配电网各种接线模式的最优分段 [J]. 电网技术，2006，30 (4)：87-91.

[8] 曹炳元. 经济供电半径的 Fuzzy 几何规划模型与优选方法 [J]. 中国工程科学，2001，3 (3)：52-55.

第 8 章

无 功 规 划

本章在对无功负荷特性、主要的无功电源进行阐述的基础上，介绍最简单的无功补偿装置——电容器的优化分组，并对变电站无功补偿的基本原理进行阐述，最后介绍了基于九域图的无功电压调整措施和策略。

8.1 概　述

传统的电网规划一般只考虑有功功率规划（简称有功规划），无功功率规划（简称无功规划）只是依据一些规划的导则和原则进行，特别是针对变压器分接头和电容器组的配置，也很少考虑其他类型的无功功率补偿装置。随着电力系统对电能质量要求的提高，无功功率补偿问题必须在规划阶段进行考虑。

由于电网规划问题的复杂性，以及所面临的众多不确定性因素，因此无功规划问题是在有功规划结束之后进行的，特别是在变电站和线路规划结束之后进行的。并且，无论是输电网还是配电网都存在无功规划问题。本章主要介绍无功规划问题的一般分析方法，同时适用于输电网和配电网。

8.1.1 无功功率负荷及损耗

1. 无功功率负荷

电力系统的负荷包括有功功率负荷（简称有功负荷）和无功功率负荷（简称无功负荷），功率经电力系统元件传输会产生损耗，损耗也可分解为有功功率损耗（简称有功损耗）和无功功率损耗（简称无功损耗）。电力系统中有功功率只能由发电机产生，发电机发出的有功功率将平衡系统中的所有有功功率负荷和有功功率损耗。而无功功率除了可由发电机产生外，还可由无功补偿装置提供，无功补偿装置可以分散地装设在各个负荷点。所有的无功负荷和无功损耗也将由发电机和无功补偿装置所发出的无功功率进行平衡。无功功率的平衡将决定电力系统的运行电压水平，从而进一步影响到电能传输过程中的有功损耗，也就是网损。由于无功电源的多样性和安装地点的广泛性，其配置是一个复杂的问题。合理的无功电源规划可减少建设投资，提高电力系统的电压水平并降低网损。因此有必要在进行电网规划的同时，合理进行无功规划。

根据能量守恒原则，无功电源和无功负荷及无功损耗必须是相等的，而且是实时平衡的。而电力系统的运行电压水平取决于无功功率的平衡，电力系统中的各种无功电源应能满足负荷和网络损耗在额定电压下对无功功率的需要，如果无功电源不足，则无功负荷和网络损耗也会减小，虽然也可以达到平衡，但电压水平就会降低。下面将对各无功负荷和无功电源的特性进行分析。

异步电动机在电力系统负荷中占的比重很大，尤其是无功负荷，大多数无功负荷都是异步电动机负荷的无功部分。电力系统无功负荷的电压特性主要由异步电动机决定。异步电动机的简化等值电路如图 8-1 所示，消耗的无功功率为

$$Q_M = Q_m + Q_\sigma = \frac{U^2}{X_m} + I^2 X_\sigma$$

式中：Q_m 为励磁功率，与端电压平方成正比。

实际上，当电压较高时，由于饱和影响，励磁电抗 X_m 的数值还有所下降，因此励磁功率 Q_m 随电压变化的曲线稍高于二次曲线；Q_σ 为漏抗 X_σ 中的无功损耗，如果负荷功率不变，即电动机消耗的有功功率 $P_M = I^2 R(1-s)/s =$ 常数。当电压降低时，电动机转速下降，转差将要增大，定子电流随之增大，相应的漏抗中的无功损耗 Q_σ 也要增大。综合这两部分无功功率变化特点，可得图 8-2 所示的曲线，其中 β 为电动机的实际功率与额定功率之比，称为电动机的负载率。由图可见，在额定电压附近，电动机的无功功率随电压的升降而增减。当电压明显地低于额定值时，无功功率主要由漏抗中的无功损耗决定，随电压下降反而上升。

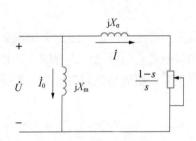

图 8-1 异步电动机简化等值电路

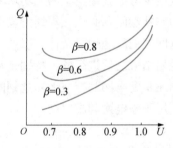

图 8-2 异步电动机无功功率与端电压关系

2. 无功功率损耗

变压器的等值电路如图 8-3 所示，其无功功率损耗包括 B_T 上的励磁损耗（铁耗）ΔQ_0 和 X_T 上的漏抗损耗（铜耗）ΔQ_T，即

$$\Delta Q_{LT} = \Delta Q_0 + \Delta Q_T = U^2 B_T + I^2 X_T$$

根据变压器的出厂参数，有

$$B_T = \frac{I_0\%}{100} \frac{S_N}{U_N^2} \qquad X_T = \frac{U_k\%}{100} \frac{U_N^2}{S_N}$$

式中：S_N 为变压器额定容量；U_N 为变压器额定电压；$I_0\%$ 为空载电流百分数；$U_k\%$ 为短路电压百分数。

且有

$$I^2 = \frac{S^2}{U^2}$$

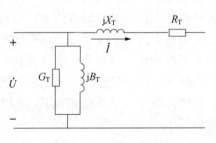

图 8-3 变压器等值电路

因此

$$\Delta Q_{LT} = U^2 \frac{I_0\%}{100} \frac{S_N}{U_N^2} + \frac{S^2}{U^2} \frac{U_k\%}{100} \frac{U_N^2}{S_N} \approx \frac{I_0\%}{100} S_N + \frac{U_k\% S^2}{100 S_N} \left(\frac{U_N}{U} \right)^2 \qquad (8-1)$$

由式（8-1）可见，励磁功率大致与电压平方成正比。当通过变压器的视在功率不变时，漏抗中损耗的无功功率与电压平方成反比。因此，变压器的无功损耗特性也与异步电动机的相似。

变压器的无功损耗在电力系统的无功需求中占有相当大的比重。假定一台变压器的空载电流 $I_0\% = 1.5$，短路电压 $U_k\% = 10.5$，由式（8-1）可知，在额定满负荷下运行时，无功功率的消耗将达额定容量的 12%。如果从电源到用户需要经过多级变压器，则变压器中的无功损耗的数值是相当可观的。

输电线路等值电路如图 8-4 所示，线路串联支路电抗中的无功损耗 ΔQ_L 与所通过电流的平方成正比，即

$$\Delta Q_L = \frac{P_1^2 + Q_1^2}{U_1^2} X = \frac{P_2^2 + Q_2^2}{U_2^2} X$$

根据电压和功率的参考方向，取注入大地的无功功率为正，则无功功率 $Q = UI\sin\varphi$。当电容电流超前电压 90°时，即 $\varphi = -90°$，则 $Q = -UI = -U^2 \frac{B}{2}$，即线路电容向系统提供无功功率，为无功电源。线路电容的充电功率 ΔQ_B 与电压平方成正比，有

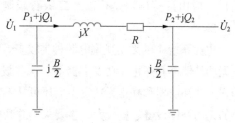

图 8-4　输电线路等值电路

$$\Delta Q_B = -\frac{B}{2}(U_1^2 + U_2^2)$$

线路总的无功损耗为

$$\Delta Q_L + \Delta Q_B = \frac{P_2^2 + Q_2^2}{U_2^2} X - \frac{B}{2}(U_1^2 + U_2^2)$$

当线路电容的充电功率与无功损耗相等时，即 $\Delta Q_L + \Delta Q_B = 0$ 时，线路传输的功率称为自然功率。当线路的传输功率大于其自然功率时，线路消耗无功功率；当传输功率小于其自然功率时，线路吸纳无功功率。一般 35kV 及以下的架空线路的充电功率很小，这种线路都是消耗无功功率的。而电缆线路电容较大，其充电功率也较大，因此电缆通常是向系统提供无功功率的。对于高压电缆和超高压架空线路，由于充电功率与电压平方成正比，而串联支路的无功损耗与电压成反比，其充电功率很大，从而造成其末端电压升高很严重。因此，为了吸收这部分充电功率，通常需要装设并联电抗器，这时电抗器就相当于无功负荷。

8.1.2　无功补偿及调压设备

1. 有载调压变压器

有载调压变压器分接头最初只用于调整电网的电压波动，在后来的运行和研究过程中发现，有载调压变压器还具有一些其他引人注目的优点。根据需要选取变压器的变

比，还可以控制电网的有功功率和无功功率潮流，从而能够更为经济地利用现有的输电容量。此外，通过灵活的负荷分配，也可大大降低功率损耗，避免出现环流。

但是，对无功功率不足或过剩的系统，就要考虑有载调压变压器的应用条件。有载调压变压器分接头的调整既不能产生无功功率，也不能吸收无功功率（除本身消耗外），采用有载调压变压器不可能从根本上解决改善电压质量的问题。在无功功率缺乏的电网中，由于电压低，通过有载调压变压器提高低压侧电压，使本来勉强维持低电压下无功平衡的电网失去平衡，从而容易造成电网不稳定和电压崩溃。同样在无功功率相对过剩的电网，由于有载调压变压器的调整，造成顾此失彼，使局部电压更高，威胁设备安全。同时，有载调压变压器配置不当也会造成电网难以控制。因此，有载调压变压器的应用是有条件的，即有载调压变压器所处的电网必须是一个无功功率充足又相对比较平衡的系统。只有在这种电网中采用各种类型的有载调压变压器才显得灵活有效。

由于上述原因，城市电网规划导则中也明确规定：每一用户至少要经过系统中一级有载调压变压器，对于负荷变化大，降压层次多，线路距离长，电压波动和偏离过大的用户，应由计算确定是否需经二级有载调压变压器。

2. 并联电容器

电力系统中的无功功率电源种类较多，除了发电机外，还有同步调相机、电容器组、静止无功补偿器和静止无功发生器等，这些设备都可向系统提供无功功率，其中同步调相机、静止无功补偿器和静止无功发生器还可从系统吸收无功。但是，对于配电网来说，因为所需要的无功补偿设备数量较大，主要采用并联电容器、并联电抗器作为无功补偿设备。

并联电容器补偿通过向系统注入无功功率起到无功电源的作用，一般装设在变电站低压侧或配电变压器处。

如图8-5所示，并联电容补偿通过将电容并联于负荷母线上，起到无功电源的作用。负荷功率通常是感性的，其等值电路如图8-6所示。其相量图如图8-7所示，负荷支路电流为 $\dot{I}_1$，落后于电压 $\dot{U}$，通过电容的电流 $\dot{I}_C$ 超前于电压，合成电流为 $\dot{I}$。由相量图可见，并联电容后 $\dot{I}$ 小于 $\dot{I}_1$，功率因数 $\cos\varphi_1$ 小于 $\cos\varphi$。

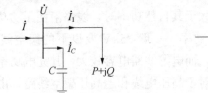
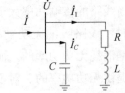

图8-5　并联电容补偿接线方式　　图8-6　并联电容补偿等值电路

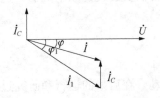

图8-7　并联电容补偿相量图

电容器是一种结构简单，价格便宜，功耗小的设备，由于它是静止设备，运行维护量小，可靠性也较高。电容器容量可以根据需要进行配置、组合、投切，以适应不同无功负荷情况；其缺点是所发出的无功功率受电压影响明显，与电压平方成正比，当母线电压较低时，表明系统需要补充无功，而这时电容器输出的无功功率反而因为电压较低而减小。无功负荷是随时变化的，而电容器输出的无功功率是不连续的，因为它只能进行非连续的投切操作，基本达不到最优容量匹配。另外，电容对高次谐波非常敏感，对谐波有一定的放大作用；在电容器附近发生短路时会产生很大的冲击电流。

3. 并联电抗器

线路沿线存在对地电容，使轻载或空载线路的电压升高，超出允许范围，给电网和用户的电气设备造成威胁。尤其是电缆线路，由于电缆线路的对地电容一般是同容量架空线路的 10 倍左右，因此上述情况更为严重。为了抑制这种情况发生，可以在线路末端装设并联电抗器。并联电抗器的作用是消耗无功功率，将线路上由分布电容所产生的多余无功功率吸收掉，以达到控制电压的作用，如图 8 - 8 所示。由图可知

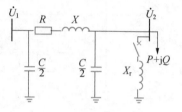

图 8 - 8　线路接并联电抗器

$$U_1 - U_2 = \Delta U = \frac{PR + QX - \frac{1}{2}U_2^2 \omega C X}{U_2} = \Delta U_a - \Delta U_C$$

当线路空载或轻载时，ΔU_C 大于 ΔU_a，线路末端电压就会升高，如果线路对地电容较大，或系统电压等级较高时，ΔU_C 将达到较大的数值，从而使电压偏移超过系统所允许的值。为在轻载情况下使母线保持正常电压，可将并联电抗器接在母线或变压器的第三绕组上。此时，由线路对地电容所产生的过剩无功功率将由并联电抗器吸收，从而避免出现线路末端电压超过允许范围。在线路重载，负荷所需无功功率大于线路分布电容所提供的无功功率时，就需要将并联电抗从系统中切除。与并联电容器类似，其投切也是非连续的。目前，一种带抽头的电抗器已经被广泛采用，通过调整抽头，可改变电抗器 X_r 的大小，从而使其调节的步长有所减小，调节特性更加平滑。

并联电抗器结构简单，价格相对便宜，运行维护量小，可靠性也较高，一般应用于超高压远距离输电线路和高压大截面电缆线路。并联电抗器还可以限制操作过电压。

4. 静止无功补偿器

静止无功补偿器（static var compensator，SVC）简称静止补偿器，是由电容器与电抗器并联组成。电容器可发出无功功率，电抗器可以吸收无功功率，两者结合起来，再配以适当的调节装置，就成为能够平滑改变输出（或吸收）无功功率的静止补偿器。

常用的 SVC 组成部件主要包括饱和电抗器（SR）、固定电容器、晶闸管控制电抗器（TCR）和晶闸管投切电容器（TSC）。

（1）饱和电抗器与固定电容器并联组成的 SVC。这种静止补偿器称为饱和电抗器型静止补偿器，其原理和伏安特性如图 8 - 9 所示。SR 在电压大于某值后，随着电压的升高，铁芯急剧饱和。从补偿器的伏安特性可见，在补偿器的工作范围内，电压的少许变化就会引起电流的大幅度变化。与 SR 串联的电容 C_s 是用于斜率校正的，改变 C_s 的大小可调节补偿器外特性的斜率［如图 8 - 9（b）中的虚线］。

由图 8 - 9 可见，电流 I 和纵轴相交点的电压为 U_r。当电压小于 U_r 时，电压越小，

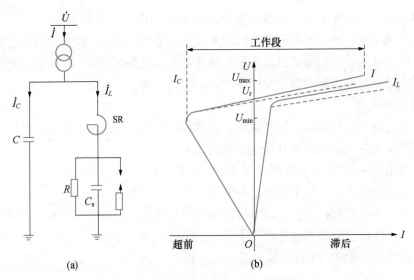

图 8-9 饱和电抗器型静止补偿器
(a) 原理图；(b) 伏安特性

电流绝对值越大，电流超前电压，此时发出的容性电流就越大，发出的无功功率就越大；当电压大于 U_r 时，电压越大，电流绝对值越大，电流滞后电压，此时发出的感性电流就越大，吸收的无功功率就越大。这正好与系统电压低（说明缺无功）需要 SVC 发无功，而系统电压高（说明无功过多）需要 SVC 吸收无功的要求一致，而且具有连续调节的特性。由图 8-9 可见，其调节范围取决于 U_{min} 和 U_{max} 之间电流线段的长度，通过调节 C_s 的大小调节补偿器外特性的斜率，还可增大无功功率调节范围的大小。

（2）晶闸管控制电抗器 TCR 与固定电容器并联组成的 SVC。这种静止补偿器称为晶闸管控制电抗器型静止补偿器，其原理和伏安特性如图 8-10 所示。电抗器与反相并联连接的晶闸管相串联，利用晶闸管的触发角控制通过电抗器的电流，以实现平滑地改变电抗器吸收的无功功率。触发角从 90°变到 180°时，可使电抗器的无功功率从其额定值变到 0。

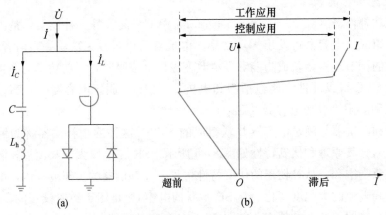

图 8-10 晶闸管控制电抗器型静止补偿器
(a) 原理图；(b) 伏安特性

5. 几种补偿方式的比较

几种无功补偿装置的性能指标对比见表 8-1。此外，无功补偿装置还有 STACOM、SVG 等，在此不作介绍。

表 8-1　　　　　　　　　　几种无功补偿装置的性能指标比较

性能指标	并联电容器	并联电抗器	SVC
应用场所	变电站及用户	高中压变电站及线路	高中压变电站
投资	少	少	高
控制及响应	分组投切的无功功率控制，响应时间为秒级	分组投切的无功功率控制，响应时间为秒级	连续无功功率控制响应时间为毫秒级
延时	投切延时间隔大于 3min	投切延时间隔大于 3min	无延时
应用效果	由于调节级差大，不能达到满意的补偿效果，容易出现过补偿或补偿不到位的情况	由于调节级差大，不能达到满意的补偿效果，容易出现过补偿或补偿不到位的情况	可连续平滑调节发出或吸收无功
合闸涌流和过电压	电容器组投入时会产生合闸涌流不小于 $15I_N$，切除时存在操作过电压。降低了电容器的寿命，寿命约 7 年	无	电容器组投入时会产生合闸涌流，切除时存在操作过电压
电能质量	系统不产生高次谐波	系统不产生高次谐波	产生较大的高次谐波电流，额外增加谐波损耗和电容器容量
运行中的损耗	运行中的损耗仅为电容器的损耗	运行中的损耗仅为电抗器的损耗	当要求系统输出感性无功功率时，必须同时吸收全部容性无功功率，再输出所需的感性无功功率，因此损耗大
占地面积	占地较大	占地较大	占地大
运行维护	运行维护简单	运行维护简单	因采用晶闸管和复杂的控制系统，需要具备一定技术水平的运行维护人员。一旦出现问题，需停电检修时间长

8.2　电容器优化分组

在用并联电容器进行无功补偿时，也存在一些问题，主要是因为电容器的补偿容量难以连续控制。负荷是不断变化的，电网中的无功功率也是不断变化的，而电容器的投切主要采用断路器实现，不宜频繁操作，这就需要在电容器分组上加以优化，使电容器的投切更加灵活，能够适应不同的负荷水平。如果电容器的分组不当，在运行中就会出现"头重脚轻"的现象，即高电压等级电网投入的电容器容量较大，而低电压等级电网投入的容量较小。这与无功就地分层补偿的原则是相违背的，不利于电网的安全稳定运行。

虽然电容器设备在价格上已经比过去大大降低了，但是，由于其投切需要断路器的配合，再加上占地和运行维修费用，过多的分组仍会造成投资增加，如何在投资和补偿效果两个方面都达到较好的水平，是电容器分组问题研究的主要内容。

首先，做如下两点假设：

(1) 电容器按照等容量形式分组，即每组容量相等；

(2) 对于无功负荷，实行就地完全补偿，即无功负荷曲线也就是补偿容量曲线。

8.2.1 优化分析

1. 负荷特性曲线分解

电容器的优化分组在一定意义上讲，属于无功规划的范畴，由于其投运组数是根据每天不同时段负荷的变化而变化，因此，对于负荷曲线的选取有一定的要求。对于一个地区来讲，其年负荷必然是一个呈增长趋势的曲线，这样的曲线对于规划电容器组的总容量来说还是有意义的，而对于确定电容器的组数，因为它不能反映出一天中不同时段的负荷变化情况，就无法确定不同时段投入的最优组数，因此不适用于分析电容器的优化分组。

基于以上考虑，对于电容器的分组问题，应该选用典型日负荷曲线分析，并且要考虑不同的负荷类型。另外，因为是规划问题，应该留出一定的裕度来满足今后负荷发展的要求。

假定图 8-11 为基于历史数据作出的某变电站的典型日无功负荷预测曲线（以功率因数为 0.9 考虑无功负荷）。下面以该曲线为例，说明电容器优化分组的方法。

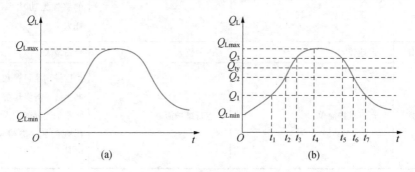

图 8-11 最大负荷日的无功负荷曲线及其分解
(a) 负荷曲线；(b) 负荷曲线分解

基于上述两点假设，对该曲线进行处理。在最大负荷 Q_{Lmax} 和最小负荷 Q_{Lmin} 之间，按照等 ΔQ_i 递增的原则进行划分。即图 8-11 中 $Q_{Lmax}-Q_3=Q_3-Q_2=Q_2-Q_1=Q_1-Q_{Lmin}=\Delta Q_i$，这里的 ΔQ_i 就是在对电容器进行等容量分组时每组电容器的容量值。

对于电容器组的投切动作，按照下面的原则确定：当无功负荷在原有基础上的变化量大于 $\Delta Q_i/2$ 时，投入（或切除）一组容量为 ΔQ_i 的电容器；若负荷变化量小于 $\Delta Q_i/2$

时，不投切。那么根据假设（2）和以上原则，在图 8 - 11 中，对应于 t_1、t_2、t_3、t_4、t_5、t_6、t_7 时刻，投入的电容器组正好完全补偿无功负荷。例如，在 t_2 至 t_3 时段，当无功负荷增至 Q_{ty} 时，投入一组 $\Delta Q_i/2$ 的电容器。根据这样的处理方法，全天的任一时刻，或者无功完全补偿，偏差为零，或者有无功偏差，最大为 $\Delta Q_i/2$。

2. 网损分析

对于节点无功功率注入偏差带来的有功损耗，运用 $\boldsymbol{B}$ 系数法求解出相应的网损微增率，然后乘上无功偏差（即 $\Delta Q_i/2$）来计算。节点注入无功功率 $\boldsymbol{Q}$ 引起的有功网损 P_L 可用 $\boldsymbol{B}$ 系数表示为

$$P_L = \boldsymbol{Q}^{\mathrm{T}} \boldsymbol{B}_L \boldsymbol{Q} + \boldsymbol{B}_{L0}^{\mathrm{T}} \boldsymbol{Q} + B_0$$

式中：$\boldsymbol{Q}$ 为节点注入无功功率向量；$\boldsymbol{B}_L$、$\boldsymbol{B}_{L0}$ 及 B_0 分别为 $\boldsymbol{B}$ 系数的二次项矩阵、一次项向量及常数项，与网络的拓扑结构和运行方式有关，在进行规划计算时可认为 $\boldsymbol{B}$ 系数不变，即取最小二乘 $\boldsymbol{B}$ 系数，简化计算。

相应的网损微增率表达为

$$\frac{\partial P_L}{\partial \boldsymbol{Q}} = 2 \boldsymbol{B}_L \boldsymbol{Q} + \boldsymbol{B}_{L0}$$

这里的 $\boldsymbol{Q}$、$\boldsymbol{B}_{L0}$ 仍为向量形式，$\boldsymbol{B}_L$ 仍为矩阵形式。根据上文所述，认为各节点都有并联电容器，由于电容器的投切运行，针对节点 i 注入无功功率变化量 $\Delta Q_i/2$ 引起的有功网损为

$$\Delta P_{Li} = (2 \boldsymbol{B}_{Li} \boldsymbol{Q}_i + \boldsymbol{B}_{L0i}) \Delta Q_i/2$$

在此的 $\boldsymbol{B}_{Li}$、$\boldsymbol{B}_{L0i}$ 为 $\boldsymbol{B}$ 系数二次项矩阵、一次项向量中对应于节点 i 的数值。由于对无功负荷进行完全补偿，所以可以认为上式中的 Q_i 为零。于是有

$$\Delta P_{Li} = B_{L0i} \frac{\Delta Q_i}{2}$$

为了简化计算，可将上式直接乘以全年无功不足量的最大小时数 $\tau_{i\max}$，则在一年内增加的电能损耗 ΔW 为

$$\Delta W = \frac{B_{L0i} \Delta Q_i \tau_{i\max}}{2}$$

$\tau_{i\max}$ 可以简化计算为

$$\tau_{i\max} = \frac{24}{M} \times 365$$

M 即电容器的组数。假设电价为 K_e 元/kWh，则因电容器容量不足造成的电能损耗费用 C_{ope} 为

$$C_{ope} = K_e \Delta W$$

3. 优化分组

在基于典型日负荷曲线对网损费用进行分析后，电容器组的投资成本函数可写成

$$C_{inv} = a + \frac{Q_{L\max} - Q_{L\min}}{\Delta Q_i} b_i$$

式中：$Q_{L\max}$ 表示最大无功负荷；$Q_{L\min}$ 表示最小无功负荷；ΔQ_i 为单组电容器容量值；a

表示电容器组的固定投资成本；b_i 表示每组电容器的价格。

电容器组数可用单组电容器容量值 ΔQ_i 表示。这里，b_i 也是 ΔQ_i 的函数。对于变电站来讲，其电容器组单组容量是有一定的规格的，不同规格之间价格相差不大。考虑到规划问题的性质，可以将其简化，取各规格电容器组单价的中间值作为一组电容器的单价。即认为每组电容器单价相同，即 b_i。

由此，可以将电容器的投资成本与有功损耗费用结合起来，建立优化分组问题的目标函数为

$$\min(C_{\text{inv}} + C_{\text{ope}})$$

该目标函数是一个关于电容器组单组容量的无约束优化极值问题，求导后即可确定最优化的电容器分组方案，即有

$$\frac{K_e B_{L0i} \tau_{imax}}{2} - \frac{Q_{Lmax} - Q_{Lmin}}{(\Delta Q_i)^2} b_i = 0$$

解得

$$\Delta Q_i = \sqrt{\frac{2b_i(Q_{Lmax} - Q_{Lmin})}{K_e B_{L0i} \tau_{imax}}}$$

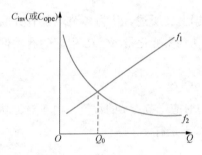

图 8-12 电容器优化分组

对上述问题进行定性分析可知，电容器的网损费用为线性函数，ΔQ_i 越大，网损费用越高；而投资成本则近似为双曲函数的一支，ΔQ_i 越小，分组越多，投资成本越高。图 8-12 表示在同一坐标系下近似投资成本函数曲线（f_1）与近似有功损耗费用函数曲线（f_2）的情况。

从图 8-12 中可见，两条曲线交点所对应的无功容量 Q_0 即为满足上述目标函数与约束条件的最优电容器容量值。

8.2.2 案例分析

下面针对一具体的典型日负荷预测曲线运用上述方法分析计算应配置的电容器组容量及组数。假定电价为 0.61 元/kWh，电容器组单组价格为 40 万元/组，$B_{L0i}=0.0113$，$\tau_{imax}=7200$h。图 8-13 是某变电站 10kV 母线典型日的有功负荷预测曲线。

当功率因数按照 0.9 计算时系统的无功负荷预测曲线如图 8-14 所示。

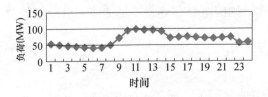

图 8-13 某变电站 10kV 母线典型日的
有功负荷预测曲线

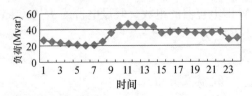

图 8-14 对应的无功负荷预测曲线

由图 8-14 所示曲线可知，全天最大无功负荷为 46.435Mvar，最小无功负荷为

20.155Mvar，二者差值为 26.28Mvar。将上述数据代入目标函数，求解这一无约束优化极值问题，可得 $\Delta Q_i = 6.51$Mvar。结合我国 10kV 并联电容器组常用容量，可选择四组额定容量为 6Mvar 的电容器。

8.3 无功规划方法

8.3.1 数学模型

1. 变压器损耗分析

由于无功功率需要就地平衡，变电站内部的无功补偿主要是为了降低一次侧进线和变压器的无功潮流，进一步降低其中的有功损耗，而不考虑低压侧出线的有功损耗和变电站之间的无功相互支持，如图 8-15 所示。为了降低一次侧进线和变压器的损耗，并不是无功补偿容量越大越好，还要考虑相应的投资成本。

电网规划是在负荷预测的基础上展开的，负荷预测通常只是有功负荷预测，也可以做无功负荷预测方面的工作。诸如，在一些规程中明确规定了负荷的功率因数，如在 Q/GDW 1738—2020《城市电力网规划设计导则》中规定了 35～110kV 变电站高压侧的功率因数不低于 0.95，则变电站无功负荷可以根据这个功率因数及有功负荷进行确定。

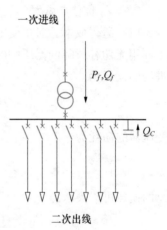

图 8-15 变电站接线示意图

$$P_D = S_D\cos\varphi \Rightarrow Q_D = \sqrt{\left(\frac{P_D}{\cos\varphi}\right)^2 - P_D^2}$$

式中：P_D、Q_D、S_D 分别为有功、无功负荷和负荷的视在功率。

线路损耗与所传输的功率密切相关，可以表示为

$$P_{LL} = I^2R = \frac{P_D^2 + Q_D^2}{U^2}R$$

式中：U 为线路的电压；R 为线路的电阻。

变压器损耗包括空载损耗和负荷损耗两种。空载损耗以铁损为主，而负荷损耗又被称为铜损。变压器的空载损耗一般与负荷电流的大小无关，因此有

$$P_{LFe} = P_0$$

变压器的铜损与负荷电流的平方成正比，即

$$P_{LCu} = (I_D)^2R_T$$

式中：P_{LCu}、I_D、R_T 分别为变压器的铜损、负荷电流和电阻。

在变压器的短路试验中，一般是在一次侧施加短路电压，使一次侧的电流 I_{1N} 达到额定电流时的变压器损耗称为短路损耗，有

$$\Delta P_k = (I_{1N})^2R_T$$

将上面两式相比，得到

$$\frac{P_{LCu}}{\Delta P_k} = \frac{(I_D)^2 R_T}{(I_{1N})^2 R_T}$$

所以

$$P_{LCu} = \left(\frac{I_D}{I_{1N}}\right)^2 P_k = \alpha^2 \Delta P_k$$

其中，α 为变压器负荷电流与额定电流的比例系数，$\alpha = \frac{I_D}{I_{1N}}$。

因此变压器的损耗可以综合为

$$P_{LT} = \Delta P_0 + \left(\frac{I_D}{I_{1N}}\right)^2 \Delta P_k$$

即

$$P_{LT} = \Delta P_0 + \frac{P_D^2 + Q_D^2}{I_{1N}^2 U^2} \Delta P_k$$

2. 运行和投资成本

(1) 运行成本。对于变电站出线的网络损耗，因为无功功率需要就地平衡，所以对于利用无功补偿降低低压侧的线损需要在低压侧考虑。当考虑无功补偿时，高压侧一次进线的损耗为

$$P_{LL} = I^2 R = \frac{P_D^2 + (Q_D - Q_C)^2}{U^2} R$$

变压器的损耗为

$$P_{LT} = \Delta P_0 + \frac{P_D^2 + (Q_D - Q_C)^2}{I_{1N}^2 U^2} \Delta P_k$$

总的损耗可以表示为

$$P_L = \frac{P_D^2 + (Q_D - Q_C)^2}{U^2} R_L + \Delta P_0 + \frac{P_D^2 + (Q_D - Q_C)^2}{I_{1N}^2 U^2} \Delta P_k$$

运行成本可以表示为

$$C_{inv} = \omega P_L T$$

式中：ω 为电价；T 为规划周期。

(2) 投资成本。无功补偿装置的投资成本一般可以表示为一个线性函数的形式

$$C_{ope} = c_0 + B_0 Q_C$$

式中：c_0、B_0 为常系数。

应该说明的是，不同类型的无功补偿装置和设备的投资成本差异是很大的。相对来说，电容器组等静态无功补偿设备比 SVC 等动态无功补偿设备的成本要低很多。

3. 约束条件

无功规划问题必须考虑功率因数、电压降以及响应时间等约束条件。

(1) 功率因数。对于无功补偿，通常有功率因数方面的限制，可以表示为

$$\cos\varphi_{min} \leqslant \frac{P_D}{\sqrt{P_D^2 + (Q_D - Q_C)^2}}$$

式中：$\cos\varphi_{min}$ 为功率因数的下限。

则

$$Q_{\mathrm{D}} - \sqrt{\frac{P_{\mathrm{D}}^2}{(\cos\varphi_{\min})^2} - P_{\mathrm{D}}^2} \leqslant Q_C \Rightarrow Q_{\mathrm{D}} - \tan\varphi_{\min} P_{\mathrm{D}} \leqslant Q_C$$

（2）电压降。对于无功补偿，除了要达到功率因数方面的要求，还需要保证线路的电压降落在一定的范围内。假设线路与变压器中的潮流相同，线路的电压降落可以表示为

$$\Delta U_{\mathrm{L}} = \frac{P_{\mathrm{D}}R_{\mathrm{L}} + Q_{\mathrm{D}}X_{\mathrm{L}}}{U}$$

变压器的电压降落

$$\Delta U_{\mathrm{T}} = \frac{P_{\mathrm{D}}R_{\mathrm{T}} + Q_{\mathrm{D}}X_{\mathrm{T}}}{U}$$

当考虑无功补偿后，变化为

$$\Delta U_{\mathrm{L}} = \frac{P_{\mathrm{D}}R_{\mathrm{L}} + (Q_{\mathrm{D}} - Q_C)X_{\mathrm{L}}}{U}, \ \Delta U_{\mathrm{T}} = \frac{P_{\mathrm{D}}R_{\mathrm{T}} + (Q_{\mathrm{D}} - Q_C)X_{\mathrm{T}}}{U}$$

所以有

$$\Delta U_{\mathrm{L,min}} \leqslant \frac{P_{\mathrm{D}}R_{\mathrm{L}} + (Q_{\mathrm{D}} - Q_C)X_{\mathrm{L}}}{U} \leqslant \Delta U_{\mathrm{L,max}}$$

$$\Delta U_{\mathrm{T,min}} \leqslant \frac{P_{\mathrm{D}}R_{\mathrm{T}} + (Q_{\mathrm{D}} - Q_C)X_{\mathrm{T}}}{U} \leqslant \Delta U_{\mathrm{T,max}}$$

式中：$\Delta U_{\mathrm{L,max}}$、$\Delta U_{\mathrm{L,min}}$、$\Delta U_{\mathrm{T,max}}$ $\Delta U_{\mathrm{T,min}}$、分别为线路和变压器允许的电压降上、下限。将上述公式进行移项和整理，得到

$$Q_{\mathrm{D}} - \frac{U\Delta U_{\mathrm{L,max}} - P_{\mathrm{D}}R_{\mathrm{L}}}{X_{\mathrm{L}}} \leqslant Q_C \leqslant Q_{\mathrm{D}} - \frac{U\Delta U_{\mathrm{L,min}} - P_{\mathrm{D}}R_{\mathrm{L}}}{X_{\mathrm{L}}}$$

以及

$$Q_{\mathrm{D}} - \frac{U\Delta U_{\mathrm{T,max}} - P_{\mathrm{D}}R_{\mathrm{T}}}{X_{\mathrm{T}}} \leqslant Q_C \leqslant Q_{\mathrm{D}} - \frac{U\Delta U_{\mathrm{T,min}} - P_{\mathrm{D}}R_{\mathrm{T}}}{X_{\mathrm{T}}}$$

（3）响应时间。由于无功补偿装置包含静态和动态两种类型，如电容器组和 SVC，它们的主要差别体现在跟踪负荷的能力、响应时间方面。因此，无功补偿装置的响应时间也要作为一个约束条件。一般以单位时间内的无功调节量来表示，如 Mvar/s。如果响应时间不能满足要求，则此类无功补偿设备就不能被考虑。由此可见，无功补偿装置的响应特性也是其类型选择的一个必要条件。

8.3.2　优化分析

令

$$Q_{C,\min} = \max\left(Q_{\mathrm{D}} - \frac{U\Delta U_{\mathrm{L,max}} - P_{\mathrm{D}}R_{\mathrm{L}}}{X_{\mathrm{L}}}, Q_{\mathrm{D}} - \frac{U\Delta U_{\mathrm{T,max}} - P_{\mathrm{D}}R_{\mathrm{T}}}{X_{\mathrm{T}}}, Q_{\mathrm{D}} - \tan\varphi_{\min}P_{\mathrm{D}}\right)$$

$$Q_{C,\max} = \min\left(Q_{\mathrm{D}} - \frac{U\Delta U_{\mathrm{L,min}} - P_{\mathrm{D}}R_{\mathrm{L}}}{X_{\mathrm{L}}}, Q_{\mathrm{D}} - \frac{U\Delta U_{\mathrm{T,min}} - P_{\mathrm{D}}R_{\mathrm{T}}}{X_{\mathrm{T}}}\right)$$

则无功规划问题的目标函数可以描述为

$$\min\left[\frac{\Delta P_0 I_{1\mathrm{N}}^2 U^2 + P_{\mathrm{D}}^2(I_{1\mathrm{N}}^2 R_{\mathrm{L}} + \Delta P_k) + (Q_{\mathrm{D}} - Q_C)^2(I_{1\mathrm{N}}^2 R_{\mathrm{L}} + \Delta P_k)}{I_{1\mathrm{N}}^2 U^2}\omega T + c_0 + B_0 Q_C\right]$$

满足约束

$$Q_{C,\min} \leqslant Q_C \leqslant Q_{C,\max}$$

上述目标函数是一个二次函数的形式，令

$$A_0 = \frac{I_{1N}^2 R_L + \Delta P_k}{I_{1N}^2 U^2}\omega T,\quad c_1 = \frac{\Delta P_0 I_{1N}^2 U^2 + P_D^2(I_{1N}^2 R_L + \Delta P_k)}{I_{1N}^2 U^2}\omega T$$

则目标函数变化为

$$\min[A_0(Q_C - Q_D)^2 + B_0 Q_C + c_0 + c_1] \tag{8-2}$$

令

$$C_0 = c_0 + c_1 + B_0 Q_D$$

式（8-2）变化为

$$\min[A_0(Q_C - Q_D)^2 + B_0(Q_C - Q_D) + c_0] \tag{8-3}$$

求导后得到

$$Q_{C,\text{opt}} = -\frac{B_0}{2A_0} + Q_D$$

如果 $Q_{C,\text{opt}} \in [Q_{C,\min}, Q_{C,\max}]$，则就是最终的解；否则，如果 $Q_{C,\text{opt}} < Q_{C,\min}$，则最终解为 $Q_{C,\min}$；如果 $Q_{C,\text{opt}} > Q_{C,\max}$，则最终解为 $Q_{C,\max}$。

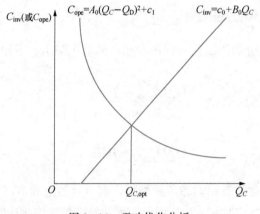

图 8-16 无功优化分析

如图 8-16 所示，其中纵坐标为成本，横坐标为无功补偿容量。因为线路和变压器的损耗曲线是二次的，此曲线左侧部分表明，在一定范围内运行成本随着无功补偿容量的增加而降低；而无功补偿装置的投资成本是线性的，是随着无功补偿装置容量的增加而上升的。两种曲线的交点就是最优解。

8.3.3 案例分析

下面以某一地区配电网的变电站为例，进行无功规划。该区域配电网有一个 220kV 变电站，向 12 个 35kV 变电站供电，取某日上午 10：30 时的负荷数据，以及无功规划时需要的线路及变压器的电阻参数，见表 8-2。

表 8-2 配电网的结构及潮流数据

线路编号	$R_L(\Omega)$	$R_T(\Omega)$	$P_D(\text{MW})$	$Q_D(\text{Mvar})$
4003	1.39405	0.345445	4.76	2.32
4004	0.74725	0.379963	14.19	7.22
4007	0.39445	0.261383	12.99	2.53
4008	0.469175	0.271199	13.01	2.97
4009	0.709275	0.371825	10.6	1.2
4010	0.735	0.174456	15.2	2.4
4013	0.6615	0.286384	11.28	1.8

线路编号	$R_L(\Omega)$	$R_T(\Omega)$	$P_D(MW)$	$Q_D(Mvar)$
4014 - 1	0.67375	0.302314	13	3.6
4014 - 2	1.037575	0.321485	15.85	2.99
4016 - 1	2.26625	0.344273	8.96	1.52
4016 - 2	2.19275	0.340918	8.78	0.7
4016 - 3	1.62925	0.753269	7.53	2.02
4017 - 1	1.8375	0.737157	4.67	1.35
4017 - 2	1.96	0.358473	14.13	2.27
4019 - 1	2.5725	0.399244	9.9	2.84
4019 - 2	1.73215	0.219978	5.57	0.97
4020	1.47	2.500865	10.05	4.16
8733	1.47	2.500865	8.92	2.47

根据上面的计算方法，进行无功规划的结果见表 8 - 3。

表 8 - 3　　　　　　　　配电网无功优化规划结果

线路编号	$Q_C(Mvar)$	线路编号	$Q_C(Mvar)$
4003	3.705085	4016 - 1	2.468586
4004	5.754018	4016 - 2	2.534806
4007	9.790925	4016 - 3	2.708372
4008	8.680219	4017 - 1	2.501062
4009	5.936171	4017 - 2	2.785131
4010	7.066254	4019 - 1	2.183572
4013	6.774757	4019 - 2	3.29054
4014 - 1	6.59768	4020	1.654503
4014 - 2	4.742435	8733	1.637603

在综合考虑运行成本及投资成本时，该区域配电网中各个 35kV 配电变电站所需的无功补偿容量见表 8 - 3。由表中的补偿容量可以看出，一般情况下，负荷重的变电站所需的无功补偿容量也大，如表中所列线路 4007、4008、4010 所连接的配电变电站的补偿容量。但并不是所有重负荷的变电站需要补偿的无功功率都大，如表中的线路 4014、4017 - 2。这与这两处的负荷侧功率因数较高有关。

8.4　无功补偿与电压调整措施

8.4.1　无功补偿的基本原则
根据电力系统的有功功率和无功功率解耦特性可知，电网中的无功功率流动主要引起电压幅值的变化。或者说，无功负荷变化引起电压的大小变化远比有功负荷的影响大。如不能很好地处理无功功率平衡问题，将会引起电网电压偏高或偏低，而最有效的调压措施就是进行有效的无功补偿。

无功补偿的基本原则是就地平衡，即哪里缺少无功功率，补偿装置就装在哪里，尽量避免无功功率在电网中流动而产生不必要的损耗，但在实际运行中并不能完全做到这点。电网中负荷分散性较高，尤其是低压负荷，单个负荷的容量也较小，无功功率缺额小。因此，通常是在变电站的低压侧母线进行集中式的无功补偿，对于容量较大、无功功率需求较多的用户则采用就地补偿，有时也在变电站的三绕组变压器中压侧加装并联电容器组进行无功补偿。电网中各级电压的无功功率应尽量做到分级平衡，上级和下级协调，使电网中各级运行电压达到要求，各级间交换的无功功率最小。通常采用的并联电容无功补偿配置方式如图 8 - 17 所示。

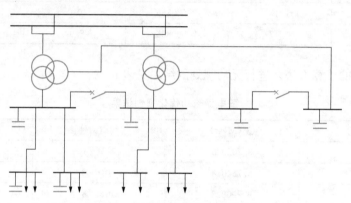

图 8 - 17　变电站并联电容器配置方式

此外，补偿电容器总容量确定后，可以进行电容器分组。如果分组较多，能使电压变化较平稳，但所需开关设备多，投资增大，控制也较复杂；如果分组较少，投切时所产生的电压变化大，不易达到理想的无功补偿效果。因此，要根据具体情况和负荷特性曲线而定，通常一个变电站同一电压等级母线上的电容器可分为 2～6 组。分组方式有等容量和不等容量两种。同样的组数，后者比前者能得到较多的容量组合，对改善电容器容量投切特性有利。例如，共需 12Mvar 的电容补偿容量，如果分成四组，采取等容量分组的方式，可得到的投切容量组合有 3、6、9、12Mvar 四种；而采取不等容量分组，按 2、3、3、4Mvar 的电容器配置，可得到的投切容量组合有 2、3、4、5、6、7、8、9、10、12Mvar 十种。

8.4.2　实用无功补偿容量计算

1. 功率因数计算

功率因数计算包括新建变电站功率因数计算和总平均功率因数计算两种。对于新建变电站的功率因数计算，有

$$\cos\varphi = \frac{P_{ca}}{S_{ca}} = \frac{P_{ca}}{\sqrt{P_{ca}^2 + Q_{ca}^2}}$$

式中：P_{ca} 为有功计算负荷，kW；Q_{ca} 为无功计算负荷，kvar。

则总平均功率因数

$$\cos\varphi = \frac{\alpha P_{ca}}{\sqrt{(\alpha P_{ca})^2 + (\beta Q_{ca})^2}}$$

式中：α 为月平均有功负荷系数；β 为月平均无功负荷系数。

2. 电容器补偿容量计算

补偿电容器的容量也可以简化计算为

$$Q_C = \alpha P_{ca}(\tan\varphi - \tan\varphi')$$

式中：φ' 为希望达到的功率因数角。

Q/GDW 1738—2020《城市电力网规划设计导则》要求安装电容器应使高峰负荷时配电变压器低压侧功率因数 $\cos\varphi'$ 达到 0.95 以上。

8.4.3　电压调整及策略

在正常的运行条件下，可以通过切换变压器分接头，即改变变压器的变比，达到升高或降低变压器二次侧母线电压的目的。但当电网无功电源容量不足或过剩时，不能通过改变变压器分接头来使电压符合要求，因为调节分接头并不能产生无功功率也不能吸收无功功率。例如，当节点电压偏低时，通过调节分变压器接头升高母线电压，会使母线所带负荷需要的无功功率增加，从而需要从系统其余部分吸收更多的无功功率，在无功电源不足时，这样会造成系统其他部分的无功功率不足及电压水平降低，不利于无功功率的总体平衡和电压调整。

传统的电容器组和变压器分接头的调整策略是依据九域图形成的，如图 8-18 所示。

区域 0：电压与无功功率均合格，为稳定工作区，不进行调节。

区域 1：电压越上限，调分接头降压。

区域 2：电压越上限，无功功率越下限，先切除电容器组；如电压仍越上限，则调分接头降压。

区域 3：电压合格，无功功率越下限，切除电容器组。

区域 4：电压越下限，无功功率越下限，先调分接头升压；如无功功率仍越下限，切除电容器组。

图 8-18　九域图

区域 5：电压越下限，调分接头升压。

区域 6：电压越下限，无功功率越上限，先投入电容器组；若电压仍越下限，则调分接头升压。

区域 7：电压合格，无功功率越上限，投入电容器组。

区域 8：电压越上限，无功功率越上限，先调分接头降压；如无功功率仍越上限，则投入电容器组。

说明：无功功率越下限，是指负荷无功需求较小或没有需要，甚至出现无功功率倒送；无功功率越上限，是指负荷无功需求较大，无功功率缺乏。

参考文献

［1］P Kundur. Power System Stability and Control ［M］. Beijing：China Electric Power Press，2002.

［2］蒋志平，唐国庆. 电力系统无功规划优化的变尺度混沌优化算法 ［J］. 继电器，2007，35（2）：33‐39.

［3］丁晓群，王宽，沈茂亚，等，结合模态分析的遗传算法在配电网无功规划中的应用 ［J］. 电网技术，2006，30（17）：47‐50.

［4］Delfanti M，Graneui GP，Marannino P，et a1. Optimal capacito，placement using deterministic and genetic algorithms ［J］. IEEE Transaction on Power Systems，2000，15（3）：1041‐1046.

［5］余健明，杜刚，姚李孝. 结合灵敏度分析的遗传算法应用于配电网无功补偿优化规划Ⅲ ［J］. 电网技术，2002，26（7）：46，49.

［6］杨丽徙，徐中友，朱向前. 基于改进遗传算法的配电网无功优化规划 ［J］. 华北电力大学学报，2007，34（1）：26‐30.

［7］刘群英，刘俊勇，刘起方. 考虑电压稳定约束的无功规划研究综述 ［J］. 继电器，2006，34（17）：78‐85.

［8］魏娜，胡海燕，闫苏莉，等. 基于启发式算法的配电网低压侧无功优化规划 ［J］. 继电器，2007，35（6）：38‐42.

第 9 章

配 电 自 动 化 规 划

本章主要介绍了配电自动化技术的基本概念和主要分类，阐述了在故障处理中的作用，分析了三类配电自动化技术对提高供电可靠性的作用，并介绍了配电自动化差异化规划的原则与方法。

9.1 配 电 自 动 化 技 术

据统计，电力系统中约 85% 的故障停电是由于配电网故障造成的。配电自动化是进行配电网故障处理，保障配电网供电可靠性的重要手段，也是配电网规划必不可少的组成部分。配电自动化是指在配电网故障处理过程中实现自动化的所有二次技术，包含了配电网继电保护与自动装置等本地智能自动化技术、配电自动化开关相互配合等分布智能配电自动化技术和集中智能配电自动化技术。

9.1.1 典型配电自动化技术

典型的配电自动化技术可以分为本地智能、分布智能和集中智能三类。

1. 本地智能配电自动技术

（1）配电网继电保护技术。应用于配电网的继电保护技术主要包括时间级差配合过电流保护（包括反时限过电流保护）、阶段式电流保护、方向过电流保护、电流差动保护等。为了躲过变压器励磁涌流，还可以采用二次谐波制动判据。为了提高保护动作的可靠性，还可以采用低电压启动等。

配电网继电保护配合方式具有控制速度快的优点，动作仅依赖本地信息而不依赖通信手段，动作时间一般在 1s 以内，但是由于可实现的配合级数有限，因此只能粗略进行故障定位和隔离，而不能实现更精细的故障定位和隔离，也不能确保全部健全区域都可以恢复供电。

（2）自动重合闸控制。自动重合闸仅适用于架空线路，可以在瞬时故障情况下恢复全部或部分馈线段供电。对于仅仅在变电站出线断路器装设了重合闸控制器的情形，一旦馈线上发生了越级跳闸，即使重合闸成功也只能恢复部分馈线段供电；而对于沿线设有保护功能的馈线断路器均装设自动重合闸的情形，则在瞬时故障情况下无论是否发生越级跳闸都能恢复全馈线供电。

（3）备用电源自动投入控制。对于具有两条及两条以上供电途径的用户，在主供电源因故障而失去供电能力时，备用电源自动投入控制可以快速切换从而迅速恢复多供电途径用户供电。因此，为对供电可靠性有极高要求（如 ASAI 达到 99.999% 及以上）的用户或供电区域规划多供电途径和相应的网架结构（如双射网、对射网、双环网等）并配置备用电源自动投入控制是一种行之有效的规划策略，但是其投入往往较高。

2. 分布智能配电自动技术

（1）无通道分布智能方式。

1）重合器与电压时间型分段器配合方式。重合器与电压时间型分段器配合方式仅适用于架空配电线路。故障发生后重合器跳闸，全馈线失压，电压时间型分段器（是一种负荷开关）因失压而分闸。

在瞬时性故障时，重合器与电压时间型分段器配合方式通过按顺序依次自动重合可以恢复全馈线供电；在永久性故障时，通过第一次按顺序依次自动重合到故障点引起重合器再次跳闸实现故障定位并隔离故障区域，第二次按顺序依次自动重合恢复上游健全区域供电，下游健全区域依靠联络开关自动合闸后引起的电压时间型分段器按顺序依次自动重合恢复供电。

上述过程需要一定的时间，一般可在 1～3min 完成，并且会引起全馈线短暂停电，在永久性故障时对系统会造成两次冲击。

重合器与电压时间型分段器配合方式可以将故障定位并隔离到分段器之间。对于重合器与电压时间型分段器配合方式，联络开关在其一侧失压后延时自动重合，若遇到电压互感器断线的情况会造成不期望的闭环运行，为了避免这种情况，有时需要关闭联络开关的自动合闸功能。重合器与电压时间型分段器配合方式应用中，各个电压时间型分段器的时限参数整定是非常关键的。

2）重合器与过电流脉冲计数型分段器配合方式。过电流脉冲计数型分段器通常与前级的重合器或断路器配合使用，它不能开断短路电流，但有在一段时间内记忆前级开关设备开断故障电流动作次数的能力。在预定的记录次数后，在前级的重合器或断路器将线路从电网中短时切除的无电流间隙内，过电流脉冲计数型分段器分闸达到隔离故障区段的目的。若前级开关设备未达到预定的动作次数，则过电流脉冲计数型分段器在一定的复位时间后会清零而恢复到预先整定的初始状态，为下一次故障做好准备。

显然，为了实现故障隔离过程中的相互配合，离电源最近的过电流脉冲计数型分段器分闸所需的脉冲数随着馈线上分段开关数的增多，会对系统和设备造成短路冲击的次数也增多，这一点严重影响了重合器与过电流脉冲计数型分段器配合的馈线自动化系统的应用。

3）合闸速断方式。合闸速断方式仅适用于架空线路。故障发生后变电站出线断路器跳闸全馈线失压，合闸速断分段器因失压而分闸。在瞬时性故障时，合闸速断方式通过按顺序依次自动重合可以恢复全馈线供电（也即恢复到正常运行方式）；在永久性故障时，再按顺序依次自动重合以恢复健全区域供电并在合闸瞬间开放速断保护，当某合闸速断分段器重合到故障点时，该分段器速断保护动作跳闸从而隔离故障区域，下游健全区域依靠联络开关自动合闸后引起的合闸速断分段器按顺序依次自动重合可以恢复。上述过程需要一定的时间，一般在 30s 以上，远小于重合器与电压时间型分段器配合方式所需时间，虽仍会引起全馈线短暂停电，但只需要一次重合。合闸速断方式可以将故障定位和隔离到合闸速断分段器之间。

对于合闸速断方式，为了避免电压互感器断线的情况下联络开关合闸造成不期望的闭环运行，同样有时也需要关闭联络开关的自动合闸功能。

（2）有通道分布智能方式。有通道分布智能方式的典型技术是邻域交互快速自愈技术，故障发生后，故障区域周边装设有邻域交互快速自愈控制功能的断路器，通过快速通信通道交互故障信息，迅速跳闸隔离故障区域，若是闭环运行配电网，则已经完成了故障处理，健全区域不受影响；若是开环运行配电网，则上游健全区域不受影响，下游健全区域依靠联络开关自动合闸恢复。

邻域交互快速自愈方式可以将故障定位和隔离到装设有邻域交互快速自愈控制的断路器之间，并且可以有效避免越级跳闸。邻域交互快速自愈方式完成故障隔离的时间一般在 300ms 以内。

3. 集中智能配电自动化技术

集中智能配电自动化技术故障定位的最小单元是由装设有故障信息采集与上送装置的节点围成的最小区域。故障信息采集与上送装置可以是装设于柱上开关的配电终端单元（FTU）、装设于环网柜的站所终端单元（DTU）、故障指示器等，故障指示器既可以装设在开关处，也可以装设在没有开关的重要分支处。

从是否具备遥控功能的角度划分为"三遥"终端和"两遥"终端两类，前者具备遥控、遥信和遥测功能，后者仅具备遥信和遥测功能。当然，无论"三遥"终端还是"两遥"终端，都应具备故障检测和故障信息上传功能。故障指示器一般可以认为是"两遥"终端，但是其遥测的精度一般比较低，有时也可将其称为"一遥"终端，即仅具有遥信（包括故障检测和故障信息上传）功能。对于具有继电保护和重合闸控制功能的配电终端，通常称其为"动作型终端"，可以是"三遥"终端，也可以是"两遥"终端，而将不具备继电保护和重合闸控制功能的配电终端称为"基本型配电终端"。此外，还有将遥调功能称为"四遥"，将遥视功能称为"五遥"，但这在配电终端中不常用。

集中智能配电自动化技术可以自动隔离的最小故障区域是由装设有"三遥"终端的开关围成的最小区域。借助集中智能配电自动化技术故障定位结果，可以得到能采取人工方式隔离的最小区域，是由包含故障区域在内的由可断开设备围成的最小区域，可断开设备可以是断路器、负荷开关、隔离开关、熔断器、可拔插电缆头等。

由于能够得到全局信息，因此集中智能配电自动故障定位具有一定的容错性，可以在故障信息少量漏报或误报的情况下仍有可能得到正确的定位结果；故障隔离具有一定的自适应，可以在开关拒动情况下自动生成补救策略；可以对健全区域供电恢复策略和控制步骤进行优化，既能尽量多地恢复健全区域负荷供电，又可确保控制过程的安全性；在发生自然灾害等造成输电线路倒塔导致多条变电站 10kV 母线失压的严重故障时，可以形成安全的控制步骤，将大批量负荷安全地转移到周边健全变电站的母线上。集中智能配电自动化技术故障处理所需时间一般在分钟级。

4. 相互协调配合

由上述分析可以看出，本地智能方式具有故障处理速度快、瞬时性故障自动恢复供电、不会全线短暂停电的优点，只能实现粗略的故障定位和隔离，不能保证健全区域供电全部得以恢复，且在永久故障修复后无法执行恢复控制返回正常运行方式。

分布智能方式不需要主站参与就能使瞬时性故障自动恢复供电，实现永久性故障的定位和隔离，并恢复健全区域供电，但是故障处理策略是事先整定的，不能根据负荷情况进行优化，而且在永久故障修复后无法执行恢复控制返回正常运行方式。

集中智能方式具有可实现有一定容错和自适应能力的精细故障定位和隔离策略以及优化的健全区域供电恢复策略，可以实现返回正常运行方式的恢复控制等优点，但是故障定位和隔离速度较慢，故障有时会造成全线短暂停电。

集中智能与分布智能各有优缺点，相互取长补短、协调控制，就能够提高配电网的故障处理性能。

集中智能、分布智能和本地智能协调配合的基本原则是集中智能与本地智能相互配合、取长补短，分布智能作为一种重要补充，应用于集中智能与本地智能都不合适的场合。

当故障发生后首先发挥本地智能方式故障处理速度快的优点，不需要主站参与迅速进行紧急控制，若是瞬时性故障则自动恢复到正常运行方式，若是永久性故障则自动将故障粗略隔离在一定范围。本地智能自动化装置也可以配置通信手段（如 GPRS），作为"两遥"终端将故障信息和处理结果上传到集中智能配电自动化系统主站。

当集中智能配电自动化系统主站将全部故障相关信息收集完成后，再发挥集中智能处理精细优化、容错性和自适应性强的优点，进行故障精细定位并生成优化处理策略，将故障进一步隔离在更小范围，恢复更多负荷供电，达到更好的故障处理效果。

分布智能方式可以作为集中智能方式的一种补充，应用于集中智能与本地智能都不合适的场合，如具有较多分段、继电保护难以配合、集中智能所需的"三遥"通信通道建设代价太高的分支线路，实现分支线路的故障自动处理。分布智能自动化装置也可以配置通信手段（如光纤、GPRS 等），作为"三遥"或"两遥"终端接入集中智能配电自动化系统主站。

集中智能和本地智能协调控制还能相互补救，当一种方式失效或部分失效时，另一种方式发挥作用获得基本的故障处理结果，从而提高配电网故障处理过程的鲁棒性。或是由于继电保护配合不合适、装置故障、开关拒动等原因严重影响了其故障处理的结果，通过集中智能的优化控制仍然可以得到良好的故障处理结果。或是由于一定范围的通信障碍导致集中智能故障处理无法获得必要的故障信息而无法进行，通过本地智能的快速控制仍然可以得到粗略的故障处理结果。

由于继电保护是快速切除故障所必需的，因此至少一级继电保护是实现故障处理自动化必不可少的；永久故障修复后返回正常运行方式的恢复控制则只能由集中智能实现。

9.1.2　在配电网故障处理中的作用

配电网故障处理过程包括故障切除、故障定位、故障隔离、健全区域恢复供电、人工修复和恢复控制 6 个子过程，如图 9-1 所示。

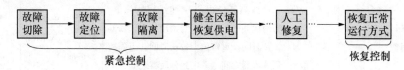

图 9-1　配电网故障处理过程

人工修复是指人工进行故障查找、修复以及其他工作；其余 5 个子过程都可以采用自动化手段实现，其中故障切除、故障定位、故障隔离、健全区域恢复供电这 4 个子过程可统称为紧急控制。

故障切除控制只能由继电保护动作驱动某个断路器跳闸来实现，通常故障切除控制的完成也是集中智能故障定位、隔离和健全区域恢复供电控制的启动条件。

故障定位、故障隔离和健全区域恢复供电控制既可以由本地智能实现，也可以由分布智能或集中智能实现。

故障修复后返回正常运行方式的恢复控制只能由集中智能配电自动化系统完成，由于能够得到全局信息，集中智能配电自动化可以对恢复控制策略和步骤进行优化，确保控制过程的安全性。

当然，在瞬时性故障时，自动重合闸、重合器与电压时间型分段器配合、合闸速断方式、邻域交互快速自愈方式也能使馈线回到正常运行方式，但不适用于永久故障的情形。

各种典型配电自动化技术在配电网故障处理中的作用见表 9-1。

表 9-1　　　　　　各种典型配电自动化技术在配电网故障处理中的作用

类型		适用范围	紧急控制				恢复控制
			故障切除	故障定位	故障隔离	健全区域恢复	恢复正常方式
本地智能	继电保护	电缆/架空	快速切除	快速、粗略定位，分支线或用户故障时不会全馈线短暂停电	快速、粗略隔离	快速，但不能保证全部恢复	不能
	自动重合闸	架空	不能	不能	不能	瞬时性故障时快速恢复，永久故障时不能	瞬时性故障时快速恢复，永久故障时不能
	备用电源自动投入	电缆/架空	不能	不能	不能	双电源用户快速恢复，单电源用户不能	取决于备用电源自动投入控制方式

类型		适用范围	紧急控制				恢复控制
			故障切除	故障定位	故障隔离	健全区域恢复	恢复正常方式
分布智能	电压时间型	架空	不能	馈线短暂停电，需两次冲击，需要较长时间，可定位到分段器之间	馈线短暂停电，需两次冲击，需要较长时间，可隔离到分段器之间	固定模式恢复，且TV断线会造成闭环	瞬时性故障时可恢复，永久故障时不能
	合闸速断	架空	不能	馈线短暂停电，需要较长时间，可定位到分段器之间	馈线短暂停电，需要较长时间，可定位到分段器之间	固定模式恢复，且TV断线会造成闭环	瞬时性故障时可恢复，永久故障时不能
	邻域交互	电缆/架空	快速切除	快速，可定位至所部署的开关之间，健全馈线段不停电	快速，可隔离至所部署的开关之间，健全馈线段不停电	固定模式恢复	瞬时性故障时可恢复，永久故障时不能
集中智能		电缆/架空	不能	馈线短暂停电，可精细定位至故障采集器之间，需要一定时间，依赖通信	馈线短暂停电，可精细隔离到三遥开关之间，需要一定时间，依赖通信	可实现自适应，优化恢复	可恢复

9.1.3　案例分析

图9-2（a）所示为一个典型的电缆配电网，矩形框代表变电站出线断路器，具有"三遥"功能、电流保护功能和故障电流上报功能；方块代表断路器，具有"三遥"功能、电流保护功能和故障电流上报功能；圆圈代表负荷开关，只具有"三遥"功能和故障电流上报功能，空心代表分闸、实心代表合闸。

变电站出线断路器配置延时电流速断保护和过电流保护，延时时间分别为0.3s和0.5s；大方块代表的断路器配置瞬时电流速断保护和过电流保护，延时时间分别为0s和0.2s；小方块代表的断路器配置过电流保护，延时时间为0s。过电流保护可实现三级延时级差配合，电流速断保护仅能实现两级延时级差配合，由于C2瞬时电流速断保护和C1过电流保护的延时时间均为0s，而电流定值又难以确保选择性，所以存在越级跳闸的可能，这是非常典型的情形。

当发生图9-2（b）所示的分支环网柜出线断路器C1下游两相相间短路故障时，由于短路电流未达到C2瞬时电流速断保护电流定值，只有S1、C2、C1过电流保护启动，C1断路器保护动作跳闸切除故障，即完成了紧急控制。

当发生图9-2（c）所示的分支环网柜出线断路器C1下游三相相间短路故障时，S1、C2、C1速断保护和过电流保护均启动，由于C2瞬时电流速断保护和C1过电流保护的整定时间均为0s，因此导致C1和C2断路器均保护动作跳闸，故障虽然切除，但是没有将故障隔离在最小范围。此时，集中智能配电自动化根据故障信息上报情况和网络

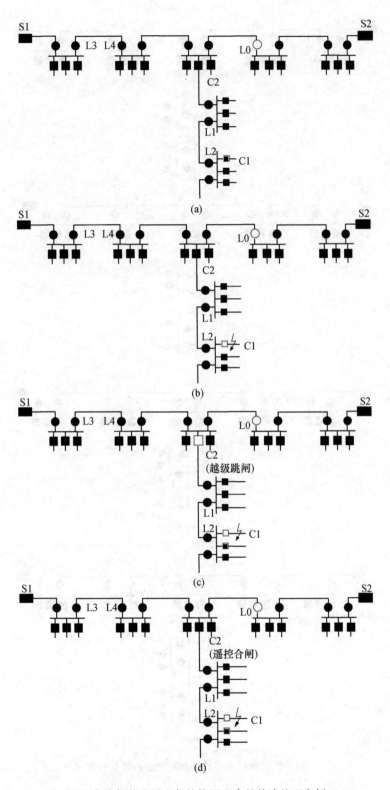

图 9-2 集中智能和继电保护协调配合的故障处理实例（一）

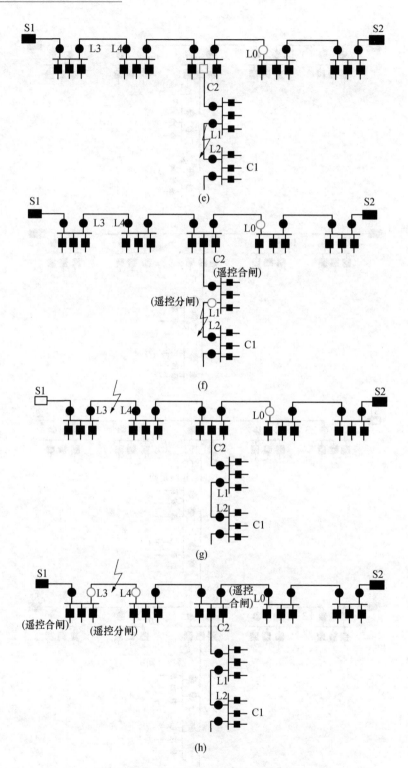

图 9-2　集中智能和继电保护协调配合的故障处理实例（二）

拓扑，可以精确地判断出故障就发生在 C1 下游，则进行优化控制：遥控 C2 断路器合闸，从而将故障隔离在最小范围，如图 9 - 2 (d) 所示。

当发生图 9 - 2 (e) 所示的 L1 和 L2 之间馈线三相相间短路故障时，S1、C2 速断保护启动，由于动作时间级差配合，只有 C2 断路器保护动作跳闸，故障虽然切除，但是没有将故障隔离在最小范围。此时，集中智能配电自动化根据故障信息上报情况和网络拓扑，可以精确地判断出故障就发生在 L1 和 L2 之间，则进行优化控制：遥控负荷开关 L1 分闸、遥控断路器 C2 合闸，从而将故障隔离在最小范围，如图 9 - 2 (f) 所示。

当发生图 9 - 2 (g) 所示的主干馈线 L3 和 L4 之间故障时，由于主干线无法实现继电保护配合，S1 保护动作跳闸，故障虽然切除，但是全线停电。此时，集中智能配电自动化根据故障信息上报情况和网络拓扑，可以精确地判断出故障就发生在 L3 和 L4 之间，则进行优化控制：遥控负荷开关 L3 和 L4 分闸、遥控变电站出线开关 S1 合闸，遥控联络负荷开关 L0 合闸（若有多种供电恢复策略，还可进行优选），将故障隔离在最小范围，如图 9 - 2 (h) 所示。

对于上述几种故障情形，若仅采用集中智能方式，则任何一点故障都会引起变电站出线断路器保护动作，造成全线短暂停电，且故障处理时间较长；若仅采用继电保护配合方式，则有可能越级跳闸，主干线故障时也不能将其隔离在最小范围内。采用继电保护与集中智能配合，则可以将分支和用户经常发生的两相相间短路故障限制在就地，快速完成故障处理，仅仅是在主干线故障时才会造成全线短暂停电，当继电保护越级跳闸或没有将故障隔离在最小范围内时，集中智能则可以进行优化控制。可见，集中智能与继电保护配合可以显著提高故障处理性能。

当然，故障修复后返回正常运行方式的控制，一律由集中智能实现。

9.2　配电自动化技术对供电可靠性的提升

9.2.1　本地智能配电自动化技术

由于具有多个供电途径的用户的备用电源自动投入切换时间很短，可以近似忽略故障后由于备用电源自动投入控制产生的停电户时数，但是备用电源自动投入控制所造成的用户停电次数需要纳入考虑，一般可以统计为瞬时停电次数，而不必计入短时停电次数统计。由于在变电站出线断路器采用瞬时速断电流保护的情况下，全馈线的继电保护装置很难做到完全配合，因此在分析中引入了配合率的概念。对于配置了自动重合闸功能的情形，由于重合闸延时时间较短，在瞬时性故障时造成的停电属于瞬时停电而非短时停电，在永久性故障时虽然会有两次停电，但其中一次属于瞬时停电，另一次属于短时停电。由于供电可靠性主要计及短时停电，因此不考虑瞬时停电。

1. 馈线分段开关配置单个继电保护的情形

对于一条馈线，除了在变电站出线断路器处配备继电保护装置以外，假设在 W 处配置断路器和继电保护装置，并且该继电保护装置能够与该馈线的变电站出线断路器实现部分配合，配合率为 $\gamma\%$，也即在 W 下游发生的故障中，有 $\gamma\%$ 的情形可以做到 W 处的继电保护装置动作驱动断路器 W 跳闸，而该馈线的变电站出线断路器配置的继电保护装置不动作，则 W 处配置断路器和继电保护装置的作用是当 W 下游故障时有 $\gamma\%$ 的情形能够避免 W 上游的用户停电，其每年可以减少的停电户次数 $\Delta\xi$ 为

$$\Delta\xi = \gamma\% F_{w-} N_{w+} = \gamma\% l_{w-} f N_{w+} \tag{9-1}$$

假设每次故障修复时间为 t，则其每年可以减少的停电户时数 $\Delta\delta$ 为

$$\Delta\delta = \Delta\xi t = \gamma\% F_{w-} N_{w+} t = \gamma\% l_{w-} f N_{w+} t \tag{9-2}$$

式中：F_{w-} 为 W 下游的年故障率；N_{w+} 为 W 上游的用户数；f 为单位长度故障率；l_{w-} 为 W 下游馈线长度。

不在 W 处配置断路器和继电保护装置时，该馈线的供电可靠率 ASAI 为

$$ASAI = 1 - \frac{FNt}{8760N} = 1 - \frac{lft}{8760}$$

式中：F 为整条馈线的年故障率；N 为整条馈线的用户数；l 为整条馈线的长度。

在 W 处配置断路器和继电保护装置后该馈线的供电可靠率 $ASAI'$ 为

$$ASAI' = 1 - \frac{FN - \Delta\delta}{8760N} = ASAI + \frac{\Delta\delta}{8760N} \tag{9-3}$$

$$ASAI' = ASAI + \frac{\gamma\% F_{w-} N_{w+t}}{8760N} = ASAI + \frac{\gamma\% l_{w-} f N_{w+t}}{8760N}$$

式 (9-3) 是通用表达式，适用于各种情形。

在 W 处配置断路器和继电保护装置后对该馈线的供电可靠率的提升 $\Delta ASAI'$ 为

$$\Delta ASAI' = ASAI' - ASAI = \frac{\Delta\delta}{8760N} \tag{9-4}$$

$$\Delta ASAI' = \frac{\gamma\% F_{w-} N_{w+t}}{8760N} = \frac{\gamma\% l_{w-} f N_{w+t}}{8760N}$$

式 (9-4) 是通用表达式，适用于各种情形。

对于架空线而言，假设永久性故障所占的比例为 $\eta\%$，在上述配置的基础上，再在 W 处配置自动重合闸控制，其作用是当其下游发生瞬时性故障时能够迅速重合，避免该区域用户停电，则每年可以减少的停电户次数 $\Delta\xi'$ 为

$$\Delta\xi' = (1 - \eta\%) F_{w-} N_{w-} = (1 - \eta\%) F_{w-} (N - N_{w+})$$

每年可以减少的停电户时数 $\Delta\delta'$ 为

$$\Delta\delta' = \Delta\xi' t = (1 - \eta\%) F_{w-} N_{w-} t = (1 - \eta\%) F_{w-} (N - N_{w+}) t$$

式中：N_{w-} 为 W 下游的用户数。

馈线的供电可靠率 $ASAI''$ 为

$$ASAI'' = 1 - \frac{FN - \Delta\delta - \Delta\delta'}{8760N} = ASAI' + \frac{\Delta\delta'}{8760N} \tag{9-5}$$

$$ASAI'' = ASAI' + \frac{(1 - \eta\%) F_{w-} (N - N_{w+}) t}{8760N}$$

式 (9-5) 是通用表达式，适用于各种情形。

在 W 处配置自动重合闸控制后对该馈线的供电可靠率的提升 $\Delta ASAI''$ 为

$$\Delta ASAI'' = ASAI'' - ASAI' = \frac{\Delta\delta'}{8760N} \tag{9-6}$$

$$\Delta \text{ASAI}'' = \frac{(1 - \eta\%)F_{w-}(N - N_{w+})t}{8760N}$$

式（9-6）是通用表达式，适用于各种情形。

同时在该馈线的变电站出线断路器配置自动重合闸控制，其作用是当变电站出线断路器与 W 之间发生瞬时性故障时能够迅速重合，避免该区域用户停电，则每年可以减少的停电户次数 $\Delta \xi''$ 为

$$\Delta \xi'' = (1 - \eta\%)F_{w+}N_{w+} = (1 - \eta\%)fl_{w+}N$$

每年可以减少的停电户时数 $\Delta \delta''$ 为

$$\Delta \delta'' = \Delta \xi'' t = (1 - \eta\%)F_{w+}N_{w+}t = (1 - \eta\%)fl_{w+}Nt$$

式中：F_{w+} 为 W 上游的年故障率；l_{w+} 为 W 上游馈线长度。

馈线的供电可靠率 ASAI''' 为

$$\text{ASAI}''' = 1 - \frac{FN - \Delta \delta - \Delta \delta' - \Delta \delta''}{8760N} = \text{ASAI}'' + \frac{\Delta \delta''}{8760N} \tag{9-7}$$

$$\text{ASAI}''' = \text{ASAI}'' + \frac{(1 - \eta\%)F_{w+}Nt}{8760N}$$

式（9-7）是通用表达式，适用于各种情形。

同时在该馈线的变电站出线断路器配置自动重合闸控制后，对该馈线的供电可靠率的提升 $\Delta \text{ASAI}'''$ 为

$$\Delta \text{ASAI}''' = \text{ASAI}''' - \text{ASAI}'' = \frac{\Delta \delta''}{8760N} \tag{9-8}$$

$$\Delta \text{ASAI}''' = \frac{(1 - \eta\%)F_{w+}Nt}{8760N}$$

式（9-8）是通用表达式，适用于各种情形。

类似地，还可以分析出各种配置条件下，对系统平均停电频率（SAIFI）和系统平均停电持续时间（SAIDI）的影响。

2. 馈线分段开关配置多个继电保护的情形

（1）多个继电保护之间不构成级联关系的情形。除了在变电站出线断路器处配备继电保护装置以外，还在 W1、W2、…WK 等 K 个馈线开关处配置断路器和继电保护装置，若这些继电保护装置不构成级联关系，则其作用相当于每处位置发挥的作用的叠加，即

$$\Delta \xi_{\Sigma} = \sum_{i=1}^{K} \Delta \xi_i = \sum_{i=1}^{K} \gamma_i\%F_{wi-}N_{wi+} = \sum_{i=1}^{K} \gamma_i\%l_{wi-}f_iN_{wi+}$$

$$\Delta \delta_{\Sigma} = \sum_{i=1}^{K} \Delta \delta_i = \Delta \xi_{\Sigma}t = \sum_{i=1}^{K} \gamma_i\%F_{wi-}N_{wi+}t = \sum_{i=1}^{K} \gamma_i\%l_{wi-}f_iN_{wi+}t$$

$$\Delta \xi'_{\Sigma} = \sum_{i=1}^{K} \Delta \xi'_i = \sum_{i=1}^{K} (1 - \eta_i\%)F_{wi-}N_{wi-} = \sum_{i=1}^{K} (1 - \eta_i\%)f_il_{wi-}N_{wi-}$$

$$\Delta \delta'_{\Sigma} = \sum_{i=1}^{K} \Delta \delta'_i = \Delta \xi'_{\Sigma}t = \sum_{i=1}^{K} (1 - \eta_i\%)F_{wi-}N_{wi-}t = \sum_{i=1}^{K} (1 - \eta_i\%)f_il_{wi-}N_{wi-}t$$

式中：下标 i 表示第 i 个配置继电保护的分段开关。

此外，对于变电站出线断路器配置的自动重合闸装置，有

$$\Delta\xi''_\Sigma = (1-\eta_S\%)F_{(S,W)\leftarrow 0}N_{S-} = (1-\eta_S\%)flN$$
$$\Delta\delta''_\Sigma = \Delta\xi''_\Sigma t = (1-\eta_S\%)flNt$$

式中：下标（S，W）表示变电站出线断路器与 W1、W2、…、WK 之间的区域。

ASAI′、ΔASAI′、ASAI″、ΔASAI″、ASAI‴和 ΔASAI‴分别可以根据式（9-3）～式（9-8）求得。类似地，还可以分析出各种配置条件下，对系统平均停电频率（SAIFI）和系统平均停电持续时间（SAIDI）的影响。

（2）多个继电保护之间存在级联关系的情形。除了在变电站出线断路器处配备继电保护装置以外，还在 W1、W2 等馈线分段或分支开处配置断路器和继电保护装置，并且有些继电保护装置构成级联关系的情形，需要注意区分各个继电保护装置对提升供电可靠性的作用范围，避免重复计入。

例如，对于如图 9-3 所示的情形，在变电站出线断路器 S 和馈线开关 W1、W2、W3 和 W4 等处配置断路器和继电保护装置，W1 与 W2、W3 和 W4 构成级联关系，B 和 D 为负荷开关，不配置继电保护装置。假设配合率为 $\gamma\%$，则 W2、W3 和 W4 的作用分别是当其下游故障时有 $\gamma\%$ 的情形能够避免其上游由 W1 与 W2、W3 和 W4 围成的区域（W1，W2，W3，W4）的用户停电，其每年可以减少的停电户次数 $\Delta\xi_i(i=2,3,4)$ 为

$$\Delta\xi_i = \gamma_i\%F_{W_i,-}N_{(W1,W2,W3,W4)}$$

式中：$N_{(W1,W2,W3,W4)}$ 表示 W1、W2、W3、W4 围成区域内的用户数。

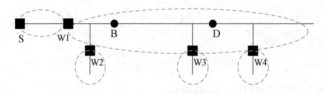

图 9-3　S 和 W1～W4 均配置继电保护的情形

■ 配置继电保护装置的断路器；● 未配置继电保护装置的负荷开关；⌒ 保护区域

其每年可以减少的停电户时数 $\Delta\delta_i(i=2,3,4)$ 为

$$\Delta\delta_i = \Delta\xi_i t = \gamma_i\%F_{Wi-}N_{Wi+}t = \gamma_i\%F_{Wi-}N_{(W1,W2,W3,W4)}t$$

W1 的作用分别是当其下游由 W1 与 W2、W3 和 W4 围成的区域（W1，W2，W3，W4）故障时有 $\gamma\%$ 的情形能够避免其上游到 S 之间的区域的用户停电，其每年可以减少的停电户次数 $\Delta\xi_1$ 为

$$\Delta\xi_1 = \gamma_1\%F_{W1-}N_{W1+} = \gamma_1\%F_{(W1,W2,W3,W4)}N_{W1+}$$

式中：$F_{(W1,W2,W3,W4)}$ 表示 W1、W2、W3、W4 围成区域内的年故障率。

其每年可以减少的停电户时数 $\Delta\delta_1$ 为

$$\Delta\delta_1 = \Delta\xi_1 t = \gamma_1\%F_{(W1,W2,W3,W4)}N_{W1+}t$$

上述配置下每年可以减少的总停电户次数 $\Delta\xi_\Sigma$ 为

$$\Delta\xi_\Sigma = \sum_{i=1}^4 \Delta\xi_i$$

上述配置下每年可以减少的总停电户时数 $\Delta\delta_\Sigma$ 为

$$\Delta\delta_{\Sigma} = \sum_{i=1}^{4}\Delta\delta_i = \Delta\xi_{\Sigma}t = \sum_{i=1}^{4}\Delta\xi_i t$$

在上述配置基础上,对 W2、W3 或 W4 配置重合器的作用分别是当其下游发生瞬时性故障时能够迅速重合,避免其下游用户停电,即其所能减少的停电户时数 $\Delta\xi_i'(i=2,3,4)$ 为

$$\Delta\xi_i' = (1-\eta_i\%)F_{\mathrm{W}i-}N_{\mathrm{W}i-}$$

其所能减少的停电户时数 $\Delta\delta_i'(i=2,3,4)$ 为

$$\Delta\delta_i' = \Delta\xi_i't = (1-\eta_i\%)F_{\mathrm{W}i-}N_{\mathrm{W}i-}t$$

式中:$N_{\mathrm{W}i-}$ 为 $\mathrm{W}i$ 下游用户数。

对 W1 配置重合器的作用是当其下游由 W1 与 W2、W3 和 W4 围成的区域(W1,W2,W3,W4)发生瞬时性故障时能够迅速重合,避免该区域用户停电,即其所能减少的停电户次数 $\Delta\xi_1'$ 为

$$\Delta\xi_1' = (1-\eta_1\%)F_{(\mathrm{W1,W2,W3,W4})}N_{\mathrm{W1}-}$$

其所能减少的停电户时数 $\Delta\delta_1'$ 为

$$\Delta\delta_1' = \Delta\xi_1't = (1-\eta_1\%)F_{(\mathrm{W1,W2,W3,W4})}N_{\mathrm{W1}-}t$$

在上述配置基础上,再对 S 配置重合器的作用是当其下游和 W1 之间的区域发生瞬时性故障时能够迅速重合,避免该区域用户停电,即其所能减少的停电户次数 $\Delta\xi_\mathrm{S}''$ 为

$$\Delta\xi_\mathrm{S}'' = (1-\eta_\mathrm{S}\%)F_{(\mathrm{S,W1})}N$$

其所能减少的停电户时数 $\Delta\delta_\mathrm{S}''$ 为

$$\Delta\delta_\mathrm{S}'' = \Delta\xi_\mathrm{S}''t = (1-\eta_\mathrm{S}\%)F_{(\mathrm{S,W1})}Nt$$

ASAI'、$\Delta\mathrm{ASAI}'$、ASAI''、$\Delta\mathrm{ASAI}''$、ASAI''' 和 $\Delta\mathrm{ASAI}'''$ 分别可以根据式(9-3)~式(9-8)求得。类似地,还可以分析出各种配置条件下,对系统平均停电频率(SAIFI)和系统平均停电持续时间(SAIDI)的影响。

9.2.2 分布智能配电自动化技术

对于满足 $N-1$ 准则的配电网,分布智能配电自动化技术可以在较短的时间内完成故障区域隔离和故障上下游受影响的健全区域恢复供电,因此可以近似忽略故障后对健全区域造成的停电户时数而只计入故障所在区域的停电户时数,但是所造成的用户停电次数需要纳入考虑,而且往往需要计入短时停电次数统计。

对于辐射状配电网,或故障发生在配电网中对侧没有联络的分支线路上的情形,分布智能配电自动化技术只能起到故障隔离的作用,而无法恢复故障下游健全区域供电,对供电可靠性的影响需要进行专门分析。

例如,对于图 9-4(a)所示的辐射状配电网,$N_1 \sim N_5$ 分别为各个区域的用户数,$F_1 \sim F_5$ 分别为各个区域的年故障率,假设永久性故障所占的比例为 $\eta\%$,不采用配电自动化技术时,每年的停电户次数 ξ 为

$$\xi = \sum_{i=1}^{5}N_i\sum_{i=1}^{5}F_i$$

每年的停电户时数 δ 为

$$\delta = \xi t = \sum_{i=1}^{5} N_i \sum_{i=1}^{5} F_i t$$

供电可靠率 ASAI 为

$$\text{ASAI} = 1 - \frac{\delta}{8760N} = 1 - \frac{\sum_{i=1}^{5} N_i \sum_{i=1}^{5} F_i t}{8760N}$$

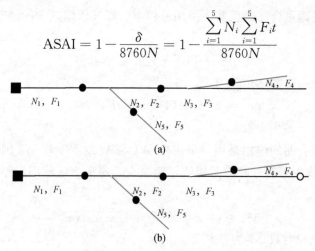

图 9-4　配备了分布智能配电自动化设备的馈线

（a）辐射状馈线；（b）对侧有联络线

■ 断路器；● 合闸负荷开关；○ 分闸负荷开关

在各个开关处配备了分布智能配电自动化设备后，因在瞬时性故障后可以在短时间内恢复全线供电，所造成的停电户时数可忽略不计，只需计入每年因永久故障造成的影响即可，因此在配置分布智能配电自动化设备后每年因永久故障造成的停电户次数 ξ' 为

$$\xi' = \eta\% \left(\sum_{i=1}^{5} N_i F_1 + \sum_{i=2}^{5} N_i F_2 + \sum_{i=3}^{4} N_i F_3 + N_4 F_4 + N_5 F_5 \right)$$

在配置分布智能配电自动化设备后每年因永久故障造成的停电户时数 δ' 为

$$\delta' = \xi' t = \eta\% \left(\sum_{i=1}^{5} N_i F_1 + \sum_{i=2}^{5} N_i F_2 + \sum_{i=3}^{4} N_i F_3 + N_4 F_4 + N_5 F_5 \right) t$$

因此，减少的停电户次数 $\Delta \xi$ 为

$$\Delta \xi = \xi - \xi' = \sum_{i=1}^{5} N_i \sum_{i=1}^{5} F_i - \eta\% \left(\sum_{i=1}^{5} N_i F_1 + \sum_{i=2}^{5} N_i F_2 + \sum_{i=3}^{4} N_i F_3 + N_4 F_4 + N_5 F_5 \right)$$

减少的停电户时数 $\Delta \delta$ 为

$$\Delta \delta = \delta - \delta' = \sum_{i=1}^{5} N_i \sum_{i=1}^{5} F_i t - \eta\% \left(\sum_{i=1}^{5} N_i F_1 + \sum_{i=2}^{5} N_i F_2 + \sum_{i=3}^{4} N_i F_3 + N_4 F_4 + N_5 F_5 \right) t$$

对于图 9-4（b）所示的同一辐射状配电网但对侧有联络线且联络开关配置分布智能配电自动化设备而可以自动合闸的情形，每年因永久故障造成的停电户次数 ξ'' 为

$$\xi'' = \eta\% \left[N_1 F_1 + (N_2 + N_5) F_2 + (N_3 + N_4) F_3 + N_4 F_4 + N_5 F_5 \right]$$

每年因永久故障造成的停电户时数 δ'' 为

$$\delta'' = \xi'' t = \eta\% \left[N_1 F_1 + (N_2 + N_5) F_2 + (N_3 + N_4) F_3 + N_4 F_4 + N_5 F_5 \right] t$$

因此，减少的停电户次数 $\Delta \xi'$ 为

$$\Delta\xi' = \xi - \xi''$$

$$= \sum_{i=1}^{5} N_i \sum_{i=1}^{5} F_i - \eta\% [N_1 F_1 + (N_2 + N_5)F_2 + (N_3 + N_4)F_3 + N_4 F_4 + N_5 F_5]$$

减少的停电户时数 $\Delta\delta'$ 为

$$\Delta\delta' = \delta - \delta'' = \Delta\xi't = \sum_{i=1}^{5} N_i \sum_{i=1}^{5} F_i t - \eta\% [N_1 F_1 + (N_2 + N_5)F_2$$

$$+ (N_3 + N_4)F_3 + N_4 F_4 + N_5 F_5]t$$

ASAI'、$\Delta\text{ASAI}'$、ASAI''、$\Delta\text{ASAI}''$、ASAI''' 和 $\Delta\text{ASAI}'''$ 分别可以根据式（9-3）～式（9-8）求得。类似地，还可以分析出各种配置条件下，对系统平均停电频率（SAIFI）和系统平均停电持续时间（SAIDI）的影响。

9.2.3　集中智能配电自动化技术

首先假设馈线上由可测控开关围成的各个区域中的用户分布均匀，对 k 个分段开关进行测控将该馈线分为 $k+1$ 个区域，每个区域含有 $n/(k+1)$ 个用户，假设馈线沿线单位长度故障率相同。

故障处理时间 T 主要由三部分构成，即

$$T = t_1 + t_2 + t_3$$

式中：t_1 为故障区域查找时间；t_2 为人工故障区域隔离时间（也包括对受影响的健全区域恢复供电所进行的操作时间）；t_3 为故障修复时间（也包括故障区域内具体故障位置确认时间和恢复故障前运行方式所进行的操作时间）。

（1）全部"三遥"模式。全部"三遥"模式是指对可测控开关全部按照实现"三遥"功能考虑，不仅配电终端需要采用"三遥"终端，而且还需要为开关加装电动操动机构以及建设光纤通信通道，自动化程度较高，但是建设费用也较高。

对于全部"三遥"模式，可近似地认为 $t_1=0$，$t_2=0$，即

$$T = t_3$$

在网架结构满足 $N-1$ 准则的条件下，根据供电可靠率定义，可以推导得到对 k 个分段开关实现"三遥"的馈线，其只计及故障因素造成停电的供电可靠率 ASAI_3 为

$$\text{ASAI}_3 = \frac{8760n - \sum_{i=1}^{k+1} \dfrac{nt_3 f_i}{k+1}}{8760n} = 1 - \frac{\sum_{i=1}^{k+1} t_3 f_i}{8760(k+1)} \tag{9-9}$$

式中：f_i 为第 i 个区域的故障率。

设该馈线的总故障率为 F，若近似认为各个区域的故障率相等为 f，即

$$f_i \approx f = \frac{F}{k+1} (0 < i \leqslant k+1) \tag{9-10}$$

则式（9-9）可以转化为

$$\text{ASAI}_3 = 1 - \frac{\sum_{i=1}^{k+1} t_3 F/(k+1)}{8760(k+1)} = 1 - \frac{t_3 F}{8760(k+1)} \tag{9-11}$$

（2）全部"两遥"模式。全部"两遥"模式是指对可测控开关全部按照实现"两遥"

功能考虑，配电终端只要具有"两遥"功能即可，也不需要改造开关，通信通道可采用GPRS，建设费用低，但是只能定位故障区域而不能自动隔离故障（动作型"两遥"终端可以隔离故障）和恢复健全区域供电，需要人工到现场进行操作，因此可恢复的健全区域受故障影响的停电时间较长，一般适用于小型城市或县城。

对于全部"两遥"模式，可近似地认为 $t_1 = 0$，即

$$T = t_2 + t_3$$

在网架结构满足 $N-1$ 准则的条件下，对 k 个分段开关实现"两遥"功能的馈线，其只计及故障因素造成停电的供电可靠率 ASAI_2 可表示为

$$\text{ASAI}_2 = \frac{8760n - nFt_2 - \sum_{i=1}^{k+1}\frac{nt_3f_i}{k+1}}{8760n} = 1 - \frac{(k+1)Ft_2 + \sum_{i=1}^{k+1}t_3f_i}{8760\times(k+1)} \quad (9\text{-}12)$$

其中，nFt_2 为由于"两遥"终端模块没有遥控功能导致的，在故障被有效隔离之前，持续时间为 t_2 的全馈线停电造成的停电户时数。

若近似认为各个区域的故障率相等为 f，有

$$\text{ASAI}_2 = 1 - \frac{F}{8760}\times\left(t_2 + \frac{t_3}{k+1}\right) \quad (9\text{-}13)$$

（3）动作型"两遥"终端的情形。对于在用户侧或次分支线安装具有本地保护和重合闸控制功能的动作型"两遥"终端的情形，当用户侧或次分支线故障率较高的情况下，为了避免用户侧或次分支线故障造成馈线停电，可有选择性地安装具有本地保护和重合闸控制功能的动作型"两遥"终端并配置断路器。用户侧或次分支线安装具有本地保护和重合闸控制功能的动作型"两遥"终端并与变电站10kV出线开关实现保护配合后，当用户侧或次分支线发生故障时能够迅速分断切除故障，而不影响馈线其他部分供电，在忽略单个用户或次分支线因故障而被切除的情形对供电可靠性的影响时，这相当于减少了馈线的故障率。

假设用户和次分支线故障占馈线故障的比例为 Ψ，安装具有本地保护和重合闸控制功能的动作型"两遥"终端的比例为 μ，且这些具有本地保护和重合闸控制功能的动作型"两遥"终端在馈线上均匀安装。则用户侧或次分支线安装具有本地保护和重合闸控制功能的动作型"两遥"终端后，该馈线的故障率将降低为

$$F' = F - \Psi F\mu$$

以 F' 代替式（9-9）~式（9-13）中的 F，就可以得出用户侧或次分支线安装具有本地保护和重合闸控制功能的动作型"两遥"终端条件下，在主干线和分支线对 k 台开关实现"三遥"或"两遥"后对供电可用性的影响。

（4）"三遥"与"两遥"相结合模式。"三遥"与"两遥"相结合模式是指在由"三遥"开关围成的区域中布置若干"两遥"开关的方式，其自动化程度适中，建设费用也适中，比较适合广大中型城市或大城市外围区域配电自动化系统建设。

对于"三遥"与"两遥"相结合模式，假设某条馈线上"三遥"开关与"两遥"开关的数量总和为 k，并且"两遥"开关均匀穿插安置在由"三遥"开关围出的各个区域内，每个区域安排 h 台"两遥"开关，则有

$$k = (k_1 + 1)h + k_1$$

式中：k_1 为"三遥"开关个数。

对比式（9-11）和式（9-12）可以发现："三遥"开关与"两遥"开关对只计及故障因素造成停电的供电可靠率的影响有一个公共部分，即 $\dfrac{t_3 F}{8760 \times (k+1)}$。因此，"三遥"开关对供电可靠率的全部影响和"两遥"开关对供电可靠率的部分影响之和为 $\dfrac{t_3 F}{8760 \times (k+1)}$。

式（9-12）反映"两遥"开关对供电可靠率的影响还有一部分是由于其没有遥控功能，在故障隔离的 t_2 时间段内造成全馈线停电。仿照式（9-11）可得由于"两遥"终端没有遥控功能所引起的在故障隔离的 t_2 时间段内的供电可靠率损失部分，用 B 表示为

$$B = \frac{F t_2}{8760 \times (k_1 + 1)}$$

综合得到，在每个区域安排 h 台"两遥"开关的情况下，只计及故障因素造成停电的供电可靠率为

$$\text{ASAI}_{3,2} = 1 - \frac{F}{8760} \times \left(\frac{t_2}{k_1 + 1} + \frac{t_5}{k+1} \right)$$

（5）辐射状配电网的情形。对于辐射状配电网，设主干线安装 k 台基本型"两遥"终端将馈线分为用户数均等的 $k+1$ 段，其只计及故障因素造成停电的供电可靠率 ASAI_2 为

$$\text{ASAI}_2 = 1 - \frac{(k+2)t_3 F + 2 \times (k+1)t_2 F}{2 \times 8760 \times (k+1)}$$

若主干线采用具有本地保护和重合闸控制功能的动作型"两遥"终端实现 $k+1$ 级保护配合，则可以在故障处理过程中省去 t_2 时间，则有

$$\text{ASAI}_2 = 1 - \frac{(k+2)t_3 F}{2 \times 8760 \times (k+1)}$$

9.3 配电自动化的差异化规划

由于配电网的特殊性，难以单纯采用继电保护配合的手段进行精细的故障隔离和最大限度的恢复健全区域供电，通常需要建设集中智能配电自动化系统来参与故障处理。但是许多城市存在过度建设的问题，且没有综合发挥继电保护和自动装置的作用，不仅造成巨大的浪费而且效果不佳。如果根据各个供电区域对供电可靠性的要求和影响供电可靠性因素的不同，对配电自动化进行差异化规划，恰当地配置继电保护和自动装置，则能够显著地提升配电网的供电可靠性，收到事半功倍的效果。

9.3.1 基本思想

1. 影响供电可靠性的因素

两个最常使用的可靠性指标是系统平均停电频率指标（SAIFI）和系统平均停电持续

时间指标（SAIDI），而在我国，通常用来进行比对的指标是系统的供电可靠率（ASAI）。

造成用户停电的原因包括：非限电因素计划停电（即预安排停电）、因限电造成的停电、因故障导致的停电三类，我国通常用不计及因限电造成停电的系统平均供电可靠率（即 RS-3）作为可靠性指标。

据统计，随着我国电网建设的发展，因限电造成的停电在所有停电中占据的比例在逐渐减小，近年来基本没有发生过严重的拉闸限电；非限电因素计划停电仍是主要的停电原因。根据 2018、2019 年全国 10kV 用户供电可靠性基本情况，故障停电户时数仅约占 40%，目前计划停电仍是影响供电可靠性的主要因素，这也是我国与发达国家的差距之一。

非限电因素计划停电主要由工程停电和检修等原因导致，随着电网建设的日臻完善以及运维管理水平的不断提高，非限电因素计划停电的比例会逐渐降低至较低水平，采取不停电检修方式，对于提高供电可靠性具有重要意义。

故障是指可引起意外停运或停电的所有原因，包括设备失效、风暴、地震、车祸、破坏、操作错误或其他未知原因。如前所述，故障处理过程对供电可靠性的影响主要取决于故障区域查找时间、故障区域隔离时间和故障修复时间（包括故障区域内具体故障位置确认时间和恢复故障前运行方式所进行的操作时间）。

无论是本地智能、分布智能还是集中智能配电自动化技术只能通过减少故障停电面积和缩短故障停电时间来降低故障停电的影响。因此，在规划中需要在预期的满意停电户时数目标中减去加强运维管理后非限电因素计划停电所造成的停电户时数预期值，从而得出故障停电户时数的允许值。在此基础上进行配电自动化规划，而各个供电区域的满意停电户时数往往存在差异。

2. 配电自动化规划的原则

继电保护配合以及自动重合闸控制对于故障快速隔离和减小对健全区域的影响是一种行之有效和可靠的方式，备用电源自动投切控制是保障高供电可靠性要求用户供电的有效和可靠手段。因此，在进行配电自动化规划时，宜先进行本地智能配电自动化规划，在此基础上根据需要进行集中智能配电自动化和分布智能配电自动化规划。

综上所述，配电自动化规划宜遵循下列原则：

（1）首先进行本地智能配电自动化规划，尽可能发挥继电保护配合以及自动重合闸控制的作用，对高供电可靠性区域优先考虑配置备用电源自动投切控制。

（2）在本地智能配电自动化规划基础上，按照 9.2 节的公式核算其对供电可靠性指标的改善情况，根据需要进行集中智能配电自动化规划。

（3）对于供电半径较长或架设通信网代价较高的农村或城郊馈线或者馈线分支，可考虑配置无通道分布智能配电自动化设备；对于供电可靠性要求比较高的非专线供电重要用户比较密集的馈线，若架设高速光纤通道比较方便时，可以考虑配置有通道分布智能配电自动化设备。

9.3.2　本地智能配电自动化规划

本地智能配电自动化技术主要包括继电保护配合、自动重合闸控制和备用电源自动投切控制，其中继电保护配合的规划较为复杂，自动重合闸控制和备用电源自动投切控制规划比较简单。

　　1. 配电网继电保护配合的模式

　　配电网继电保护配合有两种基本方式，基于时间级差的配电网继电保护配合方式和三段式过电流保护配合方式，相互结合可以分为四种模式。

　　(1) 单纯时间级差全配合模式。对于装设延时电流速断保护的情形，可以在整条馈线上进行多级级差保护配合，称为单纯时间级差全配合模式。

　　(2) 单纯时间级差部分配合模式。对于变电站出线开关配置了瞬时电流速断保护的情形，馈线上仍然有较大范围具备延时级差配合的条件，因为瞬时电流速断保护定值一般按照躲过线路末端最大三相短路电流再乘以不小于1.3的可靠系数整定，而且还要躲过配电变压器的励磁涌流，而大多数架空馈线相间短路故障为两相相间短路，可以在瞬时速断保护范围之外的下游部分的分支或用户开关与变电站出线开关之间进行多级级差保护配合，称为单纯时间级差部分配合模式。

　　由于一般情况下一条馈线的供电范围大致呈扇形，越向下游分支越多，因此实际上可以实现延时级差配合的部分所占的比例比较大。

　　(3) 单纯三段式（Ⅰ、Ⅱ段）过电流保护配合模式。对于供电半径较长的城郊或者农村配电线路，在主干线路发生故障时，故障位置上游各个分段开关处的短路电流水平差异比较明显，具有采取多级三段式过电流保护配合的可行性。n 级三段式过电流保护的示意图如图 9-5 所示。

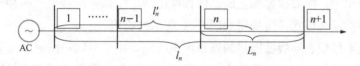

图 9-5　n 级三段式过电流保护示意图

　　传统的三段式过电流保护的瞬时电流速断保护定值是不区分短路类型的，都是按照线路末端最大三相短路的短路电流来整定，而灵敏度校验却是按照最小两相短路电流来校验。

　　用 l_n 表示为了实现第 n 级三段式过电流保护配合所需要的最小馈线长度，且有 $l_0 = 0$，l_n 可通过求解下式获得

$$\begin{cases} \dfrac{l_n^2 r^2 + (X_{s,min} + l_n x)^2}{[\beta l_n + (1-\beta) l_{n-1}]^2 r^2 + \{X_{s,max} + [\beta l_n + (1-\beta) l_{n-1}]x\}^2} = \left(\dfrac{K_{rel}^{I}}{0.866}\right)^2, n \geqslant 1 \\[4mm] \dfrac{l_n^2 r^2 + (X_{s,min} + l_n x)^2}{l_{n-1}^2 r^2 + (X_{s,max} + l_{n-1} x)^2} = \left(\dfrac{K_K}{0.866}\right)^2, n \geqslant 2 \end{cases}$$

(9-14)

式中：r 和 x 分别为馈线单位长度电阻和电抗；β 为各级瞬时电流速断保护至少保护该级馈线段的长度比例；$X_{s,min}$ 和 $X_{s,max}$ 分别为最大运行方式和最小运行方式下的系统阻抗；$K_K = K_{sen} K_{rel}'' K_{rel}'$，其中 K_{sen} 为灵敏度系数，K_{rel}' 和 K_{rel}'' 分别为Ⅰ段和Ⅱ段保护的可

靠系数。

继电保护装置能很容易区分出发生的是三相短路还是两相短路，如果将三相短路和两相短路分开对待，电流速断保护定值按照线路末端发生不同故障的最大短路电流来整定，灵敏度校验按照各自故障的最小短路电流来校验，形成两套不同的电流定值，就能显著提高三段式过电流（Ⅰ、Ⅱ段）保护的配合性能。

上述改进方法下实现第 n 级三段式过电流保护配合所需要的最小馈线长度计算式为

$$\begin{cases} \dfrac{l_n^2 r^2 + (X_{s,\min} + l_n x)^2}{[\beta l_n + (1-\beta) l_{n-1}]^2 r^2 + \{X_{s,\max} + [\beta l_n + (1-\beta) l_{n-1}] x\}^2} = (K_{\mathrm{rel}}^{\mathrm{I}})^2, n \geqslant 1 \\ \dfrac{l_n^2 r^2 + (X_{s,\min} + l_n x)^2}{l_{n-1}^2 r^2 + (X_{s,\max} + l_{n-1} x)^2} = (K_{\mathrm{K}})^2, n \geqslant 2 \end{cases}$$

$$(9-15)$$

分析表明，在系统容量、供电半径一定时，按照短路类型分开的改进方法比按照传统方法整定时可配置保护级数更多，并且两相相间短路情况下的速断保护范围大大增加。

（4）三段式过电流保护与时间级差混合模式。单纯三段式过电流保护配合模式可实现主干线上多级保护配合，但是分支线（或次分支线）故障也会造成主干线部分停电。三段式过电流保护与时间级差混合模式综合了三段式过电流保护配合和时间级差保护配合的优点，其主干线采用三段式过电流保护配合，分支线与主干线、次分支（或用户）与分支线间采用延时时间级差全配合模式或部分配合模式。

2. 配电网继电保护配合模式的选择原则

在实际应用中，需要根据如上所述四种配电网多级保护配合模式的特点，合理选用合适的继电保护配合模式，可采用如图 9-6 所示的流程。

对于供电半径短、导线截面粗的城市配电线路，由于沿线短路电流差异小，难以实现多级三段式过流保护配合，因此主要采用延时时间级差配合方式实现线路的多级保护配合；对于供电半径长、导线截面细的农村配电线路，可以实现多级三段式过电流保护配合，根据需要在可行的情况下，还可以采用三段式过电流保护配合与延时时间级差配合相结合的方法进一步提高多级保护配合的性能。

对于架空配电线路和架空线长度比例较高的电缆架空混合配电线路，在符合对于仅设置延时速断保护的要求，并且短路电流水平不是很高且变压器抗短路能力较强时，变电站出线断路器可不设置瞬时速断电流保护，而设置具有一定延时时间的延时速断保护，其延时时间可根据变压器抗短路能力和实际需要设置。延时时间级差取决于继电保护装置的故障检测时间、保护出口的驱动时间和断路器的动作时间。

当变电站出线断路器的Ⅰ段可以延时 1 个级差时，可以配置二级单纯延时时间级差全配合模式，或改进的三段式过电流保护与二级延时时间级差全配合混合模式；当变电站出线断路器的Ⅰ段可以延时 2 个级差时，可以配置三级单纯延时时间级差全配合模式，或改进的三段式过电流保护与三级延时时间级差全配合混合模式。当变电站出线断路器必须设置瞬时速断电流保护时，可以配置多级改进的三段式过电流保护配合模式，或二级延时时间级差部分配合模式；若下游分支/用户较多时，为了提高馈线下游开关

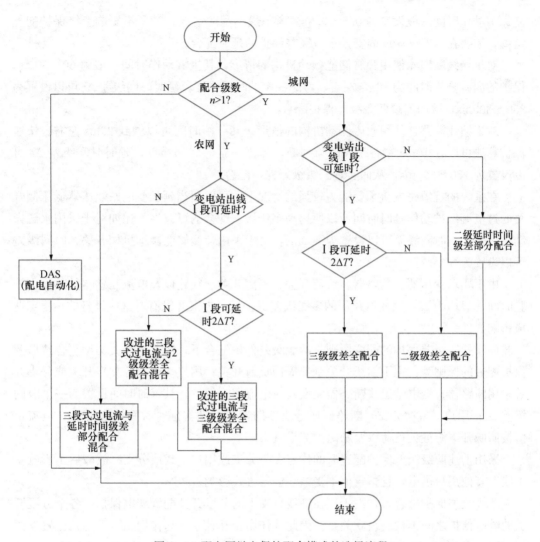

图 9-6 配电网继电保护配合模式的选择流程

与主干线开关的可配合范围,宜采取传统的三段式过电流保护与二级延时时间级差部分配合混合模式,但是会减慢主干线上瞬时速断保护范围之外的馈线段故障切除时间。

对于电缆配电线路,由于即使在电缆上发生两相相间短路,也会引发三相相间短路,因此无法实现时间级差部分配合方式,即不能选用单纯时间级差部分配合模式和三段式过电流保护与时间级差部分配合混合模式。

3. 单纯时间级差全配合模式的规划

(1)适用范围。在线路短路不会造成发电厂厂用母线或重要用户母线电压低于额定电压的 60%,线路导线截面积较大允许带时限切除短路,并且过电流保护的时限不大于 0.5s 的情况下,可以不装设瞬时电流速断保护,而采用延时电流速断保护或过电流保护,为多级级差保护配合提供了条件。

(2)延时时间级差。变电站变压器低压侧开关(也即 10kV 母线进线开关)的过电流保护动作时间一般设置为 0.5～0.9s。考虑最不利的情况，为了不影响上级保护的整定值，需要在 0.5～0.9s 内安排多级级差保护的延时配合。

对于馈线断路器使用弹簧储能操动机构的情形，其机械动作时间一般为 60～80ms，保护的固有响应时间为 30ms 左右，考虑一定的时间裕度，延时时间级差 Δt 可以设置为 250～300ms，从而实现两级级差保护配合。

对于馈线断路器使用永磁操动机构的情形，其分闸时间可以做到 20ms 左右。快速保护算法可以在 10ms 左右完成故障判断，考虑一定的时间裕度，延时时间级差 Δt 可以设置为 150～200ms，从而实现三级级差保护配合。

在系统的抗短路电流承受能力较强的情况下，可以适当延长变电站变压器低压侧开关的过电流保护动作延时时间，以便提高多级级差配合的可靠性。比如对于采用永磁操动机构开关，时间级差可以设置为 200ms，对于采用弹簧储能操动机构开关，时间级差可以设置为 300ms。

由于要求变压器、断路器、负荷开关、隔离开关、线路以及电流互感器的热稳定校验时间一般均为 2s，因此所建议的多级级差保护配合方案并没有对这些设备的热稳定造成影响。

（3）两级级差保护的配置原则。两级级差保护配合下，线路上开关类型组合选取及保护配置的原则为：主干馈线开关全部采用负荷开关；用户（或次分支）开关或分支开关采用断路器；变电站出线断路器装设延时电流速断保护，其延时时间设置为一个时间级差 Δt；用户（或次分支）断路器或分支断路器保护动作延时时间设定为 0s，电流定值按照躲开下游最大负荷以及励磁涌流设置。

采用上述两级级差保护配置后的优点在于分支或用户（或次分支）故障后不影响主干线上其他用户供电，且整定值不受馈线运行方式影响。

两级级差保护配合下，由于只在馈线分支上的分段开关配置继电保护，各个分段开关的继电保护之间不构成级联关系，因此其作用相互独立，总作用相当于每处位置发挥的作用的叠加，每处对停电户次数和停电户时数的影响可以采用式（9-1）和式（9-2）计算（计算时取 $\gamma\%=100\%$），对供电可靠率的影响可以采用式（9-4）计算。

由式（9-1）可见，在分支上配置一处继电保护对停电户次数的影响取决于馈线上该分支上游的用户数（即馈线上除该分支之外的用户数）与该分支的年故障次数的乘积；由式（9-2）可见，在分支上配置一处继电保护对停电户时数的影响取决于馈线上该分支上游的用户数与该分支的年故障次数以及故障修复时间的乘积。在规划时，宜优先考虑在分支线路长、绝缘程度低（往往造成年故障次数高）且环境条件差往往造成故障修复时间长的分支开关配置继电保护（当然开关也应为断路器或更换为断路器），考虑到馈线上的用户数一般远远高于任何分支上的用户数，在不需要精细考虑时，可以近似认为各分支上游的用户数大致相同而不必专门考虑。也可以采用 Excel 等工具，将各个分支对应的 $\Delta\xi$ 和 $\Delta\delta$ 分别计算出来，并进行排序，从而便于选择作用突出的位置配置继电保护装置。

（4）三级级差保护的配置原则。三级级差保护配合下，线路上开关类型组合选取及保护配置的原则为：变电站 10kV 出线开关、具备多级级差保护配合条件区域的馈线分支开关与用户（或次分支）开关形成三级级差保护，其中用户（或次分支）开关保护动作延时时间设定为 0s，电流定值按照躲开下游最大负荷电流以及励磁涌流设置；馈线分支开关保护动作延时时间设定为 Δt，电流定值按照躲开下游最大负荷电流以及励磁涌流设置；变电站出线开关过电流保护动作时间设定为 $2\Delta t$。

采用上述三级级差保护配置后的优点在于，用户（或次分支）故障后不影响分支线上其他用户供电，分支故障后不影响主干线上其他用户供电，且整定值不受馈线运行方式影响。

三级级差保护配合下，由于馈线分支和次分支（用户）上分段开关的继电保护之间存在级联关系，其作用不再相互独立，对停电户次数和停电户时数的影响需要注意区分各个继电保护装置对提升供电可靠性的作用范围，避免重复计入。

在规划时，次分支（用户）开关继电保护宜优先配置在次分支（用户）线路长、绝缘程度低（往往造成年故障次数高）且环境条件差往往造成故障修复时间长的次分支（用户）开关配置继电保护（当然开关也应为断路器或更换为断路器）；分支开关的继电保护宜优先配置在含有较多次分支（用户）线路且环境条件差往往造成故障修复时间长的分支开关（当然开关也应为断路器或更换为断路器）。

（5）自动重合闸控制的配置原则。对于配置继电保护的断路器的下游为架空线路的情形，还可以配置一次自动重合闸控制，重合闸延时时间为 0.5s（或线路上含分布式电源，宜为 2s 以上），其对供电可靠率的影响可以采用式（9-5）和式（9-6）计算。

在配置继电保护的断路器的下游为架空—电缆线路的情形，是否配置一次自动重合闸控制，取决于其对停电户次数、停电户时数和供电可靠率的改进程度。

4. 单纯时间级差部分配合模式的规划

对于以下情形必须设置瞬时电流速断保护：①线路短路使发电厂厂用母线或重要用户母线电压低于额定电压的 60% 的情况下；②线路导线截面积过小不允许带时限切除短路，需要快速切除故障；③主变压器老旧或抗短路能力较差，从确保主变压器安全的角度出发需要快速切除故障的情形。

即使在装设了瞬时电流速断保护的情况下，对于开环运行的 10kV 馈线可视为单电源线路，其电流整定值应按躲过线路末端最大三相短路电流整定，可靠系数不小于1.3，而且还必须躲过下游的励磁涌流。

在配电网上发生的相间短路故障中，绝大部分是两相相间短路故障，其短路电流为三相短路电流的 0.866 倍，根据瞬时速断保护的电流定值，可以计算出最大运行方式下馈线发生两相相间短路而不引起瞬时电流速断保护动作的短路点上游馈线长度临界值 l_c。

可见，对于装设了瞬时电流速断保护的馈线，以 l_c 为界分为了两个部分，上游部分发生两相相间短路故障时，将引起变电站出线开关瞬时电流速断保护动作跳闸，不具备多级级差保护配合的条件；下游部分发生两相相间短路故障时，将不引起变电站出线开关瞬时电流速断保护动作，但是具有延时的过电流保护会启动，具备多级级差保护配合的条件。

需要指出的是，由于 l_C 是按照最大运行方式下两相相间短路的条件计算得到的，在非最大运行方式下，不引起瞬时电流速断保护动作的馈线长度临界值将向上游偏移，这对于在 l_C 下游部分进行多级级差保护配合是有利的。

由于 10kV 馈线都从主变电站发出，一般情况下一条馈线的供电范围大致呈扇形，越向下游分支越多，因此对于装设了瞬时电流速断保护的馈线，其具备多级级差保护配合条件的区域恰好落于分支比较多的范围，对于变电站出线开关—分支开关—次分支开关（或用户开关）的多级级差配合非常有利。

单纯时间级差部分配合模式的延时时间级差配置、两级级差保护的配置原则、三级级差保护的配置原则和自动重合闸控制的配置原则与单纯时间级差全配合模式相同，区别仅仅在于变电站出线断路器仍然配置瞬时电流速断保护。

5. 单纯三段式（Ⅰ、Ⅱ段）过电流保护配合模式的规划

当馈线的供电半径 L 一定时，可以根据式（9-14）和式（9-15）得出该条馈线最多可以配置的三段式过电流保护级数。

当 $l_n = L$ 时（实际当中考虑适当裕量，如 $1.05 > L/l_n > 1.0$），只能安装 n 级保护。

当 $l_n < L < l_{n+1}$ 时（实际当中考虑适当裕量，如 $1.0 > L/l_{n+1}$ 且 $L/l_n > 1.05$），可以安装 $n+1$ 级保护，所增加的一级保护，由于未达到常规 $n+1$ 级所需的长度，称为"附加级"，附加级一般只能设置Ⅰ段保护本级线段全长，而不设置Ⅱ段保护。

对于对侧有联络线路的多供电途径配电网架，需在联络开关合闸（即由一侧馈线转带对侧馈线负荷）的运行方式下，对相互联络馈线之间进行综合考虑以确定保护级数。

例如，对于"手拉手"环状配电线路，在实现多级保护时需要考虑在非正常运行状态下，联络开关闭合，由一侧馈线转带另一侧馈线负荷时，被转带侧馈线的保护配合问题。因为，联络开关合闸后，被转带侧馈线的潮流方向发生了改变，也即沿线开关的上下游关系发生了变化，原来整定好的电流定值不再适用。

针对上述问题，需给"手拉手"环状配电线路加装功率方向元件以实现多级保护配合。具体配置为，每台继电保护装置均配置故障功率方向元件，并根据故障功率方向的差异，设置两套整定值，与正常运行方式一致的定值称为"正向定值"，与正常运行方式相反的定值称为"反向定值"。

配置时，按照联络开关合闸（即一条馈线转带对侧负荷）方式下，综合考虑"手拉手"的两条馈线的情况来确定两个方向的保护级数，对于不需要反向保护的保护装置，闭锁其反向保护即可。

有时，为了使对侧馈线上增加的反向继电保护装置将馈线分割得比较均匀，也可以将反向保护单独设置在未设置正向保护的分段开关上。

例如，对于图 9-7（a）所示的"手拉手"环状配电线路，S1 和 S2 为变电站 10kV 出线断路器，A、B、C、E 和 F 为分段断路器，D 为联络开关。在图中，实心代表合闸状态，空心代表分闸状态，方块代表断路器，圆圈代表负荷开关。假设 S1 馈线配置四级正向三段式过电流保护，S2 馈线配置三级正向三段式过电流保护。假设根据分析，在 S1 转带 S2 馈线负荷的运行方式下，在 F 设置反向保护，可以实现五级保护配合，则

配置该反向保护，其作用如图 9-7（b）所示。假设根据分析，在 S2 转带 S1 馈线负荷的运行方式下，在 B 设置反向保护，可以实现四级保护配合，则配置该反向保护，其作用如图 9-7（c）所示。其余开关处的反向保护均闭锁。

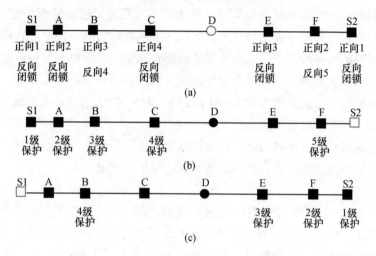

图 9-7　手拉手环状配电网多级保护配置示例 1
（a）保护配置；（b）S1 转带 S2 馈线负荷下的保护配合；（c）S2 转带 S1 馈线负荷下的保护配合

再如，对于图 9-8（a）所示的手拉手环状配电线路，S1 和 S2 为变电站 10kV 出线断路器，A、B、C、E 和 F 为分段断路器，D 为联络开关，图中实心代表合闸状态，空心代表分闸状态。假设 S1 馈线可配置二级正向三段式过电流保护，S2 馈线配置两级正向三段式过电流保护。虽然在 E 未设置正向保护，但是假设根据分析，在 S1 转带 S2 馈线负荷的运行方式下，在 E 设置反向保护，可以实现三级保护配合，则配置该反向保护，其作用如图 9-8（b）所示。虽然在 B 未设置正向保护，假设根据分析，在 S2 转带 S1 馈线负荷的运行方式下，在 B 设置反向保护，可以实现三级保护配合，则配置该反向保护，其作用如图 9-8（c）所示。

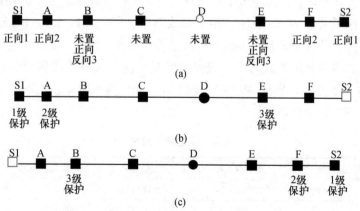

图 9-8　手拉手环状配电网多级保护配置示例 2
（a）保护配置；（b）S1 转带 S2 馈线负荷下的保护配合；（c）S2 转带 S1 馈线负荷下的保护配合

此外，三段式过电流保护与时间级差混合模式在主干线采用三段式过电流保护配合，分支线与主干线、次分支（或用户）与分支线间采用延时时间级差全配合模式或部分配合模式。三段式过电流保护与时间级差混合模式的主干线采用的三段式过电流保护配合保护级数和位置的规划原则与单纯三段式（Ⅰ、Ⅱ段）过电流保护配合模式相同，分支线与主干线、次分支（或用户）与分支线间采用延时时间级差全配合模式或部分配合模式的延时时间级差配置、两级级差保护的配置原则、三级级差保护的配置原则和自动重合闸控制的配置原则与单纯时间级差全配合模式相同，不再赘述。

对供电可靠性有极高要求（如 ASAI 达到 99.999％以上的 A＋类区域）的用户或供电区域，宜规划多个供电途径和相应的网架结构（如双射网、对射网、双环网等），并可配置备用电源自动投入控制功能，在主供电源因故障而失去供电能力时，备用电源自动投入控制可以快速切换从而迅速恢复多供电途径用户供电。

6. 案例分析

（1）对于图 9-9 所示的辐射状农村配电网，其 10kV 系统侧等效阻抗为 $X_{s,min}＝0.5\Omega$（大方式），$X_{s,max}＝1\Omega$（小方式），主干线长度为 10km，导线型号为 LGJ—150，S 为变电站出线断路器。假设通过计算得出，可在主干线上再配置两个继电保护装置（分别配置在 W1、W2）形成三级三段式过电流保护配合，并且经分析，该农网短路电流水平较低且变压器抗短路能力较强，可将其Ⅰ段和Ⅱ段的延时时间均增加 Δt，在其分支线 V1、V2、V3 处配置断路器，动作时间设置为 0s，与主干线断路器 W1、W2 通过一个延时时间级差实现保护配合。

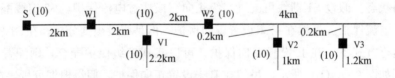

图 9-9　农村配电网实例

采用上述方法对该保护配置方案和只在变电站出线处装设继电保护装置的方案进行效果评估，其结果见表 9-2。其中，年平均故障率 $f＝0.15$ 次/km，故障修复时间 $t＝6h/$次，$\eta＝20％$，并且假设整条馈线的用户呈均匀分布，总用户数为 60 户，图 9-9 中括号内数字代表本级保护装置与下一级保护装置之间区域或本级保护装置下游的用户数，也即 S 与 W1 之间，W1、W2 和 V1 之间，W2、V2 和 V3 之间，以及 V1 下游、V2 下游、V3 下游的用户数。

表 9-2　　　　　　　　　　　　方案 1 规划评估效果

变量	传统保护配置方案	本节保护配置原则	变量	传统保护配置方案	本节保护配置原则
ASAI（％）	99.846	99.846	ASAI″（％）	99.846	99.884
ASAI′（％）	99.846	99.867	ASAI‴（％）	99.846	99.887

由表 9-2 可以看出，采用本节论述的继电保护配置原则较只在变电站出线处装设

继电保护装置的方案，其供电可靠率明显提高。

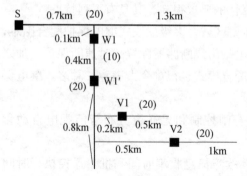

图 9-10　城市配电网实例

（2）对于图 9-10 所示的城市配电网，其 10kV 系统侧等效阻抗为 $X_{s,\min}=0.2\Omega$，$X_{s,\max}=0.3\Omega$，主干线长度为 2km，导线型号为 LGJ-240，其余为分支线，且下游用户居多，S 为变电站出线断路器，必须装设瞬时电流速断保护。由本节论述的配置原则可知，可在具备配合条件的分支线路和次分支线路配置继电保护装置实现三级级差保护配合。假设保护装置配置位置有两种方案，即方案 1（S、W1、V1、V2）和方案 2（S、W1′、V1、V2），并且方案 1 分支线断路器 W1 与 S 的配合率为 60%，方案 2 分支线断路器 W′1 与 S 的配合率为 100%。对这两种方案进行效果评估，其结果如表 9-3 所示。其中，年平均故障率 $f=0.1$ 次/km，故障修复时间 $t=4$h/次，$\eta=20\%$，总用户数为 90 户。

由表 9-3 可以看出，采用方案 2 较方案 1 保护配置位置规划效果更好。

表 9-3　　　　　　　　　　　　　　**方案 2 规划评估效果**

变量	方案 1	方案 2	变量	方案 1	方案 2
ASAI（%）	99.975	99.975	ASAI″（%）	99.981	99.981
ASAI′（%）	99.977	99.979	ASAI‴（%）	99.982	99.984

9.3.3　集中智能配电自动化规划

1. 配电自动化主站差异化规划

配电自动化主站可分为大、中、小型主站和前置延伸四种典型建设模式。

大、中、小型主站建设模式均采用可扩容平台，通过信息交互总线与 EMS、PMS、GIS 等系统互联，实现配电网信息的集成整合与共享，获取并建立完整的配电网图模，实现配电网监控及故障处理等功能。

小、中、大型主站分别按照实时信息接入量小于 10 万点、小于 50 万点和大于 50 万点配置硬件设备和软件模块。小型主站的前置服务器、应用服务器和 SCADA 服务器可以合并，并只配置 SCADA、故障处理和信息交互软件模块；中型主站可在配置 SCADA、故障处理和信息交互软件模块之外，适当选配个别高级应用软件模块；大型主站可配置 SCADA、故障处理、信息交互和高级应用软件模块。

前置延伸建设模式是通过将配电自动化主站的前置延伸到所监控区域完成当地的信息采集，并通过当地安装的远程工作站实现就地监控。

对于大型重点城市建设大型主站，对于大中型城市建设中型主站，对于中小型城市建设小型主站，对于县城采用前置延伸建设模式。

2. 配电终端差异化规划原则

(1) A+类区域。A+类区域对于供电可靠性的要求很高。其具有下列特点：

1) 由于其一般处于特大型或大型城市的重要区域，多级三段式继电保护配合困难，并且为了确保主变压器的安全，一般需要为变电站出线断路器配置瞬时速断保护，加之这类区域的供电半径一般较短，多级级差部分配合模式也很难令人满意。总之，继电保护配合的作用非常有限甚至无法配合。

2) 一般采用电缆供电，不宜采用自动重合闸控制和无通道分布智能配电自动化技术。

3) 即使采用集中智能配电自动化技术，其故障信息收集时间和批量遥控执行时间对供电可靠性的影响也不可忽视，而且往往需要的配电终端数量非常多。

鉴于上述特点，A+类区域的规划原则为：

1) 尽量采用双电源供电和备用电源自动投入装置，故障时迅速恢复用户供电，并减少因故障修复或检修造成的用户停电。

2) 对联络开关和重要分段开关采用"三遥"配电终端和通道，根据需要穿插配置一些"两遥"配电终端或故障指示器，以便于在由备用电源自动投入装置恢复用户供电后进行故障定位与后续处理。

3) 对于不便于采用双电源供电和备用电源自动投入装置的情形，可采用有通道分布智能方式配电自动化技术，如邻域交互快速自愈技术，故障时迅速隔离故障区域并避免越级跳闸，快速恢复健全区域用户供电。

(2) A类区域。A类区域对于供电可靠性的要求高。其特点为：由于其一般处于大中型城市的负荷密集区，多级三段式继电保护配合困难；对于系统短路容量较小、主变压器的抗短路能力较强的情形，变电站出线断路器可以配置延时速断保护，馈线可以配置多级级差全配合继电保护模式；在变电站出线断路器必须配置瞬时速断保护的情形，馈线可以配置多级级差部分配合继电保护模式；但是，由于供电半径较短，主干线一般不能配置继电保护装置与变电站出线断路器的继电保护实现配合。

鉴于上述特点，A类区域的规划原则为：

1) 对联络开关和重要分段开关采用"三遥"配电终端和通道。

2) 根据需要，将所规划的一些继电保护采用具有本地继电保护功能的"两遥"配电终端实现，采用GPRS通道与配电自动化主站交互信息。

3) 对于架空裸导线和架空电缆混合馈线，可配置自动重合闸控制功能。

(3) B类区域。B类区域对于供电可靠性的要求较高。由于其一般处于大中型城市的郊区或小型城市中心区，情况差异较大，需要具体问题具体分析。

鉴于上述特点，B类区域的规划原则为：

1) 根据实际情况，确定继电保护配合的模式和配置位置，一些继电保护装置可以采用具有本地继电保护功能的"两遥"配电终端实现，采用GPRS通道与配电自动化主站交互信息。

2) 根据需要配置合适数量的配电自动化终端，宜采取以"两遥"为主，"三遥"为辅的原则。比如，除了联络开关采用"三遥"配电终端和通道以外，每条线路上再配置一个"三遥"配电终端，其余终端全部采用基本"两遥"配电终端和 GPRS 通道。

3）对于架空线和架空电缆混合馈线，可配置自动重合闸控制功能。

4）对于线路较长、故障率较高、用户数较多的架空分支线，尤其是对于架设"三遥"通道费用较高不够经济的情形，也可适当配置无通道分布智能配电自动化装置。

（4）C 类区域。C 类区域对于供电可靠性的要求一般。由于其一般处于中小城市的郊区，多采用架空线或架空电缆混合线路，情况差异较大，需要具体问题具体分析。

鉴于上述特点，C 类区域的规划原则为：

1）根据实际情况，确定继电保护配合的模式和配置位置，一些继电保护装置可以采用具有本地继电保护功能的"两遥"配电终端实现，采用 GPRS 通道与配电自动化主站交互信息。

2）根据需要配置合适数量的配电自动化终端，原则上宜全部采用"两遥"配电终端和通道，对于特殊的重要负荷若有必要可采用"三遥"配电终端和通道。

3）对于架空线和架空电缆混合馈线，可配置自动重合控制功能。

4）对于线路较长、用户数较多的架空馈线，也可适当配置无通道分布智能配电自动化装置。

（5）D 类区域。D 类区域对于供电可靠性的要求不高。其特点为：由于其一般处于乡村，供电半径长，系统短路容量小，一般容易实现多级三段式过电流保护配合，变电站出线断路器一般也可采用延时速断保护；并且 D 类区域的负荷密度低，有时甚至馈线末端的短路电流水平低于馈线首端的最大负荷电流水平，此时必须恰当分段并采用多级三段式继电保护配合；由于供电范围大，采用光纤等有线通信手段代价很高，宜采用无线通信手段。

鉴于上述特点，D 类区域的规划原则为：

1）在条件允许［各级之间的间距满足式（9-14）或式（9-15）要求］的情况下，宜在主干线配置多级三段式过电流保护，故障时快速恢复故障上游区域供电；根据需要对分支线或次分支适当配置延时时间级差保护，变电站出线断路器也可采用延时速断保护，此时主干线配置的多级三段式过电流保护与分支线或次分支适当配置延时时间级差保护实现全配合；对于变电站出线断路器确实需要配置瞬时速断保护的情形，此时主干线配置的多级三段式过电流保护与分支线或次分支适当配置延时时间级差保护实现部分配合；一些继电保护装置可以采用具有本地继电保护功能的"两遥"配电终端实现，采用 GPRS 通道与配电自动化主站交互信息。

2）根据需要配置合适数量的配电自动化终端，应全部采用"两遥"配电终端和通道。

3）对于架空线和架空电缆混合馈线，可配置自动重合闸控制功能。

4）对于线路较长、用户数较多的架空馈线，也可适当配置无通道分布智能配电自动化装置。

（6）E 类区域。不建设集中智能配电自动化系统。

(7) 模式化接线的情形。多分段多联络、多供一备等模式化接线有助于较少备用容量和提高馈线供电能力，一般应用于负荷密度高的区域。但是，模式化接线提高供电能力的作用必须采取相应的模式化故障处理策略才能发挥出来（如对于多分段多联络接线，需要将故障所在馈线的健全部分分解成若干段分别由不同的健全馈线转带它们的负荷）。因此，宜为参与模式化故障处理的开关配置"三遥"配电终端和通道。

(8) 其他重要用户。若 A+类区域以外的其他区域中存在对供电可靠性要求很高的重要用户，也宜对该用户采取（1）中描述的规划原则。

3. 通信通道

"三遥"终端宜采用光纤通道（如 EPON、工业以太网）并进行非对称加密。

"两遥"终端一般可以采用 GPRS 通道。

4. 配电终端数量估算

(1) "三遥"和"两遥"开关数量估算。如上所述，造成用户停电的原因主要有非限电因素计划停电和故障停电两类，前者可以通过提高配电网运维水平逐步降低，后者则需要依靠配电自动化系统进行故障处理解决。在规划中，应对非限电因素计划停电户时数现状和规划目标以及故障停电户时数现状和规划目标分别加以明确。

假设根据故障停电户时数的规划目标，得出为了只计及故障因素造成停电的可靠性要求为 AF_{set}，可以估算出开关数量。

对于全部安装"三遥"终端的情形，假设每条馈线安装 k_3 台"三遥"终端将馈线分为用户均等的 k_3+1 段，为了满足只计及故障因素造成停电的可靠性要求 AF_{set}，k_3 应满足

$$k_3 \geqslant \frac{t_3 F}{8760 \times (1 - AF_{set})} - 1 \quad (k_3 \geqslant 0)$$

对于全部安装"两遥"终端的情形，假设每条馈线安装 k_2 台基本"两遥"终端将馈线分为用户均等的 k_2+1 段，为了满足可靠性 AF_{set} 要求，k_2 应满足

$$k_2 \geqslant \frac{t_3 F}{8760 \times (1 - AF_{set}) - t_2 F} - 1 \quad (k_2 \geqslant 1)$$

对于"三遥"和"两遥"终端结合的情形，假设每条馈线安装 k_3 台"三遥"终端将馈线分为用户均等的 k_3+1 段，再在每个由"三遥"终端划分出的区段内安装 h 台基本"两遥"终端模块，为了满足可靠性 AF_{set} 要求，h 应满足

$$k_3 \geqslant \frac{F[(1+h)t_2 + t_3]}{8760 \times (1 - AF_{set})(1+h)} - 1 \quad (k_3 \geqslant 0)$$

式中：t_2 为在故障定位指引下由人工进行故障区域隔离所需时间；t_3 为故障修复所需时间；F 为故障率。

对于辐射状网配电网，设主干线安装 k_2 台基本"两遥"终端将馈线分为用户均等的 k_2+1 段，其供电可靠性满足可靠性要求 AF_{set}，则有

$$k_2 \geqslant \frac{t_3 F}{17520 \times (1 - AF_{set}) - t_3 F - 2t_2 F} - 1 \quad (k_2 \geqslant 1)$$

若主干线采用具有本地保护和重合闸功能的"两遥"终端实现 k_2+1 级保护配合，则可

以在故障处理过程中省去 t_2 时间，则有

$$k_2 \geqslant \frac{t_3 F}{17520 \times (1 - \text{AF}_{\text{set}}) - t_3 F} - 1 \quad (k_2 \geqslant 1)$$

（2）"三遥"和"两遥"配电终端数量估算。将对单台开关进行监控的虚拟装置称为配电终端模块。配电终端模块可分为"三遥"终端模块和"两遥"终端模块两类。

"两遥"终端模块是指具有故障信息上报（也可有开关状态遥信）和电流遥测功能的配电终端模块，它不具备遥控功能，基本"两遥"终端所连接的开关不必具有电动操动机构，具有本地保护功能的"两遥"终端所连接的开关必须具有电动操动机构。

"三遥"终端模块是指具有遥测、遥信、遥控和故障信息上报功能的配电终端模块，要求所控制的开关具有电动操动机构。

架空馈线的"两遥"和"三遥"终端模块一般采用馈线终端单元（FTU）或故障指示器实现，电缆馈线的"两遥"和"三遥"终端模块一般采用站所终端单元（DTU）实现。

由于 1 台 FTU 只能对 1 台柱上开关进行监控，所以对于架空馈线而言，1 个"三遥"配电终端模块就对应 1 台 FTU、1 套电动操动机构、1 套取电 TV 及 1 个"三遥"通道（一般用光纤）。

而 1 台 DTU 可以对几台开关进行监控，所以对于电缆馈线而言，根据需要有时可能多个"三遥"配电终端模块采用 1 台 DTU 实现，1 台 DTU 对应 1 套取电 TV 及 1 个"三遥"通道（一般用光纤），但每个"三遥"配电终端模块必须配置 1 套电动操动机构。

对于架空线路，1 个"三遥"终端模块一般对应 1 台 FTU，因此其"三遥"终端模块的数量与 FTU 的数量是相同的。但是，对于电缆线路，其一个 DTU 在某些情形下却往往可以对应多个"三遥"终端模块，其数量应根据需要来确定。

对于电缆馈线，根据馈线的实际情况，分支环网柜可以安装 1 台"三遥"DTU 实现两个"三遥"分段，非分支环网柜安装 1 台"三遥"DTU 一般实现 1 个"三遥"分段。当馈线上环网柜比较少时，非分支环网柜安装 1 台"三遥"DTU 也可实现多个"三遥"分段，并且可与联络开关的控制共享 1 台 DTU，如图 9-11 所示。图中，方块代表可遥控的开关；圆形代表不可遥控的开关，实心代表开关合闸状态，空心代表开关处于分闸状态（即联络开关）。

例如，某区域架空配电网满足 $N-1$ 准则，目前每年户均停电时间为 130min，其中预安排停电占 85min，故障停电占 45min。该区域为 A 类区域，要求的供电可靠率为 99.99%，允许的每年户均停电时间不超过 52min。

通过运维管理提升，可望将预安排停电时间大幅度降低到 35min。

因此，还需要将每年户均故障停电时间降低到 17min 以下。除了联络开关以外，每条馈线只需要布置 2 台可以实现"三遥"的分段开关，把馈线分割成 3 个馈线段，故障时将在修复期间停电的范围减少到目前的 1/3，即可以将每年户均故障停电时间从目前的 45min 降到 15min。

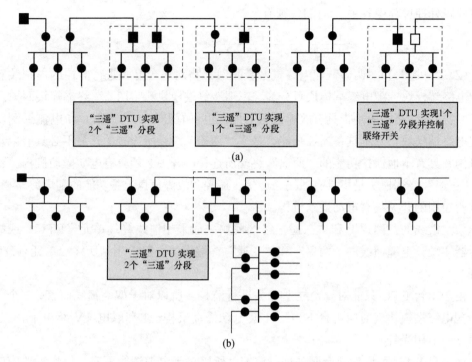

图 9 - 11　电缆馈线"三遥"配电终端配置举例

(a) 大主干布置；(b) 大分支布置

　　综上所述，规划配置该区域的每条馈线配置 2 台"三遥"终端 FTU 和光纤通道，每个联络开关配置一台"三遥"终端 FTU 和光纤通道，并对不具备遥控条件的柱上开关进行改造即可满足要求。

参考文献

[1] 李子韵，成乐祥，王自桢，等 . 配电自动化终端布局规划方法 [J] . 电网技术，2016，40
　　(04)：1271 - 1276.

[2] 刘健，程红丽，张志华 . 配电自动化系统中配电终端配置数量规划 [J] . 电力系统自动化，
　　2013，37 (12)：44 - 50.

[3] 刘健，赵树仁，张小庆 . 中国配电自动化的进展及若干建议 [J] . 电力系统自动化，2012，36
　　(19)：6 - 10，21.

[4] 刘健，林涛，赵江河，等 . 面向供电可靠性的配电自动化系统规划研究 [J] . 电力系统保护与控
　　制，2014，42 (11)：52 - 60.

[5] 郑进嘉 . 面向供电可靠性的配电自动化系统规划探讨 [J] . 科技与创新，2017 (12)：103.

[6] 刘荣浩 . 面向供电可靠性的配电自动化关键技术研究 [D] . 天津大学，2017.

[7] 王兴念，张维，许光，等 . 基于配电自动化主站的单相接地故障定位系统设计与应用 [J] . 电力
　　系统保护与控制，2018，46 (21)：160 - 167.

[8] 相朋达 . 配电网故障区段定位的研究 [D] . 天津理工大学，2017.

[9] 刘健，张小庆，张志华 . 继电保护配合提高配电自动化故障处理性能 [J] . 电力系统保护与控
　　制，2015，43 (22)：10 - 16.

［10］芮径．关于地区发展趋势的配电网差异化规划方法研究［J］．通讯世界，2018，25（12）：132-133.

［11］钱若晨．基于差异化考量的配电自动化规划研究［J］．电工文摘，2017（04）：17-20.

［12］刘健，林涛，滕林，等．配电网差异化规划［J］．供用电，2014（05）：4，34-37.

［13］杨楠，黎索亚，李宏圣，等．考虑负荷预测误差不确定性的配电网中压线路差异化规划方法研究［J］．电网技术，2018，42（06）：1907-1919.

［14］孟庆海，朱金猛，程林，等．基于可靠性及经济性的配电自动化差异性规划［J］．电力系统保护与控制，2016，44（16）：156-162.

第 **10** 章

规 划 方 案 评 估

电网规划方案编制完成后，理论上讲还需要对其适应性开展量化评估。根据评估结果校验规划方案是否能够达到预期目的，是否可以有效解决现实电网存在的各类问题。本章首先建立电网规划方案评估的指标体系，然后对规划评估方法以及综合评估的基本原理进行详细阐述。

10.1 评估指标体系

10.1.1 评估指标分类

传统的电网规划方案评估就是根据负荷预测的结果，构建未来电网的典型供电场景，然后对该场景下的各类评估指标开展量化计算，根据指标计算结果对电网各个方面进行评估。简单来说，就是虚拟未来的电网运行状态，然后开展类似于电网运行方式评估的计算分析。一般而言，电网评估指标体系包括安全性、可靠性、经济性、稳定性和灵活性五大类。而随着可再生能源（非水 RES）发电、电动汽车（EV）和储能设备的引入，电网的运行状态会发生变化。尤其是在配电网，将从单纯的供电网络向有源配电系统发展，未来还可能出现交直流混合的配电系统。因此，电网评估还应该增设对上述新型多元化设备接入适应性的评估指标。电网规划方案评估指标体系如图 10-1 所示。

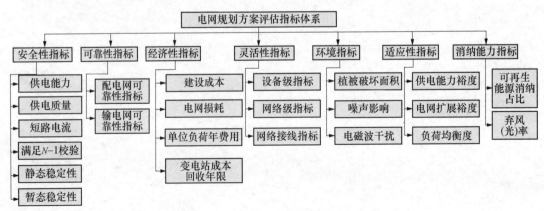

图 10-1 电网规划方案评估指标体系分类

10.1.2 安全性指标

1. 供电能力

电网供电能力主要衡量电网结构是否合理。为了满足电力用户的要求，电力网络必须有足够的供电能力，而且输配电传送能力应匹配，尽量避免出现供电瓶颈。目前，实际工作中常用以下指标来评估电网供电能力和输配电传送能力匹配情况。

（1）变电站主变压器负荷率

$$\lambda_{Ti} = \frac{P_{Ti}}{S_{Ti}} \times 100\%$$

式中：P_{Ti}、S_{Ti} 分别为变压器 i 的最大有功负荷和视在容量。

（2）线路负荷率

$$\lambda_{Ll} = \frac{P_{Ll}}{S_{Ll}} \times 100\%$$

式中：P_{Ll}、S_{Ll} 分别为线路 l 的最大有功负荷和视在容量。

（3）线路供电不足比例

$$\lambda_l = \frac{|P_l - \overline{P_l}|}{\overline{P_l}} \times 100\%$$

式中：P_l、$\overline{P_l}$ 分别为线路 l 的有功负荷和容量。

当存在过负荷现象时，用此过负荷的比例来衡量线路的供电能力。

2. 供电质量

供电质量主要指电压质量指标，可以用于衡量电网无功功率配置的合理性。实用中主要采用以下几种指标。

（1）线路、变压器的电压降落

$$\dot{U}_d = \dot{U}_1 - \dot{U}_2 = \Delta U + j\delta U$$

式中：$\dot{U}_1$、$\dot{U}_2$ 分别为线路或变压器两端的电压。

电压降落包括纵向分量和横向分量，也可以用其模来表示

$$dU = \sqrt{\Delta U^2 + \delta U^2}$$

（2）节点电压偏移率。由于电网运行方式的改变或负荷变化引起网络中各点的电压对网络额定电压产生偏差，即为电压偏移。如果在某段时间内线路首端的电压偏移为 δU_1，线路的电压损失为 ΔU_L，则线路末端的电压偏移为

$$U_\delta = \delta U_1 - \Delta U_L$$

节点电压偏移率就是指节点电压偏移与额定电压的比值。

（3）功率因数。为反映节点和线路的无功功率分布情况，还增加了线路和节点的功率因数，节点功率因数反映了节点的无功负荷情况，线路的功率因数反映了网络的无功传输情况。

（4）电压合格率。电网电压合格率是整个电网所有节点电压合格率的统计值。

从理论上讲，上述指标都应该是针对电网某一运行方式下的监测或者统计数据。那么在电网规划评估中，一般是对基于规划方案虚拟构建的电网运行方式做潮流计算，根

据潮流计算结果计算上述指标情况，进而开展评估分析。

3. 短路电流

通过分析计算电网短路电流与短路容量来评估电网网架结构的合理性、变电站电气主接线形式以及电气一次设备选型的合理性等，为电网采取限制短路电流措施提供依据。通过网络拓扑分析和潮流计算，可以得出节点的电压水平，然后进行短路电流的计算，一般仅计算三相短路电流水平。

以短路电流满意度衡量母线短路电流是否合理以及是否存在越限情况。母线短路电流满意度计算式为

$$S(I_m) = \begin{cases} 0, & I \in (-\infty, I_{\min}] \\ \dfrac{I_m - I_{\min}}{I_{NL} - I_{\min}}, & I \in (I_{\min}, I_{NL}) \\ 1, & I \in (I_{NL}, I_{NU}) \\ \dfrac{I_{\max} - I_m}{I_{\max} - I_{NU}}, & I \in (I_{NU}, I_{\max}) \\ 0, & I \in [I_{\max}, \infty) \end{cases}$$

式中：I_m 为母线三相故障及单相故障时短路电流计算值的较大值；$I_{\min}$、$I_{\max}$ 为短路电流的上下限，不同电压等级短路电流限制可参见 Q/GDW 156—2006《城市电力网规划设计导则》等电力技术准则；I_{NL}、I_{NU} 分别为短路电流合理取值范围下限和上限。

短路电流在标准范围内，满意度为1；短路电流接近上限或下限时，满意度下降，且越接近限值，满意度越低，短路电流达到限值或超过限值，满意度为0。全部故障类型和运行方式条件下全网短路电流满意度可由下式确定

$$S(I) = \sum \lambda_m S(I_m)$$

式中：λ_m 为母线 m 的权重；m 为母线数。

显然，该指标目标值为1，且越接近1，电网整体短路电流满意度越高。

短路电流合理取值范围的确定方法是，因为电网规划方案是在当前网架结构的基础上根据负荷和电源规划制定的，一般仅对当前网架结构进行部分优化。因此，可用当前短路电流水平作为参考值，分别计算当前网架结构下，最小运行方式与最大运行方式下各母线短路电流。

4. $N-1$ 校验

电网规划评价中，$N-1$ 校验是进行电网静态安全分析的重要基础和手段。所谓 $N-1$ 校验，是指电网中任意一个元件（如输电线路、变压器等）发生故障时，电网能够通过操作开关等方式保持稳定运行，并保证电网中其他元件不会过负荷。

通过 $N-1$ 校验进行评价分析，主要是通过 $N-1$ 算法来实现，具体包括两部分：①对电网整体能否通过 $N-1$ 校验的评价；②对电网通过 $N-1$ 校验的程度进行评价。判断电网能否通过 $N-1$ 校验。可构造下述函数

$$f(P_1, P_2, P_3, \cdots) = \begin{cases} 1, & P_1 - P_2 - P_3 \leqslant 0 \\ 0, & P_1 - P_2 - P_3 > 0 \end{cases} \tag{10-1}$$

式中：P_1 为待校验设备退出后系统负荷的增加值，即所需转供的负荷；$P_2,P_3,\cdots$ 为系统中支援设备所能转带的负荷。

若 $f(P_1,P_2,P_3,\cdots)=1$，则认为该设备通过 $N-1$ 校验，否则认为该设备未通过 $N-1$ 校验。例如，某台设备退出运行后，系统中需转供的负荷为 10MW，系统内支援设备所能提供的转带负荷分别为 7MW 和 5MW，根据式（10-1），$f(P_1,P_2,P_3,\cdots)$ 函数值为 1，认为该设备通过了 $N-1$ 校验。

在对 $N-1$ 满足情况的具体量化过程中，常用的量化指标有 $N-1$ 通过率、$N-1$ 最大负荷损失率和 $N-1$ 平均负荷损失率三种。本节采用 $N-1$ 通过率来衡量电网规划的 $N-1$ 准则满足情况，即通过 $N-1$ 校验设备总数占检验设备总数的比例。

5. 静态稳定性

（1）有功裕度不足期望值。有功裕度 K_p 即静态稳定储备系数，按功角判据定义有功裕度不足期望值为

$$E(K_p) = \sum_{i\in\psi}\sum_{j\in L} p(\varphi_i)\beta_{ij}[K_p' - K_{p,i}(l_j)]$$

式中：$p(\varphi_i)$ 为第 i 个典型元件开断的概率；K_p' 为有功裕度下限，根据 GB 38755—2019《电力系统安全稳定导则》，正常运行方式时 K_p' 取 15%，特殊方式或事故后运行方式时 K_p' 取 10%；$K_{p,i}(l_j)$ 为第 i 个典型元件开断条件下，线路 l_j 的有功裕度；β_{ij} 为计算系数，K_p' 大于 $K_{p,i}(l_j)$ 时取 1，否则取 0；l 为线路集合；ψ 为典型元件集合。

（2）无功裕度不足期望值。无功裕度 K_v 也为静态稳定储备系数，按无功电压判据，该指标计算方法与有功裕度不足期望值类似，只需将 K_p' 及 $K_{p,i}(l_j)$ 分别用 K_v' 及 $K_{v,i}(l_j)$ 替换即可。根据《电力系统安全稳定导则》，正常运行方式时 K_v' 取 10%，事故后的运行方式取 8%。

6. 暂态稳定性指标

（1）电压稳定性。基于经济性等方面的考虑，电网运行状态越来越接近于稳定极限，特别是在电力市场环境下。通过对电压失稳模式的定义，增加一个能反映电压稳定临界点的方程，从而得到静态电压稳定的临界点，进而评估电网的电压稳定性。该方程为

$$\sigma_i = (x_i^2 + y_i^2)^2 - 4G_iq_i(x_i^2 + y_i^2) - 4G_i^2p_i^2$$

式中：x_i、y_i 分别为节点 i 注入电流的实部和虚部；G_i 为节点 i 的对地电纳；p_i、q_i 分别为节点 i 的注入有功功率和无功功率。

当所有节点的 $\sigma_i \geq 0$ 时，系统是电压稳定的。σ_i 也代表了系统电压稳定的程度。

（2）功角稳定性。只考虑常规电源并忽略转子机械阻尼，采用多机系统经典模型并以系统惯性中心为参考轴时，根据电力系统暂态稳定分析的直接法，功角稳定判别指标可判断为

$$V_c(\theta_c,\omega_c) = \sum_{i=1}^{N}\frac{t_{Ji}}{2}\omega_c^2 - \sum_{i=1}^{N}(P_{mi} - E_i'^2G_{ii}) - \sum_{i=1}^{N-1}\sum_{j=i+1}^{N}E_i'E_j'B_{ij}[\cos(\theta_i-\theta_j) - \cos(\theta_i^s-\theta_j^s)] +$$
$$\frac{(\theta_i-\theta_j)+(\theta_i^s-\theta_j^s)}{(\theta_i-\theta_j)-(\theta_i^s-\theta_j^s)}\sum_{i=1}^{N-1}\sum_{j=i+1}^{N}E_i'E_j'G_{ij}[\sin(\theta_i-\theta_j)-\sin(\theta_i^s-\theta_j^s)]$$

式中：$V_c(\theta_c, \omega_c)$ 为扰动切除时刻，多机系统暂态能量函数；θ_c、ω_c 分别为扰动切除时刻各发电机转子角度、角速度组成的向量；θ^s 为系统稳定平衡点对应的各发电机转子角度向量；P_{mi} 为发电机 i 的原动机输出功率；E'_i 为发电机 i 的暂态电动势幅值；G_{ij}、B_{ij} 为仅保留发电机暂态电动势节点时系统等效导纳矩阵中的元素；t_{Ji} 为发电机 i 的惯性时间常数；N 为发电机数。

采用经典模型时，P_{mi}、E'_j 保持恒定，可由稳态潮流计算求得。作为参考轴的惯性中心所对应的发电机，令其转子运动方程等于零，然后求解该方程即可得到系统稳定平衡点对应的 (θ, ω)。

功角稳定判别方法为：$V_c(\theta_c, \omega_c) < V_{cr}$ 时，功角稳定；$V_c(\theta_c, \omega_c) = V_{cr}$ 时，功角临界稳定；$V_c(\theta_c, \omega_c) > V_{cr}$ 时，功角失去稳定。其中，V_{cr} 为临界能量，由系统不稳定平衡点对应的各发电机转子角、角速度代入

$$x_i^* = \begin{cases} 2(x_i - m), & m \leqslant x_i \leqslant \dfrac{M+m}{2} \\ 2(M - x_i), & \dfrac{M+m}{2} \leqslant x_i \leqslant M \end{cases}$$

求得。不稳定平衡点对应的 θ_{cr} 可由 $\theta_{cr} = (\pi - \theta^s)$ 近似求得。

（3）故障极限切除时间。电网遭受大扰动如短路故障时，系统的暂态稳定性可以通过电网发生扰动时系统的故障极限切除时间来表示，它反映了机组承受大扰动的能力。系统的机械、电气参数等会影响系统的动态特性和稳定边界，进而影响系统的稳定性。

若已知临界切除角，可利用解析法来计算临界切除时间。系统运动方程为

$$\begin{cases} \dot{\delta}(t) = (\omega - 1)\omega_0 \\ \dot{\omega}(t) = P_m/M \end{cases} \tag{10-2}$$

式中：δ 为功角；ω 为角速度，$\omega_0 = 360° \times 50\text{Hz}$；$P_m$ 为电磁功率；M 为系统转矩。

由于 $P_m/M = $ 常数，可以令 $P_m/M = A$，以 $t = 0$，$\omega = 0$ 为初始条件对上述微分方程组积分，得到

$$\delta(t) = \frac{A\omega_0}{2}t^2 + (C_0 - 1)\omega_0 t + C_1 = Kt^2 + mt + n \tag{10-3}$$

式中：$K = \dfrac{A\omega_0}{2}$（可以利用 ω_0 和 A 求出，此处 ω_0 与式（10-2）相同）。

对于式（10-2），利用改进欧拉法只需仿真计算一步就可以得到 (t_1, δ_1)。然后计及 $t_0 = 0$，δ_0 为已知的初始功角；将两组数据 (t_0, δ_0) 和 (t_1, δ_1) 代入式（10-3），便可求得系数 m 和 n 的值。然后利用方程式 $\delta(t) = Kt^2 + mt + n$，代入临界切除角 δ_c，就可求解临界切除时间。

10.1.3 可靠性指标

本节应用电力系统可靠性理论与方法，综合考虑目前国内外的实际应用情况，分别介绍用于配电网和输电网的可靠性评估指标。

1. 配电网可靠性指标

配电网可靠性指标除了供电可靠率 ASAI 之外，还有以下几个指标。

（1）平均停电频率（System Average Interruption Frequency Index，SAIFI）。SAIFI 即为单位时间（一年）内，电网由于故障而不满足可靠性准则，结果造成对用户停电或缺电的平均次数，可以用一年中用户停电的累积次数除以系统供电的总用户数来估计

$$SAIFI = \frac{\sum_i \lambda_i N_i}{\sum_i N_i} [次/(户 \cdot 年)]$$

式中：λ_i 为负荷点 i 的等效故障率。

（2）故障平均时间 SAIDI

$$SAIDI = \frac{\sum_i N_i U_i}{\sum_i N_i} [小时/(户 \cdot 年)]$$

（3）电量不足期望值（Energy Not Service Index，ENSI）。ENSI 为单位时间（一年）内，由于电网故障而造成电力用户停电或缺电的电量概率平均值。其计算为

$$ENSI = \sum L_{a(i)} U_i \quad (kWh)$$

式中：$L_{a(i)}$ 为连接在停电负荷点 i 的平均负荷，kW。

（4）停电损失。即单位时间（一年）内，由于电网故障造成电力公司因少售电量引起的经济损失以及给电网用户带来的停电损失等。该指标主要用于在电网改造或电网规划中进行可靠性成本—效益分析。总的停电损失

$$L_o = ENSI \times \gamma \times (地区年总 GDP/地区年总用电量)(万元/年)$$

式中：γ 为停电损失的计算因子，一般取值在 $10 \sim 15$ 之间，主要体现停电给用户造成的间接连带损失。

2. 输电网可靠性指标

输电网可靠性评估指标有如下 9 个。

（1）切负荷概率（Probability of Load Curtailments，PLC）

$$PLC = \sum_{i \in S} \frac{t_i}{T}$$

式中：S 为切负荷的系统状态集合；t_i 为系统状态 i 的持续时间；T 为总模拟时间。

（2）切负荷频率（Expected Frequency of Load Curtailments，EFLC）

$$EFLC = \frac{8760}{T} N_i \quad (次/a)$$

式中：N_i 为切负荷的状态数（如果系统状态序列中连续几个状态均有切负荷的情况，则将其合并，视为一个切负荷状态）。

（3）切负荷持续时间（Expected Duration of Load Curtailments，EDLC）

$$EDLC = PLC \times 8760 \quad (h/a)$$

（4）每次切负荷持续时间（Average Duration of Load Curtailments，ADLC）

$$ADLC = EDLC/EFLC \quad (h/次)$$

（5）负荷切除期望值（Expected Load Curtailments，ELC）

$$ELC = \frac{8760}{T} \sum_{i \in S} C_i \quad (MW/a)$$

式中：C_i 为系统状态 i 的切负荷量。

（6）电量不足期望值（Expected Energy Not Supplied，EENS）

$$\text{EENS} = \frac{8760}{T} \sum_{i \in S} C_i t_i \quad (\text{MWh/a})$$

由于 EENS 是能量指标，对于进行可靠性经济评估、最优可靠性、电网规划等均有重要意义，因此 EENS 是可靠性评估中非常重要的指标。

（7）系统停电指标（Bulk Power Interruption Index，BPII），指系统故障在供电点引起的削减负荷总和与系统年最大负荷之比，其表明在一年中每兆瓦负荷平均停电的兆瓦数，表达为

$$\text{BPII} = \text{ELC}/L \quad [\text{MW}/(\text{MW} \cdot \text{a}^{-1})]$$

（8）系统削减电量指标（Bulk Power Energy Curtailment Index，BPECI），指系统故障在供电点引起的削减电量总和与系统年最大负荷之比，表达为

$$\text{BPECI} = \text{EENS}/L \quad [\text{MWh}/(\text{MW} \cdot \text{a}^{-1})]$$

（9）严重程度指标（Severity Index，SI）又称系统分，表达为

$$\text{SI} = \text{BPECI} \times 60$$

一个系统分相当于在最大负荷时全系统停电 1min，是对系统故障的严重程度的一种度量。1983 年国际大电网会议（CIGRE）第 39 委员会 05 工作组按照系统扰动对用户冲击的程度，将严重程度指标分为 4 个等级：0 级，可接受的不可靠状态，严重程度指标小于 1 系统分；1 级，对用户有明显冲击的不可靠状态，严重程度指标为 1～9 系统分；2 级，对用户有严重冲击的不可靠状态，严重程度指标为 10～99 系统分；3 级，对用户有很严重冲击的不可靠状态，严重程度指标为 100～999 系统分。

10.1.4 经济性指标

经济性评价主要以电网规划建设的成本分析为主。由第 2 章内容可知，根据不同的划分原则成本可以分为初始成本和持续成本，固定成本和可变成本。本章首先从建设成本、电网损耗和单位负荷年费用开展成本分析。其中的建设成本即为初始成本或者固定成本，而电网损耗和单位负荷年费用则可视为持续成本，也是一种可变成本。然后，依据第 2 章内部收益率法（投资回收法）的基本原理，采用变电站成本回收年限这一评价指标，来分析变电站成本回收情况。

（1）建设成本。建设成本主要包括设备的购置成本 IC_1 和安装调试费用 IC_2，设备的购置成本主要有新增变电站和新增输电线路的建设成本，考虑到资金的时间价值，有

$$\text{IC} = \text{IC}_1 + \text{IC}_2 = \sum_{k=1}^{n} \frac{ns_k \text{IC}_S + nl_k \text{IC}_1}{(1+i)^k} + \text{IC}_2$$

式中：k 为设备寿命年限；i 为组合投资成本率（用资费用与有效筹资额之间的比率，通常用百分比表示）；ns_k 为新增变电站数量；nl_k 为新增输电线路数量；IC_S 为新增单位变电容量的建设成本；IC_1 为新增单位长度输电线路的建设成本。

（2）电网损耗。以线损率作为评估电网的损耗情况

$$L_n = (供电量 - 售电量) / 供电量 \times 100\%$$

（3）单位负荷年费用。采用单位负荷年费用作为规划方案的经济性比较指标之一，

用来考查电网在运营过程中的运行成本。在不考虑上级变电站费用的前提下，电网年费用由线路年费用和变电站年费用组成

$$C = C_{\text{hl}} + n(C_{\text{S}} + C_{\text{ml}})$$

式中：C 为电网总年费用；C_{hl} 为进线线路年费用；C_{S} 为一座变电站年费用；C_{ml} 为一座变电站低压出线年费用；n 为变电站总数。

年费用计算式为

$$C_i = Z\left[\frac{r_0(1+r_0)^{n_{\text{S}}}}{(1+r_0)^{n_{\text{S}}}-1}\right] + C_{\text{U}}$$

式中：C_i 代表 C_{hl}、C_{S} 或 C_{ml}；Z 为电气设备综合投资费用现值；r_0 为电力工业投资回收率；n_{S} 为设备经济使用年限；C_{U} 为设备年运行费用。

（4）变电站成本回收年限。分析变电站成本回收情况是经济性评估的主要目的，所以成本回收年限就成为首要指标。每年的支出主要由电网总投资贷款产生的利息、购电成本以及电网运行维护费用构成。在计算成本回收年限时，先假定变电站的建设是在若干年之后全部建设完成，且建成之后立刻正常运行，而且在每年年末用本年度的纯利润全部用来偿还贷款，则

$$Z_{i+1} = Z_i(1+r) - P_i$$

式中：Z_i 为电力设备综合投资贷款在第 i 年的值；r 为银行利息率；P_i 为第 i 年的净利润。当 $Z_i \leqslant P_i$ 时，即说明在第 i 年后贷款全部还清。

10.1.5　其他指标

1. 灵活性指标

电力系统灵活性一般定义为，针对某一确定的时间尺度内，电力系统在其固有的运行条件约束下以及某些经济条件约束下，对系统内部灵活性资源的优化调配能力。如果系统能快速响应电网的功率变化，通过控制关键的运行参数满足功率不足时的电能量缺口，或者根据经济性考量处理系统中过剩的电能，即对任何原因所引起的负荷需求变化和电力输出变化，电力系统都可以保证合理充足的电力供应，则说明该系统满足灵活性需求，否则认为系统灵活性不足。

灵活性指标能够表征系统在不同时间尺度内对于功率波动的接受能力，其评估结果不但能反映出目前系统可再生能源发电的消纳能力，还可以校验规划目标网络是否满足系统未来的灵活性需求。通过对系统装机容量、类型、网损、负荷运行情况等数据分析计算，可以得到具有方向性的灵活性指标。

电力系统灵活性根据评估对象的不同可以分为输电系统灵活性和配电（需求侧）系统灵活性，也可以分为电源、储能、可控负荷等设备级灵活性和电力网络的灵活性。整个电力系统的灵活性来源于上述各组成设备或子系统自身的物理属性及其在系统中所处的角色和作用。根据上述关于灵活性概念和内涵的定义，电力系统灵活性的量化指标应能反映出其在维持电力系统能量和功率平衡上的响应速度和调节幅度，即

$$\text{Enerry} \longrightarrow \text{Power} \longrightarrow \text{Ramp Rate}$$

$$[\text{MWh}] \quad \frac{\mathrm{d}E}{\mathrm{d}t}[\text{MW}] \quad \frac{\mathrm{d}P}{\mathrm{d}t}[\text{MW/min}]$$

由此可见，能量、功率、爬坡率三个物理属性本质上反映的是电气设备与系统在一定安全和经济约束下进行能量交换或转换时的响应速度和调节幅度。

（1）电气设备的灵活性指标。电源、储能、可控负荷等设备的灵活性与其固有的物理属性和当前所处的运行状态相关。以传统发电机组为例，为应对负荷的变化，发电机组功率的灵活调节能力既取决于发电机组固有的额定容量、最小技术功率、启停时间、爬坡率等固有物理属性，又取决于发电机组当前的启停和功率状态。目前设备级的灵活性指标都是基于设备的爬坡率、运行上下限、强迫停运率等物理约束的。经济调度和发电机组组合场景下典型的设备级灵活性量化指标表达为

$$\begin{cases} \text{Flex}_{i,u,t,+} = \text{RR}_{u,+}[t-(1-\text{Online}_{i,u})\text{TS}_u] \\ \text{Flex}_{i,u,t,-} = \text{RR}_{u,-}t\text{Online}_{i,u} \\ \text{Gen}_{\min,u} \leqslant \text{PG}_{i,u} + \text{Flex}_{i,u,t,+/-} \leqslant \text{Gen}_{\max,u} \end{cases} \quad (10-4)$$

式中：i 为第 i 个时段；u 为第 u 台设备；t 为单位时段对应的时间尺度；$\text{RR}_{u,+}$ 为第 u 台设备功率向上调节的爬坡率；$\text{RR}_{u,-}$ 为第 u 台设备功率向下调节的爬坡率；$\text{Online}_{i,u}$ 为布尔变量，表示第 u 台设备在第 i 个时段的在/离线状态（1/0）；TS_u 为第 u 台设备的启动时间（式中默认 $\text{TS}_u < t$）；$\text{PG}_{i,u}$ 为第 u 台设备在第 i 个时段内的功率状态；$\text{Gen}_{\min,u}$ 为第 u 台设备的运行功率上下限。

当需要设备停运时，令 $\text{Online}_{i,u}=0$；当为储能设备时，$\text{Gen}_{\min,u} \leqslant 0$。当为可控负荷时，设备消耗能量，$\text{Gen}_{\max,u} \leqslant 0$，$\text{Gen}_{\min,u} \leqslant 0$，$\text{RR}_{u,+}=0$。

式（10-4）根据调节方向的不同将设备的灵活性分为向上调节灵活性和向下调节灵活性两个指标分别定义。

（2）电网的灵活性指标。通常意义上的电力系统灵活性资源包括：水电、火电、燃气发电等常规电源；抽水蓄能电站、电池等储能设施；电动汽车、可控负荷、微网等需求侧管理对象。上述设施相对于电网而言，其共有的特征就是同时具有能量、功率、爬坡率三方面的属性。由于电网本身并不具备能量变换和功率爬坡调节能力。因此，电网的灵活性也主要体现在其所能承受的传输容量即其功率属性上，而电网的功率属性又取决于组成电网的每一条支路的传输容量和整个网络的拓扑结构。基于输电支路的静态安全裕度和潮流分布因子的输电网灵活性指标，可表达为

$$\text{Fnet}_{ij} = \frac{\sum_{i=1,j=1}^{N_b} I_{\text{marg}}^{ij} C_{\text{tot}}^{ij}}{\sum_{i=1,j=1}^{N_b} I_{\text{marg}}^{ij}}$$

$$C_{\text{tot}}^{ij} = \sum_{k=1}^{N_{gb}} |C_k^{ij}| k$$

$$C_k^{ij} = y_{ij}(Z_{ik} - Z_{jk})$$

式中：Fnet_{ij} 为输电网络灵活性评估指标；N_b 为网络中的节点数目；i、j 为网络中支路的两端节点编号；I_{marg}^{ij} 为支路 ij 的电流裕度（最大工作电流与实际工作电流的差值）；C_k^{ij} 为支路 ij 相对于节点 k 的潮流分布因子；C_{tot}^{ij} 为支路相对于所有发电机节点的潮流分布因子的绝对值之和；N_{gb} 为发电机节点数目；y_{ij} 为支路的串联导纳；Z_{ik} 为节点阻抗矩阵中节点 i、k 之间的互阻抗；Z_{jk} 为节点阻抗矩阵中节点 j、k 之间的互阻抗。

电网的灵活性一方面取决于网络中各支路的安全裕度，裕度越大，可用于传输电能的容量越大；另一方面，在安全裕度相等的情况下，各支路相对于发电机节点的潮流分布因子越小，发电机节点的功率扰动对电网运行状态的影响越小，网络也就越灵活。

除了上述灵活性定义和指标外，在配电网规划评估中，还存在另外一种对灵活性的定义，即通过分析各元件故障后网络拓扑变化、负荷转移及其引起系统的负荷变化情况等指标评估电网运行的灵活性。元件故障主要包括线路故障和变电站故障两种类型，以得到与地区电网转供负荷能力有关的指标。

1）负荷转移率。在 $N-1$ 的情况下，计算各电气设备是否有过负荷，并把过负荷的比例作为评估电网供电灵活性的指标

$$\eta_l = \frac{|P_l - \overline{P_l}|}{\overline{P_l}} \times 100\%$$

式中：P_l、$\overline{P_l}$ 分别为 $N-1$ 情况下线路 l 的负荷潮流和传输容量。

2）负荷转移路径数量。当系统中发生故障而需要转移负荷时，可供选择的电源点数量也是一个衡量供电灵活性的指标，可供选择的电源点越多，说明电网供电的灵活性越好。以 N_i 来表示节点 i 的负荷转移路径数量。

3）负荷可转移容量。在 N_i 个可转移路径中，可转移的负荷容量可以表示为

$$T_i = \sum_{j=1}^{N_i} (\overline{P_j} - P_j)$$

式中：$\overline{P_j}$、P_j 分别为线路 j 传输容量和负荷潮流。

2. 裕度指标

（1）供电能力裕度。一般来说，电网的供电能力应该大于电网当前的负荷水平，这是考虑到负荷具有不确定性，电网需要留出一部分"弹性空间"用来应对可能出现的负荷变化，另一方面是因为电网建设具有长期性，当前电网的供电能力要考虑到未来负荷的增长。供电能力裕度是指在考虑负荷的不确定性和电网未来发展的基础上，电网对未来负荷增长的适应能力度量。可得

$$A_{\text{fhpy}} = \frac{S - P_t}{P_t} \times 100\%$$

式中：A_{fhpy} 为电网的供电能力裕度；S 为电网的供电能力；P_t 为电网当前的负荷水平。

需要注意的是，S 所表示的电网供电能力是指电网在满足 $N-1$ 准则下所能提供的最大负荷。

（2）电网扩展裕度。电网扩展裕度是反映电网适应性的一个重要指标，其大小可以充分体现电网的可持续发展能力。电网扩展裕度主要用来评价电网结构能否根据未来发展的变化做出灵活性调整。电网结构主要是指电网的接线模式和变电站的接线模式，未来电网发展的变化主要表现在负荷的增长方面。在对电网扩展裕度进行衡量时，第一步先要确定待衡量的电网的结构，之后对电网结构改变的可行性进行分析，即判断该电网结构能够通过较为简单的操作进行改变以及所需进行的操作难易程度，最后需要判断通过相应操作对电网结构进行改变之后所取得的效果是否显著，即改变电网结构之后其供

电能力是否有显著提升。一般来说，电网结构越简单，对其进行更改越容易，且更改之后所获得的供电能力的提升也越显著。例如，某电网现为传统的手拉手接线模式，在对该电网结构进行变更时，只需通过增加开关等简单操作便可将其变为多分段多联络的接线模式，提高该电网供电能力，更好地适应未来负荷增长需要。

在确定电网扩展裕度的具体数值时，主要有以下几种方法：①电网结构越简单，其供电能力相对越低，可根据这一情况，用不同接线模式下电网的供电能力来表示其扩展裕度；②考虑到电网的扩展性，可以用电网中可扩展的接线模式数量占总的接线模式数量的比重来表示电网的扩展裕度；③将电网扩展裕度模糊化，运用模糊专家打分法对其进行模糊评价。前两种方法虽然可以得到量化的数据，但是需要专业技术人员掌握丰富的电力相关标准或规定才能确定，计算过程复杂且难度较大，第三种方法则不需要精确的数据作支撑，只需要综合相关领域专家意见即可，评价过程较为简单。

3. 负荷均匀度指标

负荷均衡度是指电网中各部分负荷率的均衡程度，主要分为变电站内主变压器（简称主变）负荷均衡度、变电站站间负荷均衡度和电网出线负荷均衡度三种，是体现电网协调性和可持续发展能力的关键指标。

（1）变电站内主变负荷均衡度。变电站内主变负荷均衡度主要衡量各变电站的站内主变负荷差异情况。假设已规划电网中有 n 座变电站，每座变电站分别有若干主变压器，用 P_{ij} 表示第 i 座变电站中第 j 台主变的额定容量，L_{rij} 表示第 i 座变电站第 j 台主变的实际负荷大小。T_{imax} 和 T_{imin} 分别表示第 i 座变电站中所有主变的最大、最小负荷率，α_{imax} 表示第 i 座变电站内主变的最大负荷不均衡度，则 T_{imax}、T_{imin} 和 α_{imax} 的计算式分别为

$$T_{imax} = \max_{j}\left(\frac{L_{rij}}{P_{ij}} \times 100\%\right)$$

$$T_{imin} = \min_{j}\left(\frac{L_{rij}}{P_{ij}} \times 100\%\right)$$

$$\alpha_{imax} = T_{imax} - T_{imin}$$

计算得到的 α_{imax} 越小，则表明该变电站的站内主变负荷均衡度越高。同时，为了能够综合评价整个电网的站内主变负荷均衡度，可通过求取所有变电站的站内主变最大负荷不均衡度算术平均值来实现，即对所有 α_{imax} 求取算术平均值，计算式为

$$\alpha_{avg} = \frac{1}{n}\sum_{i=1}^{n}\alpha_{imax}$$

α_{avg} 越小，则表明电网综合的站内主变负荷均衡度越高。

（2）变电站间负荷均衡度。变电站间负荷均衡度是指各变电站总负荷率的差异程度。假设已规划电网内共有 n 座变电站，N_i 为第 i 座变电站的主变台数，L_{rij} 为第 i 座变电站中第 j 台主变的实际负荷大小，P_{ij} 为第 i 座变电站中第 j 台主变的额定容量，T_{max}、T_{min} 为规划电网所有变电站的最大、最小负荷率，α_{max} 为所有变电站的最大负荷不均衡度。T_{max}、T_{min} 和 α_{max} 计算式分别为

$$T_{\max} = \max\left(\frac{\sum\limits_{j=1}^{N_i} L_{rij}}{\sum\limits_{j=1}^{N_i} P_{ij}} \times 100\%\right)$$

$$T_{\min} = \min\left(\frac{\sum\limits_{j=1}^{N_i} L_{rij}}{\sum\limits_{j=1}^{N_i} P_{ij}} \times 100\%\right)$$

$$\alpha_{\max} = T_{\max} - T_{\min}$$

计算得出的 $\alpha_{\max}$ 越小，表明该规划电网中变电站的站间负荷均衡度越高。

（3）电网出线负荷均衡度。电网出线负荷均衡度主要是衡量出线负荷率的差异情况。假设已规划电网中某一电压等级（如 110kV）的出线条数为 n，P_i 为第 i 条出线的额定容量，L_{ri} 表示第 i 条出线的实际负荷大小，$T_{\max}$ 和 $T_{\min}$ 分别表示所有出线的最大和最小负荷率，$\alpha_{\max}$ 表示最大出线负荷不均衡度。$T_{\max}$、$T_{\min}$ 和 $\alpha_{\max}$ 计算式分别为

$$T_{\max} = \max\left(\frac{L_{ri}}{P_i} \times 100\%\right)$$

$$T_{\min} = \min\left(\frac{L_{ri}}{P_i} \times 100\%\right)$$

$$\alpha_{\max} = T_{\max} - T_{\min}$$

计算得出的 $\alpha_{\max}$ 越小，表明电网的出线负荷均衡度越高。

4. 新能源消纳能力指标

随着风电、光伏等非水可再生能源发电形式的广泛开发，未来的电网规划方案中势必要计及如何消纳此类非水 RES 发电量，以尽可能地提高可再生能源的利用水平。所以在规划方案的评估中也需要设置与此相关的评估指标。

对于一个确定的区域而言，所消纳的可再生能源电量包括本地区可再生能源发电量加上区域外输入的可再生能源电量，再扣除跨区送出的可再生能源电量，具体可表达为

$$W_{res\_total} = W_{res\_local} - W_{res\_out} + W_{res\_in}$$

式中：W_{res_local} 为本地区可再生能源发电量，MWh；W_{res_out} 为跨区送出的可再生能源电量，MWh；W_{res_in} 为跨区送入的可再生能源电量，MWh。

从规划方案评估的实际应用出发，可以考虑采用以下两种评估指标。

（1）可再生能源电量消纳占比。可再生能源电量消纳占比，等于可再生能源消纳量与本地区全社会用电量的比值，具体可表达为

$$\alpha = \frac{W_{res\_total}}{W_{total}} \times 100\%$$

式中：W_{total} 为本地区全社会用电量，MWh。

（2）弃风（光）率。弃风（光）率的计算一般要确定风电或者光伏发电的理论发电量，可以根据待分析区域的样机发电量来进行测算，此时弃风（光）率计算为

$$\beta = \frac{\sum_{t=1}^{T} \sum_{i=1}^{N} (P'_{i,t} - P_{i,t}) \Delta t}{\sum_{t=1}^{T} \sum_{i=1}^{N} P'_{i,t} \Delta t} \times 100\%$$

式中：T 为统计时间周期；Δt 为时间尺度，取 15min；N 为可再生能源机组数量；$P_{i,t}$ 为可再生能源在 t 时段实际并网输出功率，MW；$P'_{i,t}$ 为可再生能源样机在 t 时段输出功率，MW。

在规划流程中，考虑到可再生能源消纳问题，需将弃风（光）率控制在较小的范围内，则应对各时段潮流断面进行校验。具体校验方法如下：

1）根据样机统计数据，制定可再生能源输出功率的典型日曲线，典型日划分为 96 个时段（每天 24h，每个时段取 15min，共计 96 个时段）；

2）根据 t 时段下可再生能源输出功率值，通过 BPA 软件进行潮流计算；

3）若满足约束条件（如母线电压水平约束、线路传输功率约束等），则进入下一时段校验，转到步骤 2）；若不满足潮流约束条件，则应限制可再生能源的输出功率，减少并网机组，继续进行该时段的潮流校验，直至满足约束条件方可转到步骤 2）；

4）针对上述 96 个时段检验完毕后，计算该典型日的弃风（光）率；若满足消纳指标要求，则规划方案通过；否则，需从网络解和非网络解角度，提出可再生能源消纳能力的提升措施。

作为一种简化方法，还可以直接利用待分析区域风电或者光伏发电的最大利用小时数，然后乘以装机容量得到理论发电量。再按照上述步骤仿真计算出非水 RES 的虚拟实际发电量，即可计算弃风（光）率。

5. 环境指标

（1）植被破坏面积。电网基础设施建设必须保护环境，减少植被破坏，植被破坏后的直接后果便是土地流失。如何以最小的植被破坏面积完成电网建设是电网规划的目标之一。植被破坏面积计算方法为

$$A_{vd} = \sum_{i=1}^{m} (A_{li} + A_{si}) r_{vi}$$

式中：A_{vd} 为植被破坏面积；A_{li} 为地区 i 的线路走廊占地面积；A_{si} 为地区 i 的变电站占地面积；r_{vi} 为地区 i 的植被覆盖率，$i=1,2,\cdots,m$ 为地区数。

（2）噪声影响。电网规划项目通常涉及电网改造和变电站改扩建，在项目施工期间，由于大型设备、车辆的使用，往往会产生较大的噪声，影响周边居民的正常生产生活。此外，项目完成后，设备的运行也可能会产生噪声。例如，新建变电站中的变压器、电抗器和轴流风机等设备，在正常运转时都会产生一定程度的噪声。

在对噪声影响进行评价时，采用模糊专家打分的形式，首先确定电网规划项目噪声影响的评语集（如影响很大，影响较大，一般，影响较小，影响很小），确定隶属度函数和得分标准，之后据此对电网规划项目的噪声影响进行评价。

（3）电磁波干扰。根据电磁感应相关理论，电网规划项目完成之后，在电能的传输过程中，不可避免地会产生电磁辐射。这类电磁辐射不仅会干扰到通信信号的传播，当电磁辐射达到一定的限值时，还会对周围环境甚至是人体产生严重的危害。因此，电网规划应尽可能地减少项目建设所带来的电磁波干扰，确保项目符合所在地区的电磁辐射有关规定。

对电磁波干扰的评价，主要采用模糊专家打分法，具体评价过程和对噪声影响的评价类似，此处不再赘述。

10.2　规划方案的综合评价

10.2.1　基本方法

目前，综合评价方法包括技术经济评价法、主观定性评价法、多元统计分析法等。由于综合评价时通常会涉及多种影响因素，给各类指标赋予合适的权重是实现规划方案合理评价的重要保证。权重的确定方法通常有主观赋权法、客观赋权法、组合赋权法三种。

主观赋权法是根据决策者的主观判断、知识结构和个人经验进行赋权，其决策和评价结果具有很强的主观随意性，客观性较差，具有很大的局限性，但当决策者数量足够多时，该方法所确定的权重能够很好地反映待评价对象的真实情况。其中常用的主观赋权法如专家评判法、层次分析法、主成分分析法等。

客观赋权法根据原始指标数据之间的差异关系确定指标权重，其决策和评价结果依据严谨的数学理论，不依赖于人的主观判断，具有很强的客观实际性，但当指标体系过于复杂时，其计算过程庞大而繁琐，通用性和可参与性较差，容易出现重要指标的权重反而小的相逆情况，从而使确定的权重与属性的实际重要程度相悖。常用的客观赋权法有变异系数法、熵权法、离差系数最大化法、多目标法、复相关系数法等。

组合赋权法克服了主、客观赋权法的片面性和不足，同时避免了主观赋权法的评价结果具备较大主观性，还克服了客观赋权法确定各个指标权重时计算量大和决策者可参与性差的缺点。其既可以兼顾对评价者的偏好，又力争减小主观随意性，使评价指标的赋权综合了主观赋权法和客观赋权法的优点，从而权重赋值更加准确有效。目前的组合赋权法有乘法组合赋权法、加法组合赋权法、基于最优模型的组合赋权法等。

常用赋权方法见表 10-1。

表 10-1　　　　　　　　　　　　**常用赋权方法**

类别	方法名称	方法简介
主观赋权法	专家评判法	来自评判小组的各个专家根据知识经验，分别给出权重系数，然后据此形成判别矩阵，综合处理后求出综合权重
	层次分析法	通过将复杂问题分解为若干层次和若干因素，对两两指标之间的重要程度作出比较判断，建立判断矩阵，通过计算判断矩阵的最大特征值以及对应特征向量，就可得出不同方案重要性程度的权重
	主成分分析法	以降维技术为依据，用少数新的相互独立指标替换原来的多数旧指标，并且使得这些较少的新指标尽量地保留原来旧指标中所表达的信息
	灰色关联分析法	通过计算灰色关联度来实现。灰色关联度体现了事物之间的关联程度。通过计算关联系数和关联度，可以从整体上分析事物之间的关联程度和影响程度

类别	方法名称	方法简介
客观赋权法	熵权法	由于各个指标所包含的信息量不同，导致指标权重不同，指标的熵权值随着熵的减小而变大，从而信息量越多，指标权重就越大，对评价对象的影响程度就越大
	变异系数法	由于各个指标的变异程度不同，导致指标的权重不同，指标权重随着指标变异程度的增大而增大，对评价对象影响程度就变大
	离差系数最大化法	离差最大化是依据指标相互之间关联度和指标提供的数据信息来衡量的，使得各个对象间的距离越大越好，指标值偏差越大的理应给予越大的权重值，其对评价影响就越大
	多目标优化法	以数学优化方法为依据，指标之间的偏差越大越好，当指标之间差别达到最大时，其指标权重最理想
	复相关系数法	以指标之间的重复程度为准则来对其赋权，指标的权重随着重复程度增加而减小
组合赋权法	乘法合成法	把各种赋权法求得的权值相乘，经归一化预处理，得到组合权值。适用于指标个数较多、各指标权重分布比较均匀的情况，但因为其具有"倍增效应"，使得大的越大，小的越小，因此其应用具有局限性
	加法组合赋权法（线性加权法）	把各种赋权法求得的权值加权求和，得到组合权值
	基于最优模型的组合赋权法	将数学优化模型应用到组合赋权中，结合主客观赋权法的思想，把赋权结果进行综合，得到组合权值

1. 主观赋权法

（1）专家评判法。专家评判法又称为德尔菲法，其特点在于集中专家的知识和经验，确定各指标的权重，并在不断的反馈和修改中得到比较满意的结果。基本步骤如下：

1）首先选择专家，这是很重要的一步，选得好不好将直接影响到结果的准确性。一般情况下，选本专业领域中既有实际工作经验又有较深理论基础的专家 10～30 人，并需征得专家本人的同意。

2）将待定权重的 n 个指标和有关资料以及统一的确定权重规则发给选定的各位专家，请他们独立给出各指标的权数值。

3）回收结果并计算各指标权数的均值和标准差。

4）将计算结果及补充资料返还给各位专家，要求所有的专家在新的数据基础上确定权数。

5）重复第 3）和第 4）步，直至各指标权数与其均值的离差不超过预先给定的标准为止，即各专家的意见基本趋于一致，以此时各指标权数的均值作为该指标权重。

此外，为了使判断更加准确，还可以运用"带有信任度的德尔菲法"，该方法需要在上述第 5 步每位专家最后给出权数值的同时，标出各自所给权数值的信任度。这样，如果某一指标权数的信任度较高时，就可以有较大的把握使用它；反之，只能暂时使用或设法改进。

（2）层次分析法。层次分析法是一种确定权系数的有效方法，特别适用于那些难以用定量指标进行分析的复杂问题，把复杂问题中的各因素划分为互相联系的有序层次，根据对客观实际的模糊判断，就每一层次的相对重要性给出定量的评价，再利用数学方法确定全部元素相对重要性次序的权系数。其步骤如下：

1）确定目标和评价因素。p 项评价指标，$u=\{u_1, u_2, \cdots, u_p\}$。

2）构造判断矩阵。判断矩阵的元素值反映了各元素的相对重要性。层次分析法中构造判断矩阵的方法是一致矩阵法，即：不把所有因素放在一起比较，而是两两相互比较；此时采用相对尺度，尽可能减少性质不同因素之间相互比较的复杂性，提高准确度。

判断矩阵中 u_{ij} 的标度含义见表 10-2。

表 10-2　　　　　　　　　　　　判断矩阵元素标度的含义

标度	含义
1	表示两个因素相比，具有同样重要性
3	表示两个因素相比，一个因素比另一个因素稍微重要
5	表示两个因素相比，一个因素比另一个因素明显重要
7	表示两个因素相比，一个因素比另一个因素强烈重要
9	表示两个因素相比，一个因素比另一个因素极端重要
2、4、6、8	上述两相邻判断的中值
倒数	因素 i 与 j 比较的判断为 u_{ij}，则因素 j 与 i 比较的判断为 $u_{ji}=1/u_{ij}$

如表 10-2 所列，即得到判断矩阵 $S=(u_{ij})_{p\times p}$。

3）计算判断矩阵。计算判断矩阵 S 的最大特征根 λ_{max} 及其对应的特征向量，此特征向量反映了各评价因素的重要性排序，也是权系数。

（3）主成分分析法。主成分分析法求解各主成分初始指标的公因子方差，以此衡量各指标对主成分所起的作用。主成分分析法基于客观数据，所确定的指标权重不同于由单一层次分析法或者单一模糊综合评价方法确定的指标权重，以最大限度突出各待选方案整体差异为原则，不再反映各指标的相对重要程度，可避免或减少主观因素的干扰。其分析计算流程如下：

1）设有 n 个对象，每个对象有 p 项指标 $x_1,x_2,\cdots,x_p$，则原始数据矩阵为

$$X=\begin{bmatrix} x_{11} & x_{12} & \cdots & x_{1p} \\ x_{21} & x_{22} & \cdots & x_{2p} \\ \cdots & \cdots & \cdots & \cdots \\ x_{n1} & x_{n2} & \cdots & x_{np} \end{bmatrix}$$

式中：x_{ij} 为第 i 个对象关于第 j 个指标的值。

为了排除数量级和量纲不同带来的影响，首先对原始数据作标准化处理，使得每个

指标的平均值为 0，方差为 1。可标准化为

$$\widehat{x}_{ij} = \frac{x_{ij} - \overline{x_j}}{\sqrt{\mathrm{var}(x_j)}} \qquad (i = 1,2,\cdots,n;\ j = 1,2,\cdots,p)$$

式中：x_{ij} 为第 i 个对象关于第 j 个指标的原始数据；$\overline{x_j}$ 和 $\sqrt{\mathrm{var}(x_j)}$ 分别为第 j 个指标原始数据的平均值和标准差。

2）计算相关系数矩阵 $\boldsymbol{R}$

$$\boldsymbol{R} = (r_{ij})_{p \times p}$$

其中

$$r_{ij} = \frac{\sum_{k=1}^{n} \widehat{x}_{ki}\widehat{x}_{kj}}{n-1} \qquad (i,j = 1,2,\cdots,p)$$

式中：r_{ij} 为指标 i 和指标 j 的相关系数。

3）计算相关系数矩阵的特征值。

a. 计算特征值。令 $|\boldsymbol{R}-\lambda_1 I|=0$，$|\boldsymbol{R}-\lambda_2 I|=0$，$\cdots$，$|\boldsymbol{R}-\lambda_p I|=0$，解方程得到 p 个非负特征值；$\lambda_1,\lambda_2,\cdots,\lambda_p$ 实际上分别是主成分 $y_1,y_2,\cdots,y_p$ 的方差。

b. 计算特征值贡献率和累积贡献率。第 k 个主成分 y_k 的方差贡献率为

$$a_k = \lambda_k / (\sum_{i=1}^{p}\lambda_i)$$

主成分 $y_1,y_2,\cdots,y_m$ 的累积贡献率为

$$\sum_{i=1}^{m}\lambda_i / (\sum_{i=1}^{p}\lambda_i)$$

主成分是按特征根 $\lambda_1,\lambda_2,\cdots,\lambda_p$ 的大小顺序排列的。

c. 计算相关系数矩阵 $\boldsymbol{R}$ 的特征向量。由方程 $|\boldsymbol{R}-\lambda_g I|\boldsymbol{U}_g=0$ 求得的向量 $\boldsymbol{U}_g$ 为特征值 λ_g 对应的单位特征向量。各特征根对应的特征向量亦称为主成分系数，代表了各指标对主成分的影响程度。特征向量如下

$$\boldsymbol{u}_1 = \begin{bmatrix} u_{11} \\ u_{21} \\ \cdots \\ u_{p1} \end{bmatrix},\ \boldsymbol{u}_2 = \begin{bmatrix} u_{12} \\ u_{22} \\ \cdots \\ u_{p2} \end{bmatrix},\ \cdots,\ \boldsymbol{u}_p = \begin{bmatrix} u_{1p} \\ u_{2p} \\ \cdots \\ u_{pp} \end{bmatrix}$$

d. 计算各指标的载荷值和公因子方差。载荷值（$\sqrt{\lambda_i}u_i$）反映所取主成分与各原始指标之间的相关关系，是各特征值的方根与其对应特征向量的乘积。公因子方差

$$\sum_{i=1}^{m}\lambda_i u_{ji} \qquad (j = 1,2,\cdots,p)$$

即每个指标在各主成分上载荷值的平方和，反映各原始指标对主成分所起的作用，即原始数据的重要性程度。主成分为

$$\begin{cases} y_1 = u_{11}x_1 + u_{12}x_2 + \cdots + u_{1p}x_p \\ y_2 = u_{21}x_1 + u_{22}x_2 + \cdots + u_{2p}x_p \\ \qquad\qquad \cdots \\ y_p = u_{p1}x_1 + u_{p2}x_2 + \cdots + u_{pp}x_p \end{cases}$$

构造综合评价函数为

$$F = a_1 y_1 + a_2 y_2 + \cdots + a_m y_m$$

$$a_i = \frac{\lambda_i}{\sum_{i=1}^{p} \lambda_i} \quad (i = 1, 2, \cdots, m)$$

e. 确定主成分个数的判定准则。即选取尽可能少的主成分，同时还要保留尽可能多的信息量。通常对每个样本只就前 m 个主成分进行分析，这 m 个主成分保留原观测变量信息的比重为

$$a(m) = \sum_{i=1}^{m} \lambda_i / \sum_{i=1}^{p} \lambda_i$$

确定主成分个数，一方面使 m 越小越好，另一方面使 $a(m)$ 尽可能大。

（4）灰色关联分析法。由于数据统计中难免有一定的灰度，而且样本可能不服从经典分布，若使用数理统计中的主成分分析、回归分析、方差分析等方法，就会出现评价结果相对不准确。灰色关联分析法弥补了采用数理统计方法的缺点，不依赖于样本数量和样本的规律性，而且计算量小，实现方便，更不会出现量化计算结果与定性分析结果不符的情况。

灰色关联分析法的思想是根据问题的实际情况确定最优序列；然后，通过方案的序列曲线和几何形状与理想最优序列的曲线和几何形状的相似程度来判断其之间的关联程度；曲线和几何形状越接近则说明其关联度越大，方案越接近于最优；反之亦然。最后，依据关联度大小排序，从而判断出方案的优劣。灰色关联分析法的基本步骤如下：

（1）设有 n 个对象，每个对象有 m 项指标，对评价指标数据进行规范化处理，规范化后的数据为

$$x_1, x_2, \cdots, x_m, x_i = [x_i(1), x_i(2), \cdots, x_i(n)] \quad (i = 1, 2, \cdots, m)$$

（2）令 $X_0 = \{x_0(k) \mid k = 1, 2, \cdots, m\}$ 为最优方案，则关于第 k 个元素的关联系数为

$$\zeta(k) = \frac{\Delta\min + \rho\Delta\max}{\Delta_i(k) + \rho\Delta\max} \quad (i = 1, 2, \cdots, n; \ k = 1, 2, \cdots, m)$$

式中：$\Delta\min = \min\limits_{i}\min\limits_{k} |x_0(k) - x_i(k)|$，$\Delta\max = \max\limits_{i}\max\limits_{k} |x_0(k) - x_i(k)|$；$\rho$ 为分辨系数，在 $[0, 1]$ 取值。

（3）计算灰色关联度。第 i 个评价方案与最优方案的关联度为

$$\gamma_i = \sum_{k=1}^{m} w_k \xi_i(k)$$

式中：权重 w 一般取专家给定的指标权重或者取平均权重。

2. 客观赋权法

（1）熵权法。熵是信息论中最重要的基本概念，表示从一组不确定事物中提供信息量的多少。在多指标决策问题中，某项指标的变异程度越大，信息熵越小，该指标提供的信息量就越大，那么在方案评价中的作用就越大，该指标的权重也就越大；反之，某指标的变异程度越小，信息熵越大，该指标所提供的信息量越小，那么该指标的权重也就越小。根据各指标值的变异程度，利用信息熵计算各指标的权重。由此，熵权法是在

只有判断矩阵而没有专家权重的情况下采用的，其分析计算流程模型如下：

1）评价指标有 m 个，即考虑规划方案中经济性、可靠性、安全性、适应性以及灵活性等因素；被评价对象有 n 个，表示多个待选规划方案，则每个规划方案的指标值构成判断矩阵

$$\boldsymbol{A} = (r_{ij})_{m \times n} \qquad (i = 1, 2, 3, \cdots, m)$$

2）对判断矩阵进行标准化，对于效益型指标可标准化为

$$R_i^* = \max\{r_{ij}\}, \; r_{ij}' = \frac{r_{ij}}{R_i^*}$$

对于成本型指标，可标准化为

$$R_i^* = \min\{r_{ij}\}, \; r_{ij}' = \frac{R_i^*}{r_{ij}}$$

其中，R_i^* 是评价指标 i 的理想值。R_i^* 作为评价指标的最优值，对收益性指标越大越好，对成本型指标则越小越好。

3）设有 m 个评价指标，n 个项目，则第 i 个指标的熵定义为

$$H_i = -k \sum_{j=1}^{n} f_{ij} \ln f_{ij} \qquad (i = 1, 2, 3, \cdots, m)$$

$$f_{ij} = \frac{r_{ij}'}{\sum_{j=1}^{n} r_{ij}'}, \; k = \frac{1}{\ln n}$$

此处假定当 $f_{ij} = 0$ 时，$f_{ij} \ln f_{ij} = 0$。

4）由 H_i 确定评价指标 i 的评价权值 ω_i 为

$$\omega_i = \frac{1 - H_i}{m - \sum_{i=1}^{m} H_i}$$

其中

$$0 < \omega_i < 1, \; \sum_{i=1}^{m} \omega_i = 1$$

5）熵权 ω_i 规格化属性矩阵为

$$\boldsymbol{A} = \begin{bmatrix} a_{11} & \cdots & a_{1n} \\ \vdots & \ddots & \vdots \\ a_{m1} & \cdots & a_{mn} \end{bmatrix} = \begin{bmatrix} \omega_1 r_{11} & \cdots & \omega_1 r_{1n} \\ \vdots & \ddots & \vdots \\ \omega_m r_{m1} & \cdots & \omega_m r_{mn} \end{bmatrix}$$

（2）离差系数最大化法。采用离差系数最大化的综合评价方法，是根据各规划方案指标值的差异决定综合评价中各指标的权重，然后采用线性加权求和进行综合评价。基于指标差异求解指标权重的基本思想是在多方案评价选择时，如果各方案的某一指标值相差不大或无差异，则该指标对方案综合评价的影响很小，应该赋予较小的权重，否则就赋予较大的权重。基于离差系数最大化的综合评价方法具体步骤如下：

1）评价指标的量化与无量纲化。按照评价指标体系的设计，对每一个规划方案进行指标的量化计算。同时把指标分为两大类：一类是效益型，这类指标的量值越大，方案越好；另一类是成本型，这类指标的量值越小，方案越好。为了对各种不同性质的指标进行比较，在综合评价之前需要对评价指标进行一致性变换和无量纲化（或称为规范

化）变换。

假设待评价的规划方案数为 n，指标体系中选定的指标数为 m，对评价指标量化后的决策矩阵为 $\boldsymbol{A}(a_{ij})_{n\times m}$。其元素 a_{ij} 表示规划方案 i 的第 j 指标值。对决策矩阵 $\boldsymbol{A}$ 进行规范化处理，如果第 j 指标为效益型指标，$x_{ij}=a_{ij}/\max(a_{ij})$；如果第 j 指标为成本型指标，$x_{ij}=\min(a_{ij})/a_{ij}$。规范化后的决策矩阵为 $\boldsymbol{X}\ (x_{ij})_{n\times m}$。

2）求解指标权重系数。设指标权重系数向量为 $\boldsymbol{w}=(w_1,\ w_2,\ \cdots,\ w_m)^{\mathrm{T}}$，且满足约束条件 $\boldsymbol{w}^{\mathrm{T}}\boldsymbol{w}=1$。对第 j 指标，用 V_{ij} 表示方案 i 与其他方案之间的差异，则可定义 $V_{ij}=\sum_{k=1}^{n}|x_{ij}w_j-x_{kj}w_j|$。针对第 j 指标，所有规划方案的总差异为 $V_j=\sum_{i=1}^{n}V_{ij}$。所有方案全部指标的总体差异为 $V=\sum_{j=1}^{m}V_j$。利用指标差异最大化方法确定指标权重系数，主要目的是使各规划方案的综合指标值尽量分散分布，可以有效解决权重信息完全未知的问题，仅根据方案之间评价指标的差异实现综合评价。求解权重系数的数学优化规划模型为

$$\max V=\sum_{j=1}^{m}V_j$$
$$\mathrm{s.\,t.}\ \boldsymbol{w}^{\mathrm{T}}\boldsymbol{w}=1$$

可以解得指标体系中各指标的权重系数为

$$w_j=\frac{\displaystyle\sum_{i=1}^{n}\sum_{k=1}^{n}|x_{ij}-x_{kj}|}{\displaystyle\sum_{j=1}^{m}\sum_{i=1}^{n}\sum_{k=1}^{n}|x_{ij}-x_{kj}|}\quad (j=1,2,\cdots,m)$$

3）综合评价。采用线性加权求和的方法进行综合评价，其数学模型为

$$\begin{bmatrix}y_1\\y_2\\\cdots\\y_n\end{bmatrix}=\begin{bmatrix}\boldsymbol{X}_1\\\boldsymbol{X}_2\\\cdots\\\boldsymbol{X}_n\end{bmatrix}\boldsymbol{w}$$

式中：y_i 为各规划方案的综合评价值；$\boldsymbol{X}_i=(x_{i1},x_{i2},\cdots,x_{im})$ 为行向量，$i=1,2,\cdots,n$。

对各方案的综合评价值 y_i 按大小排序，综合评价值越大的规划方案综合评价越好。

3. 组合赋权法

在组合赋权法中，可按主观赋权法和客观赋权法选择一种或几种极值组成综合权重，通常采用乘法合成法和线性加权。而基于最优化模型的组合赋权，是在不同的权重之间寻找一致或妥协，即最小化组合权重与各个基本权重之间的偏差，使得权重向量对于主观赋权法与客观赋权法评价结果的偏离程度最小，以达到最有效地反映评价对象的实际情况。一般要根据所研究的具体问题确定最优化模型的形式。

（1）乘法合成法。设采用 n 种赋权法确定权值 $\boldsymbol{w}^k=(w_1^k,w_2^k,\cdots,w_m^k)$，$k=1,2,\cdots,n$，则组合权值为

$$w_j = \frac{\prod\limits_{k=1}^{n} w_j^k}{\sum\limits_{j=1}^{m} \prod\limits_{k=1}^{n} w_j^k} \qquad (j = 1, 2, \cdots, m)$$

该方法对各种权重的作用一视同仁，只要作用小，则组合权重也小。

（2）线性加权法。设采用 n 种赋权法确定权值 $\boldsymbol{w}^k = (w_1^k, w_2^k, \cdots, w_m^k)$，$k=1$，2，$\cdots$，$n$，则组合权值为

$$w_j = \frac{\sum\limits_{k=1}^{n} \lambda_k w_j^k}{\sum\limits_{j=1}^{m} \sum\limits_{k=1}^{n} \lambda_k w_j^k} \qquad (j = 1, 2, \cdots, m)$$

式中：λ_k 为这些权重的权系数，$\sum\limits_{k=1} \lambda_k = 1$。

该方法的特点是各种权重之间具有线性补偿的作用。

组合赋权法可以弥补单纯使用主观赋权法或客观赋权法存在的缺点，减少随意性。其可根据需要选择各种赋权方法与组合方式构造组合权值。

10.2.2 规划方案的优化评价

从数学原理上来说，包括电力系统的规划、运行和管理等问题在内，其本质上都可以描述为一个优化数学模型，目标函数一般表示经济性，即投资或运行成本最小，或者是效益和利润最大化；等式约束就是电力系统的电力电量平衡约束，这是电力的不可储存特性所决定的；不等式约束则可以包括电力系统的安全性、可靠性限制条件。

对规划方案的评估实质上是基于虚拟的用电场景，对虚拟的电力系统运行状态开展量化评估，评估指标同样可以表示为状态变量 x 和控制变量 u 的函数形式，称为评估指标函数。因此，可以将规划方案评估表示成一个最优化问题，将某些评估指标视为最优化问题的目标函数，例如经济性指标；而将其他评估指标作为优化问题的约束条件，例如安全性指标等。这样就把评估问题转化为最优化问题，进而开展综合优化评估。而且在优化分析过程中可以分析评估指标与相关影响因素的关联情况，进而基于分析结果进行规划方案的优化调整。

1. 简单指标与复杂指标

在规划方案的优化评估中，为了计算方便，针对经济性、安全性的数学描述相对较简单。例如，基于经济性的目标函数，通常是以投资或运行成本最小化来表示的，而投资回收年限、投资回报率指标等就很难进行数学建模。对于安全性约束也是同样，最常用的安全性约束是节点电压限制和线路潮流限制，而节点电压合格率等指标就很难在优化问题中进行体现。由此，按照指标函数的复杂程度，可以将规划方案的评估指标划分为简单指标和复杂指标两种类型。

简单指标就是评估指标函数与目标函数或者不等式约束函数具有相同的简单形式，一般可以描述为电力系统状态变量函数的形式。例如，节点电压偏移率指标被定义为网络中的节点电压相对额定电压的偏移 $\dfrac{u_i}{u_{i,\mathrm{N}}}$，则关于节点电压的不等式约束可以描述为

$$\frac{u_{i,\min}}{u_{i,N}} \leqslant \frac{u_i}{u_{i,N}} \leqslant \frac{u_{i,\max}}{u_{i,N}}$$

式中：$u_{i,N}$为节点 i 的额定电压。

同样道理，线路潮流约束可以描述为

$$\lambda_i = \frac{P_i}{P_l} \times 100\% \leqslant 1$$

λ_i 又称为描述线路负荷率的指标。

描述电力系统和网络安全性的指标主要有上述两个，因此节点电压偏移率和线路负荷率指标也被称为电力系统评估的基本指标。采取如上所示的方式，表示基于经济性的优化问题目标函数也可以作为经济性评估的基本指标之一。例如网损率可以表示为 $\frac{P_{\text{Loss}}}{\sum\limits_{i \in n} P_{\text{Li}}}$，其中分子 P_{Loss} 为网络损耗，分母表示系统的总负荷。因此，以网损最小化为目标函数的优化问题与以网损率最小化为目标的优化问题是相同的。

复杂指标在形式上比简单指标复杂得多，是由上述简单指标的相互组合，或者是根据优化计算结果才能确定的指标。

此外，还可以将电力系统的评估指标分为计算型指标和统计型指标两类。如上所述的简单指标大部分都是计算型的指标，统计型指标是根据多次优化计算的结果，或者是电力系统的运行状态数据统计而来的。实际上的评估指标，大部分都是统计指标，例如节点电压合格率、电力不足期望概率等。因为复杂指标和统计型指标很难建模，在电力系统的优化计算中只能是以简单的计算型指标为主。

2. 评价标准

在电力系统优化问题中，满足安全性约束的解（状态）被称为可行解（状态），以 (x^0, u^0) 表示，而优化问题的解——最优解（状态）以 (x^*, u^*) 表示，则针对规划方案的评估，即虚拟场景下的电力系统状态评估指标 R 可以表示为

$$R = | I(x^0, u^0) - I(x^*, u^*) | \tag{10-5}$$

即以任一可行状态下的评估指标函数 $I(x, u)$ 值针对最优状态下的距离来评估，R 越大则说明电力系统的当前状态越差。

经济性评估指标一般被作为目标函数，完全可以采用上述评估标准。而对于安全性评估指标来说，一般被作为约束条件，如果任一电力系统状态（包括最优状态）距离约束边界太远，则存在系统资源没有被充分利用的问题；如果距离边界太近，或者是在边界上，则说明电力系统的安全裕度较差。因此，对应安全性评估指标的 R 并不能说明电力系统状态的优劣，只能将安全性指标函数距离约束边界的某一参考距离作为评估标准。

对于复杂的或者统计型的经济性指标来说，完全可以采取式（10-5）所示的方式进行评估；对于复杂的或者统计型的安全性指标，因为很难确定约束边界，或者根本不存在约束边界，也可以采取式（10-5）所示的方式进行评估。

综上所述，只有对于简单的计算型指标来说，作为目标函数的指标和作为约束条件的指标评估标准是不同的。

3. 基于拉格朗日函数的评价模型

如前文所述，对规划方案的评估实质上是基于虚拟的用电场景，对虚拟的电力系统运行状态开展评估，可将规划方案评估写成最优化问题的形式，即把评估问题转化为电力系统的状态优化问题。

电力系统的最优运行状态可以描述为如下的数学模型

$$\min f(\boldsymbol{x})$$
$$\text{s. t.} \begin{cases} \boldsymbol{h}(\boldsymbol{x}) = \boldsymbol{0} \\ \boldsymbol{g}(\boldsymbol{x}) \leqslant \boldsymbol{0} \end{cases}$$

式中：$\boldsymbol{x}$ 为 n 维状态变量向量；$\boldsymbol{h}(\boldsymbol{x})$ 为 k 维等式约束向量；$\boldsymbol{g}(\boldsymbol{x})$ 为 m 维不等式约束向量。

在上述的非线性规划中，$\boldsymbol{x}$ 表示状态变量，n 为状态变量的个数；$\boldsymbol{h}(\boldsymbol{x}) = [h_1(x_1, x_2, \cdots, x_n), \cdots, h_k(x_1, x_2, \cdots, x_n)]^T$，$k$ 为等式约束 $\boldsymbol{h}(\boldsymbol{x}) = 0$ 的个数；$\boldsymbol{g}(\boldsymbol{x}) = [g_1(x_1, x_2, \cdots, x_n), \cdots, g_m(x_1, x_2, \cdots, x_n)]^T$，$m$ 为不等式约束 $g(x) \leqslant 0$ 的个数。$f(\boldsymbol{x})$ 一般表示电力系统运行的经济性，即运行成本；$\boldsymbol{h}(\boldsymbol{x})$ 为运行的等式约束，即为潮流方程；$\boldsymbol{g}(\boldsymbol{x})$ 表示电力系统运行的不等式约束，通常包括支路潮流限制、节点电压限制等，反映了电力系统运行的安全性、可靠性及电能质量等指标。在本文中，以 $\boldsymbol{x}_0$ 来表示电力系统的当前运行状态，而以 $\boldsymbol{x}^*$ 来表示最优状态下，则经济性指标的最优值以 $f^* = f(\boldsymbol{x}^*)$ 表示。同样道理，各种约束指标的最优值分别以 $\boldsymbol{h}^* = \boldsymbol{h}(\boldsymbol{x}^*)$，$\boldsymbol{g}^* = \boldsymbol{g}(\boldsymbol{x}^*)$ 表示。

由上述等式和不等式约束构成了非线性规划的可行域，而电力系统的正常运行状态是可行域中的某一可行点。在电力系统的实际运行过程中，等式约束一般来说是必须满足的，则可行域可看成是由不等式约束构成的，即不等式约束构成了电力系统运行状态的边界。另外，非线性规划问题的最优解是电力系统运行的最优状态；任意一个位于可行域内的状态都是可行状态，但不是最优状态。

由于在非线性规划问题中，对应于经济性、安全性和可靠性等不同的评估指标具有不同的量纲，所以不能简单地以各种指标的加权和作为综合指标，而必须寻找各种指标之间换算的量纲。对于上述非线性规划问题，可以等值为如下的拉格朗日函数

$$L(\boldsymbol{x}, \boldsymbol{\alpha}, \boldsymbol{\beta}) = f(\boldsymbol{x}) + \boldsymbol{\alpha}^T \boldsymbol{h}(\boldsymbol{x}) + \boldsymbol{\beta}^T \boldsymbol{g}(\boldsymbol{x}) \qquad (10 - 6)$$

式中：$\boldsymbol{\alpha}$ 为对应等式约束的拉格朗日乘子；$\boldsymbol{\beta}$ 为对应不等式约束的拉格朗日乘子。

拉格朗日函数在经济学中具有重要的作用。经济数学最优化问题是在满足各资源约束的条件下使得总成本最小或总收益最大，而拉格朗日函数的经济学意义正是资源的择优分配，拉格朗日乘子随目标函数和约束条件的不同而具有不同的含义。如当目标函数为效用最大化，约束条件为预算限制时，拉格朗日乘子表示预算的边际效用，即预算增加一个单位时效用的变化值；又如当目标函数为费用最小化，约束为产出水平时，拉格朗日乘子表示产出的边际费用，即产出增加一个单位时费用的变化值。在非线性规划问题中 [式 (10 - 6)]，拉格朗日乘子分别表示对应不等式或等式约束对目标函数的影响程度，换句话说，拉格朗日乘子可以将不等式约束对应的评估指标转化为统一的经济性指标，即实现将不同量纲的指标转化为统一量纲的目的。因此，可以利用拉格朗日函数

的这一特性实现对规划方案的综合评估。

由此可以得到，对于某一运行点 x_0 有

$$L(x_0,\alpha,\beta) = f(x_0) + \alpha^T h(x_0) + \beta^T g(x_0) \qquad (10\text{-}7)$$

由于任一运行点均满足潮流方程，即 $h(x_0)=0$，因此可将式（10-7）写为

$$L(x_0,\alpha,\beta) = f(x_0) + \beta^T g(x_0) \qquad (10\text{-}8)$$

由上面对拉格朗日函数的分析可知，拉格朗日函数可以将经济性、安全性、可靠性等评估指标结合在一个表达式中，因此可以利用式（10-8）来作为综合评估的结果。

4. 多目标综合最优评价

如上所述，基于拉格朗日乘子的电力系统综合评估是建立在电力系统的优化规划问题中［式（10-6）］，由于安全性指标必须作为约束条件才能进行评估，也给电力系统的综合评估带来一定的困难，因为很多评估指标没有边界限制，也不能作为优化规划问题的约束条件。因此，可以将电力系统的综合评估问题描述为一个多目标的优化问题

$$\min f(x,u)$$
$$\max(\min)h(x,u)$$
$$\text{s. t. } g(x,u) - C_g = 0$$

其中，C_g 为松弛变量；目标函数 $f(x,u)$、$h(x,u)$ 可以为标量的形式，也可以是向量的形式。同拓展的拉格朗日函数不同，当将评估指标作为一个优化的目标函数时，相应的综合评估是综合最优评估。

借助因子 λ，可以把上述多目标优化问题的目标函数转化为如下单目标函数（其中 $\lambda \geq 0$）

$$\min L(x,u) = f(x,u) + \lambda h(x,u)$$
$$\text{s. t. } g(x,u) - C_g = 0 \qquad (10\text{-}9)$$

假设 $f(x,u)$ 和 $h(x,u)$ 都是标量的形式，分别以其为目标函数进行单目标优化，得到的最优解分别为 $(\overline{x}_1,\overline{u}_1)$ 和 $(\overline{x}_2,\overline{u}_2)$。当 λ 取不同值时，式（10-9）的最优解集为 $\{(\overline{x},\overline{u})\}$。由于 f、h 不是同一量纲，故令 $f_{min}=f(\overline{x}_1,\overline{u}_1)$，$f_{max}=f(\overline{x}_2,\overline{u}_2)$，$h_{min}=h(\overline{x}_2,\overline{u}_2)$，$h_{max}=h(\overline{x}_1,\overline{u}_1)$，对其进行归一化为

$$X = \frac{f - f_{min}}{f_{max} - f_{min}}$$

$$Y = \frac{h - h_{min}}{h_{max} - h_{min}}$$

显然，X，$Y \in [0,1]$，并且可被视为决策者对各目标函数优化结果的不满意度，0 表示很满意，1 表示很不满意。λ 取值的合理性，是评判能否以式（10-9）所示的单目标最优化问题的解作为双目标最优化问题"满意解"的关键。在绘制 Pareto 最优曲线时，可以以某具体的间隔（取 λ 的间隔值）对式（10-9）进行单目标优化，根据优化的结果，构成如图 10-2 所示的 λ-X，λ-Y 曲线。

由图 10-2 可见，随着 λ 值的不断增大，某个单目标在总目标函数中的权重不断增大，使得最优解对应的目标值不断减小，与此同时另一目标值不断上升。将 λ 取不同值

时所得到的最优解集 $\{(\bar{x}，\bar{u})\}$ 对应的点集 $\{(\bar{X}，\bar{Y})\}$ 相连，可得到如图 10 - 3 所示的 X - Y 曲线。

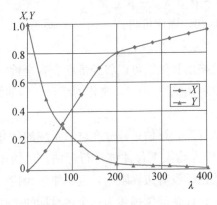

图 10 - 2 λ - X，λ - Y 曲线   图 10 - 3 X - Y 曲线

对于任意 $\lambda \geqslant 0$，多目标函数优化问题的最优解是在计及各个单目标优化问题的基础上，得到的一个 Pareto 最优解。这就说明图 10 - 3 中的 X - Y 曲线是待研究的双目标优化问题的 Pareto 最优前沿集。通常，双目标优化问题的 Pareto 最优前沿集是一组弧线；三目标优化问题的 Pareto 最优前沿集是一组弧面；n 目标优化问题的 Pareto 最优前沿集是一组 n 维超平面。

由此可见，如果将所有的评估指标都作为目标函数，那么多目标优化问题的 Pareto 最优解与 λ 的关系密切，不同的 λ 取值所导致的综合评估结果是不同的。表面上看来，λ 与拉格朗日乘子具有相同的作用，但是拉格朗日乘子往往是唯一的，而 λ 的取值则可能存在多种情况。需要强调的是，当对上述多目标优化问题求解后，可以根据式 (10 - 5) 对电力系统的任一状态进行评估。

当将评估指标作为目标函数时，电力系统的综合最优评估问题实际上也是综合资源优化问题，在此评估与优化是等同的，只是综合评估还需要利用式 (10 - 5)。

10.3 案 例 分 析

10.3.1 规划方案评估步骤

如前文所述，传统的基于指标的规划方案评估主要包括以下步骤：

(1) 梳理网架：根据现状电网情况和网络规划方案，形成待评估水平年的基本网络结构。

(2) 场景搭建：根据规划方案中的负荷预测情况、非水 RES 理论发电情况（如果需要的话），搭建虚拟的规划方案评估分析典型场景。

(3) 初级评价：对典型场景逐一计算各类评估指标，可根据实际需求和主要关注方向选取部分指标开展评估；为便于展示，可制作雷达图，从而更形象地描述评估结果。如图 10 - 4 所示，从安全性、适应性、可靠性、经济性等多个方面分别计算评价指标，并将评价计算结果做标准化处理，然后绘制评价指标的雷达图。

（4）综合评价：对各评估指标结构做统计分析，选取合适的赋权方法计算各类指标的权重，计算规划方案的百分制评价结果，并评估所采用的规划方案是否能解决现状电网存在的问题。

10.3.2　规划方案综合评价

选取某市经济开发区（以下简称"开发区"）的配电网规划方案，进行综合评价。开发区规划面积 16.10km²，用地性质主要包括公共管理与公共服务用地、商业服务业设施用地、工业用地、公用设施用地、物流仓储用地、道路与交通设施用地。开发区的供电可靠

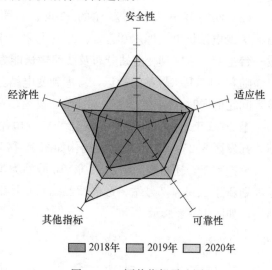

图 10-4　评价指标雷达图

率为 99.88%，综合电压合格率为 99.00%，供电用户为 10888 户。

如图 10-5 所示，开发区现状年共有主供电源变电站 3 座，分别为 110kV 1 号站、2 号站和 3 号站，主变压器 5 台，容量共计 213MVA。其中区内供电变电站 2 座，即 1 号站和 2 号站，主变压器 3 台，容量 131.5MVA；区外供电变电站 1 座，为 3 号站，主变压器 2 台，容量 81.5MVA。110kV 公用线路 5 条，线路总长 50.71km，其中架空线路 48.53km，电缆线路 2.18km。开发区网络拓扑图如图 10-6 所示。

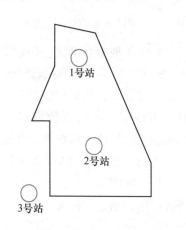

图 10-5　现状年开发区变电站供电范围图

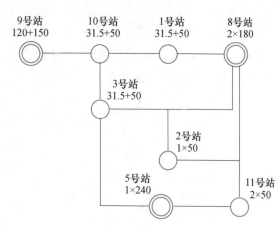

图 10-6　开发区网络拓扑图

（1）1 号和 2 号变电站的 10kV 出线间隔共计 24 个，没有备用间隔，间隔利用率 100%。因此，园区新增大用户及分布式电源缺少接入通道，而且 2 号变电站内仅有一台主变，并不满足 N−1 校验。3 号变电站 10kV 出线间隔共计 16 个，剩余 2 个备用间隔，间隔利用率 87.5%。

开发区 110kV 电网现状接线如图 10-6 所示。其中 5、8 号和 9 号变电站为 220kV

变电站，10 号和 11 号变电站为开发区外的 110kV 变电站。

（2）2025 年开发区内新建的 110kV 4 号变电站将投运。届时，区内将有 4 座 110kV 变电站供电，即 110kV 1、2、3 号和 4 号站，而且 220kV 的 5 号变电站还会增设一台主变。考虑到变电站分布及线路输送能力，可以有效解决新电源接入问题。

随着 110kV 4 号站的投运，考虑到变电站分布及线路输送能力，近期在解决新电源接入问题的同时，结合 220kV 5 号站的投运，对开发区 110kV 网架进行了优化和完善。

至 2025 年，开发区共有 3 座 110kV 变电站供电，分别为 110kV 1、2 号站和 4 号站。开发区 2025 年 110kV 网架结构如图 10-7 所示。

至饱和年，还将规划新建 220kV 6 号站为市区东部地区和开发区提供电源。同时园区规划新建 110kV 7 号站，形成"220kV 8 号站—110kV 7 号站—220kV 6 号站"链式结构，如图 10-8 所示。

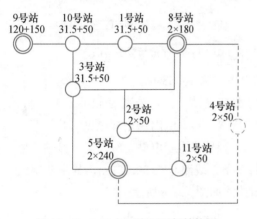

图 10-7　2025 年开发区网架结构图

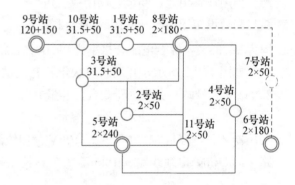

图 10-8　饱和年开发区网架结构图

依据本章提出的评价指标和综合评价方法，对该地区现有的配电网现状情况（方案 1）、2025 年规划方案（方案 2）和饱和年规划方案（方案 3）展开综合评价。

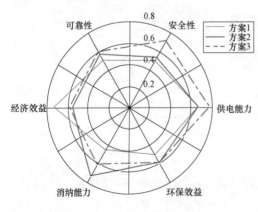

图 10-9　评价指标雷达图

（1）初级评价。根据规划方案基本数据，对 3 组规划方案的评价指标进行计算，采用熵权法计算指标权重，并做出评价雷达图，对 3 组方案的 6 个评价指标进行对比分析，如图 10-9 所示。为方便讨论，将各项指标值进行标准化处理，即

$$X = 1 - |x_i - x^*| / |x_{max} - x_{min}|$$

其中，$X \in [0, 1]$。X 越接近 1，该指标评价内容越好；越趋于 0，该指标评价内容越差。含有 n 个底层指标的评价体系，标准集合为 $\{X | X_1, X_2, \cdots, X_n\}$。标准化计算结果见表 10-3。

表 10 - 3　　　　　　　　　　　指标标准化值

指标	现状年电网	2025 年规划方案	饱和年规划方案
供电能力	0.6933	0.8807	0.6585
供电质量	0.6933	0.8627	0.6585
短路电流	0.6933	0.7591	0.6585
N−1 满足情况	0.3067	0.4749	0.3415
有功裕度不足期望值	0.6933	0.4729	0.8829
无功裕度不足期望值	0.6933	0.7008	0.6585
电压稳定性	0.3067	0.5271	0.8201
功角稳定性	0.5431	0.5271	0.6585
线路极限切除时间	0.3067	0.8367	0.3415
ASAI	0.3067	0.6952	0.3415
SAIDI	0.3067	0.5271	0.8458
SAIFI	0.6933	0.4729	0.773
PLC	0.6933	0.4729	0.7009
EFLC	0.6933	0.7587	0.6585
EDLC	0.6933	0.4729	0.6923
建设成本	0.3376	0.5271	0.6585
电网损耗	0.7984	0.5271	0.6585
单位负荷年费用	0.6933	0.6037	0.6585
变电站成本回收年限	0.8702	0.5271	0.6585
植被破坏面积	0.8437	0.4729	0.3415
噪声影响	0.3067	0.819	0.3415
电磁波干扰	0.8129	0.5271	0.6585
供电能力裕度	0.6933	0.7518	0.6585
电网扩展裕度	0.3067	0.709	0.3415
负荷均衡度	0.3067	0.7302	0.3415
可再生能源消纳占比	0.6933	0.8739	0.6585
弃风（光）率	0.9894	0.4729	0.3415

由图 10 - 9 和图 10 - 10 可知，现状年电网除了经济效益指标外，其他五个指标均处于劣势，说明该现状年配电网有很大的改造和发展空间；饱和年和 2025 年规划方案的主要差别在供电能力、安全性和消纳能力三个指标，且饱和年稍好于 2025 年规划方案；

在可靠性、经济效益和环保效益方面，两种规划方案的差别不大，说明饱和年各项指标比较均衡，要稍好于 2025 年的过渡方案。

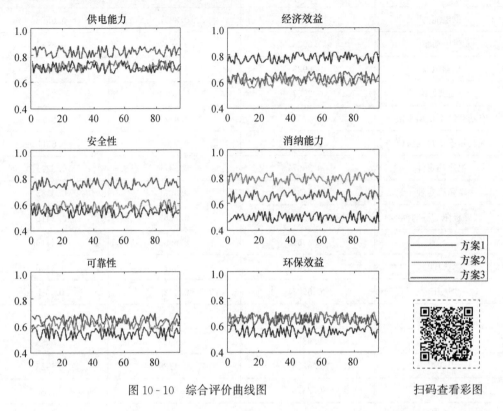

图 10-10　综合评价曲线图　　　扫码查看彩图

（2）综合评价。根据各评价指标的计算结果，采用线性加权法计算各方案的百分制评价结果，计算结果见表 10-4。

表 10-4　　　　　　　　　　综合评价结果

评价结果	现状电网	2025 年规划方案	饱和年规划方案
分数（%）	52.685	78.352	87.402
等级	一般	较好	很好

根据计算结果可知，饱和年规划方案综合评价分数最高，在 80～90 分之间，说明该规划方案较优，各运行指标偏离最优值程度较小，可解决现状电网中存在的问题。现状年开发区共 2 座变电站存在问题，为 1 号站、2 号站，两座变电站均无 10kV 出线间隔，其中 2 号站单主变压器，不满足 $N-1$ 安全供电准则；2025 年规划方案综合评价分数在 60～80 分之间，说明该规划方案的电网运行状态稳定，符合一般可靠性、经济性等原则，但还有进一步优化改造的空间；现状年配电网综合评价分数低于 60 分，说明该小型城市配电网虽然能正常运行，但是存在资源浪费和利用效率比较低的问题，需要针对相应的评价指标进行合理改造。现状年高压问题及解决措施见表 10-5。

表 10 - 5　　　　　　　　　　　　现状年高压问题解决情况表

序号	变电站	存在问题	解决措施
1	1 号站	无 10kV 出线间隔	规划新建 110kV 7 号站，分切 1 号网格负荷
2	2 号站	单主变压器、不满足 N-1 安全供电准则	规划 2025 年扩建 2 号站 2 号主变压器

开发区各变电站负荷率变化情况见表 10 - 6。

表 10 - 6　　　　　　　　　　　　开发区各变电站负荷率变化情况

序号	变电站	电压等级(kV)	现状年			2025 年			饱和年		
			容量(MVA)	负荷率(%)	中压线路(回)	容量(MVA)	负荷率(%)	中压线路(回)	容量(MVA)	负荷率(%)	中压线路(回)
1	1 号站	110	31.5+50	34.2	11	31.5+50	42.3	11	31.5+50	47.4	12
2	2 号站	110	2×50	51.4	19	2×50	59.3	17	1×50	46.2	17
3	4 号站	110				2×50	65.4	8	2×50	50.3	11
4	7 号站	110							2×50	54.8	8

参考文献

[1]　袁凯.电网规划多层面协调性综合评估体系研究 [D].南昌大学，2018.

[2]　沈靖蕾.电网规划多层面协调性的综合评估方法研究 [D].南昌大学，2016.

[3]　韩丰，高艺，宋福龙，等.电网规划评估方法及实用化技术 [J].电力建设，2014，35（12）：6-13.

[4]　乐沪生.电网规划的多层面协调性评估指标体系的研究 [D].南昌大学，2015.

[5]　陈云嘉.用于间歇性电源高渗透电网规划的安全性评估方法研究 [J].科技与创新，2018（24）：70-71.

[6]　张柳辉.论如何做好电网规划项目的风险评估 [J].低碳世界，2018（10）：143-144.

[7]　刘振宇，刘传忠，刘丽萍.电网规划方案的适应性与风险评估分析 [J].产业与科技论坛，2018，17（17）：244-245.

[8]　杨海涛，吴国旸，陈西颖，等.用于间歇性电源高渗透电网规划的安全性评估方法 [J].电力系统自动化，2012，36（24）：15-20.

[9]　李培良.低压配电系统用户供电可靠性评估分析 [J].建材与装饰，2018（35）：235-236.

[10]　荣秀婷，叶彬，陈静，等.基于配电自动化的配电系统供电可靠性评估 [J].机械设计与制造工程，2018，47（07）：34-38.

[11]　陆子俊.计及电能质量的供电系统可靠性评价体系研究 [C].第九届电能质量研讨会论文集.全国电压电流等级和频率标准化技术委员会：全国电压电流等级和频率标准化技术委员会秘书处，2018：10.

[12]　朱明成，张景瑞.主动配电网规划方案经济性综合评估方法探析 [J].机电信息，2018（03）：22-23.

[13]　鄢晶，杨东俊，郑旭，等.基于模糊化 SEC 综合指标体系的电网规划经济性评估方法 [J].电网与清洁能源，2017，33（11）：51-58.

[14]　王佳贤.城市配电网经济性评估研究 [D].上海交通大学，2008.

[15] 张徐东. 低碳背景下电力系统规划与运营模式及决策方法研究 [D]. 华北电力大学，2013.

[16] 陈喜忠. 电网规划综合评价方法的研究与应用 [D]. 兰州理工大学，2017.

[17] 王晞，叶希，唐权，等. 基于广义灵活性指标体系的输电网扩展规划 [J]. 电力建设，2019，40（03）：67-76.